总主编 | 江维克

贵州清水江流域
药用资源图志

主 编 | 杜俊峰　张　平　吴之坤

上海科学技术出版社

图书在版编目（CIP）数据

贵州清水江流域药用资源图志 / 杜俊峰，张平，吴之坤主编. -- 上海 ：上海科学技术出版社，2024. 7.
（黔药志 / 江维克总主编). -- ISBN 978-7-5478-6706-8

Ⅰ. Q949.95-64

中国国家版本馆CIP数据核字第2024H6B954号

贵州清水江流域药用资源图志

总主编｜江维克

主　编｜杜俊峰　张　平　吴之坤

上海世纪出版(集团)有限公司
上 海 科 学 技 术 出 版 社　出版、发行

（上海市闵行区号景路 159 弄 A 座 9F - 10F）
邮政编码 201101　www. sstp. cn
上海光扬印务有限公司印刷
开本 889×1194　1/16　印张 23.5
字数：450 千字
2024 年 7 月第 1 版　2024 年 7 月第 1 次印刷
ISBN 978 - 7 - 5478 - 6706 - 8/R・3054
定价：308.00 元

内容提要

本书由绪论、植物药资源、动物药资源三部分组成。本书基于第四次全国中药资源普查,在了解贵州清水江流域民族医药文化的同时,对普查到的 315 种药用植物、1 种动物类药用资源进行了图文并茂的详细介绍,在用药经验方面特别记录了侗族、苗族对各种药材的使用方法,力图为清水江流域民族医药的传承和发展贡献力量。

本书作为第四次全国中药资源普查工作成果,对于传承清水江流域民族医药文化,推动清水江流域社会经济发展具有重要意义。

本书可供中药资源相关从业者及民族医药学研究人员参考阅读。

贵州省第四次全国中药资源普查成果

黔 药 志

编纂委员会

贵州清水江流域药用资源图志

编纂委员会

顾　问

龙运光

主　编

杜俊峰　张　平　吴之坤

副主编

杨菊湘　张成刚　伍宏图　刘开桃

编　委

（以姓氏笔画为序）

王佳凯（天柱县中医院）　　　　　　龙昭金（天柱县武陵回春堂）

田　波（天柱县中医院）　　　　　　白天森（天柱县民族医药学会）

伍宏图（天柱县中医院）　　　　　　刘开桃（黔东南州农业科学院农业技术服务中心）

刘光禄（天柱县民族医药学会）　　　杜武校（天柱县竹林镇村医）

杜俊峰（天柱县中医院）　　　　　　杨　娟（天柱县中医院）

杨　辉（天柱县中医院）　　　　　　杨凤波（天柱县中医院）

杨光彬（天柱县民族医药学会）　　　杨武海（贵州中医药大学）

杨昌贵（贵州中医药大学）　　　　　杨明谕（天柱县中医院）

杨菊湘（天柱县中医院）　　　　　　肖承鸿（贵州中医药大学）

吴之坤（贵州中医药大学）　　　　　吴开森（天柱县中医院）

张　平（天柱县中医院）　　　　　　张成刚（贵州中医药大学）

欧阳广和（天柱县中医院）　　　　　赵　丹（贵州中医药大学）

胡宏印（天柱县中医院）　　　　　　姜晓琪（贵州中医药大学）

潘忠海（天柱县中医院）

前　言

位于贵州省东南部的清水江流域是以苗族、侗族为主的少数民族聚集区，地处苗岭山脉向湘西丘陵及广西盆地过渡的斜坡地带。清水江两岸山环水绕、纵横交错、青山莽莽滴翠、林木郁郁葱葱，自古以来森林密布，在这绿水青山间蕴藏着丰富的中药资源。

中药资源是中医药事业发展的物质基础，也是国家重要的战略性资源。中药作为中医治疗的最主要载体，在推进"健康中国"建设和服务群众健康方面发挥了重要作用，特别是在防治新型冠状病毒感染方面的独特功效，受到世人瞩目。中药资源普查是摸清中药家底、获取中药资源信息以及民族民间医药知识的重要手段，对于促进我国中药资源的可持续开发、保护与利用意义重大。近年来，随着经济社会的发展，中药资源使用量不断增长，药用资源生态环境发生很大改变，特别是野生药用资源被无序、过度开采，导致

其无法正常生长发育或濒于灭绝，中药资源状况发生了巨大变化。为全面准确掌握我国中药资源种类、分布、蕴藏量及栽培中药材品种和规模等情况，国家中医药管理局于2011年组织开展了第四次全国中药资源普查。2012年5月，贵州省第四次全国中药资源普查试点工作开始筹备，此后历经9年，在国家中医药管理局、中国中医科学院中药资源中心、贵州省中医药管理局的组织和领导下，按县级行政区域划分，组建第四次全国中药资源普查队，普查队分阶段陆续对清水江流域各县（市）的中药资源状况进行了普查调研工作，查明了清水江流域中药

资源的种类、分布、传统用药知识等情况，特别是普查队在顺利通过省级验收后不停歇、不松懈，继续邀请本土民族医生上山调查中药资源情况，多次下乡入户走访和深入当地药材市场调查、拜访苗侗医药专家等，获得了宝贵的民族用药经验。

在贵州中医药大学江维克教授、吴之坤副教授、张成刚博士及贵州省苗侗医药专家、原黔东南州民族医药研究所所长龙运光主任医师等专家的指导和支持下，普查队依托贵州省第四次全国中药资源普查数据和收集的民族民间用药经验，并参考《中华人民共和国药典》(2020 版)、《中药大辞典》《中华本草》《中国植物志》等有关资料，及时整理、凝练成果，历时数年，几易其稿，完成了《贵州清水江流域药用资源图志》的编写。在此，感谢参加贵州清水江流域各县市的普查队员以及各位编委的辛勤付出和无私奉献。

本书分为绪论、植物药资源、动物药资源三部分，全面系统地呈现了贵州清水江流域第四次全国中药资源普查工作的丰硕成果。绪论主要介绍清水江流域的区域概况、民族医药文化特征、主要植被类型、药用植物多样性、药用植物区系特征、药市文化、民族医药存在的问题及发展的建议等。本书收载的药用资源共 316 种，分为"植物药资源"和"动物药资源"，其中，药用植物 315 种，药用动物 1

种，均为用药经验上地域特色明显的品种。所有的用药经验均来自清水江流域各县（市）的民间侗医、苗医用药，未标注的，则是侗医、苗医共同的使用方法。由于各少数民族对药物和疾病的认知不同，用药经验的积累也就不同，如同一药物，侗医、苗医治疗的疾病与中医治疗的疾病不一样，甚至药物使用的部位都不一样。普查队借助第四次全国中药资源普查的机会，对清水江流域侗医药、苗医药充分挖掘整理，极大地丰富了我国药用资源。本书具有较高的科学性和实用性，对促进中医药民族医药的传承、发展创新具有重大意义。

本书从野外调查、照片拍摄、物种鉴定、品种筛选、资料查阅到完成书稿编纂，历经数年，反复修改，倾注了编者大量的心血。由于编者水平有限，书中难免有不足、疏漏及错误之处，敬请广大读者和同道批评指正。

编　者

2024 年 1 月

凡　例

　　《贵州清水江流域药用资源图志》以第四次全国中药资源普查工作成果为基础，选择贵州清水江流域有分布、功效确切且图像资料齐全的中药资源进行系统整理，共收录药用植物112科250属315种（含变种）。其中药用蕨类植物17科22属25种，药用裸子植物5科6属8种，药用被子植物90科222属282种，药用动物1科1种。

　　本书收载的药用植物资源按低等到高等的顺序排列，包括药用蕨类植物、药用裸子植物和药用被子植物。药用蕨类植物采用秦仁昌蕨类植物分类系统；药用裸子植物采用郑万钧1978分类系统；药用被子植物采用恩格勒分类系统。药用植物下每个科中，属及种按属名及种名的拉丁字母排序。

　　正文部分以中药正名为目，下按异名、形态特征、生境与分布、药材名、采收加工、功能主治、用法用量、用药经验等列项依次编写，部分使用不当存在安全隐患的加注使用注意，每个物种都配有本次普查中拍摄的植株图和标本照片。

　　（1）正名：依次选用《中华人民共和国药典》（2020年版）（简称《药典》）、《中药大辞典》《中华本草》《全国中草药汇编》《贵州中草药资源研究》等文献所载名称及拉丁学名。

　　（2）异名：一般收录2～5个，为常用俗名和地方名，清水江流域本土地方名排前1～2位。

　　（3）形态特征：记述药用植物、动物的形态特征，主要参考《中国植物志》《药典》《中药大辞典》《中华本草》等。其中，植物形态特征包括生活型、根、茎、叶、花、果实、种子、花期、果期等。

　　（4）生境与分布：介绍该资源在清水江流经县（市）的分布环境和分布地名。

　　（5）药材名：参照《药典》《中药大辞典》《中华本草》《全国中草药汇编》的命名。

　　（6）采收加工：介绍该资源在贵州清水江流域的采收时间和产地初加工方法。

　　（7）功能主治：参照《药典》《中药大辞典》《中华本草》《全国中草药汇编》及诸家本草简述相应药材的功效与主治。

　　（8）用法用量：参照《药典》《中药大辞典》并参考诸家本草而定。除另有规定外，用法系指水煎内服,用量系指成人一日常用剂量。用药经验特指清水江流域侗医、苗医的习惯用法用量。

（9）用药经验:对清水江流域侗医、苗医用药经验进行调查搜集、整理,经筛选后列出,侗医用法多数来自天柱县中医院民族医学科。

（10）使用注意:参考《药典》《中药大辞典》《中华本草》《全国中草药汇编》(第3版)和清水江流域民间用药经验总结,对部分使用不当存在安全隐患的药材加注使用注意。

为方便使用,本书的计量单位采用现代质量单位"g"。书末附有药用植物中文名称索引、药用植物拉丁学名索引。

编　者

2024 年 1 月

▲ 2020 年 3 月，贵州省中药资源普查技术负责人、贵州中医药大学江维克教授（右二）指导天柱县中药资源普查工作

▲ 贵州中医药大学吴之坤副教授（右二）指导天柱县中药资源普查工作

▲ 邀请侗医调查民族用药知识

▲ 贵州省名中医、苗侗医药专家龙运光主任医师（左二）现场传授民族医药知识

▲ 考察凯里苗侗医药文化街

▲ 清水江下游河段

目　录

目　录

目　录

目　录

动物药资源

绪　　论

一、清水江流域区域概况

(一) 区域位置

清水江是贵州省第二大河流,是洞庭湖水系"四水"之中水能资源最丰富的沅江(又称沅水)上游的主要干流。清水江发源于贵州省黔南布依族苗族自治州首府都匀市、贵定县交界的苗岭山脉斗篷山北麓中寨。贵州省境内的干流长约460千米,是黔东南地区与外界交往的重要通道。流域面积17 000余平方千米,覆盖贵州省麻江县、凯里市、台江县、剑河县、锦屏县、天柱县全境,以及黎平县、雷山县、三穗县、丹寨县、黄平县、施秉县、镇远县、榕江县、都匀市、福泉市、贵定县等地的部分区域,到天柱瓮洞镇下金紫村注入湖南会同县。清水江流域所指的地理范围就是清水江干流及其支流所流经的所有地区。

(二) 地形地貌

清水江流域属沅江水系,它位于贵州省东南部,处于北纬26°05′~27°11′,东经107°17′~109°33′之间,地处高原向丘陵过渡的斜坡地带,地势西高东低。从地貌类型看,清水江流域为多山地区,山地占总面积的87.7%,丘陵占10.8%,盆地占1.5%。除了部分平坝及河谷较为平坦外,主要是丘陵山地。境内岩溶发育,地表破碎、垂直切割较深,地层结构复杂。地质构造为北东向复式褶曲和北东向断层,水系受地质构造控制,其地貌的纵、横剖面也具有不同特征:在上游地区,流速缓、坡降小,河谷呈不对称状,中、下游地区多沿东北向断层发育,水量大、河床变宽,坡降大,险滩也较多。干流两岸山系属苗岭山系,夷平面保留得较为完整,受断裂构造制约,地势平缓。土壤由变质岩系发育而成,土层深厚,多为黏土,保水保肥性能好。

(三) 气候条件

清水江流域地处中低纬度,处于副热带东亚大陆的季风区内,云贵高原东部斜坡,冷暖气流经常相持过渡的地区,属亚热带季风润湿气候类型,大部分地区气候温和,年平均气温在14~16℃之间,气温最高为7月,平均温度22~25℃,最冷为1月,平均气温为4~6℃。常年雨量充沛,年平均年降水量在1 100~1 300 mm之间,最多值接近1 600 mm,最少值约为850 mm,全年总降水量的70%左右集中在春、夏两季,全年降水日数在170日以上,雨热同期,相对湿度较大。年日照时数在1 200~1 600 h之间,光照条件适度,平均湿度在79%~83%之间。地处低纬山区,由于流域内地形复杂,起伏较大,加之纬度、高度及大气环流的影响,地区性差异也很大。地势高差悬殊,立体气候明显。当地有"一山有四季,十里不同天"的说法。

(四) 土壤

清水江流域由于受地质结构、成土母质、海拔高度、气候、植被及人类活动的影响,形成的土壤类型众多,结构复杂,地域差异明显,适宜多种植被生长。土壤类型主要有黄壤、红壤、黄棕壤、石灰土、紫色土、潮土(即冲积土)和由这些自然土经耕作熟化后而成的水稻土。其成土母质,除了部分地区系白云质灰岩、石灰岩的土层较浅外,大部分地区均为变质页岩、板岩等,土层深厚,质地疏松,为各种植被的生长提供了极为良好的条件。清水江流域的气候土壤适合杉木的生长,因此,清水江流域有"杉乡林海"之称,是全国重点林区之一,流域内生长着许多的优质杉木,这也是明清时期,这一区域成为"皇木"征集地的主要原因之一。

二、清水江流域主要植被类型

贵州省内大部分地区在三叠纪印支运动后就隆为陆地,从而为许多古老陆生高等植物生长发育创造了条件,并使众多的植物获得了一个漫长物种演变过程。经过漫长的地质年代和特殊的地势地形条件,贵州山区成了高纬度植物区系南移的避难所,同时又是低纬度植物区系北扩的栖息地,在贵州这种地形多变的区域内,多种植物区系共存和繁衍生息。在世界种子植物的15个植物区系成分中就有13个成分在贵州同时具有。其中以科统计,属于热带、亚热带性质成分占72.5%,温带性质成分占25.5%。贵州省地带性植被是亚热带常绿阔叶林,在东、西部同时发育了湿润性常绿阔叶林和半湿润常绿阔叶林,二者之间又有过渡类型。地理位置决定了气候上的过渡性与复杂性,使本省植被的性质也表现出这种过渡性和复杂性的特点。

清水江流域由贵州中部向东南部延伸,广大的中部地区是高度变化在1000～1400 m的山原,向东南部海拔逐渐降低,黔东南一带为700～1000 m的低山丘陵,局部河谷坝区海拔在500 m以下,海拔最高的是作为清水江与都柳江分水岭的苗岭主峰雷公山,海拔2163 m,海拔最低的是清水江在天柱的出省口,海拔216 m。同时,由于严重的侵蚀切割,地表相当破碎,各地貌类型如残留高山、中山、低山丘陵、山间盆地、深谷随处皆见。地形的复杂和垂直高度的差异,是本区域植被复杂多样的主要原因之一。

根据清水江流域的地理位置及气候特征,黄威廉与屠玉麟把此区域划分为I.中亚热带常绿阔叶林亚带中的IA.贵州高原湿润性常绿阔叶林地带。地带性的典型植被类型为中亚热带常绿阔叶林。其他的植被类型有常绿落叶混交林、针阔叶混交林、落叶阔叶林、亚热带常绿针叶林、常绿灌丛、亚热带竹林、常绿落叶灌丛和石灰岩藤刺灌丛、亚热带草坡等(图1-1～图1-5)。

▲ 图1-1 常绿阔叶林

▲ 图1-2 针阔叶混交林

▲ 图1-3 常绿针叶林

▲ 图1-4 常绿灌丛

▲ 图1-5 亚热带竹林

▲ 图1-6 油茶林

在此基础上,清水江流域又划分为ⅠA(1)黔东低山丘陵常绿樟栲林及油桐、油茶林地区和ⅠA(4)黔中山原灰岩常绿栎林、常绿落叶混交林及马尾松林地区(图1-6),其植被特征如下。

ⅠA(1)黔东低山丘陵常绿樟栲林及油桐、油茶林地区。本植被区位于贵州省的东部,包括铜仁地区及黔东南苗族、侗族自治州的大部分。在地貌上,属于贵州山原东部斜坡向湘西丘陵过渡的地带,整个地区地势西高东低。在雷公山地区,由于河流的切割,山高谷低,相对高度有时达600~800 m,形成中山峡谷地貌。除此以外,其余大部分地区呈丘陵状起伏,高度差变化不大,海拔高度大都在800~1 000 m,越往东,地形越趋于湘西丘陵,海拔高度降至600 m以下。本地区由于自然条件复杂,水热条件良好,故发育着较为典型的亚热带常绿樟栲林,特别是在位于西南的雷公山地区,由于山体高耸,重峦叠嶂,在海拔1 400 m以上,除某些地点外,一般仍保持着较好的原生植被。发育的植被为湿润性常绿阔叶林,植被的垂直分布明显。雷公山具有三个明显的垂直系列:海拔1 300 m以下为常绿阔叶林,1 300~1 850 m为常绿落叶混交林,1 850 m以上为落叶阔叶林。其中以常绿落叶混交林带跨度较大,上下限高度差达450 m。此外,海拔1 200 m以下地区多有杉木林、马尾松林、松杉混交林及破坏后次生的灌丛草坡。常绿林中以甜槠、石栎(*Lithocarpus corneus*)、木荷(*Schima superba*)、木莲(*Manglietia fordiana*)等为主,混交林中有落叶树种水青冈、亮叶水青冈,间有枫香、正安山柳(*Celhra kaipoensis*)、板栗、槭树及安息香科的檫叶白辛树(*Pterostyrax leveillei*)等,局部地区残留有秃杉(*Tanwania flousiana*)。本地区南部锦屏-天柱-黎平一带,有大面积的马尾松林及杉木林,清水江、都柳江流域为杉木的适生中心区之一,为本省木材蓄积最大的林区。经济林以油桐、油茶为主,其次尚有板栗、核桃、乌桕、漆树等零星分布。

ⅠA(4)黔中山原灰岩常绿栎林、常绿落叶混交林及马尾松林地区。区内广大地区海拔高1 100~1 300 m,一般山岭低缓,山原地貌,东部潕阳河上游和中部的乌江中上游强烈下切,造成深切之河谷,使高原面强烈分割,故有多层地形的特点。由于灰岩的广泛分布和出露,因而岩溶地貌相当发育。地带性土壤是黄壤,黑色石灰土和紫色土也有分布。本植被区的代表植被是石灰岩常绿阔叶林,地区东部的砂页岩上,有红栲、大叶栲为主的湿润性常绿阔叶林;在石灰岩上,则由青栲(*Cyclobalanopsis myrsinaefolia*)、小叶青冈(*Quercus myrsinifolia*)、青冈(*Quercus glanca*)、多脉青冈(*Quercus multinervis*)、岩栎(*Quercus acrodonta*)、乌刚栎(*Quercus phillyrasoides*)、野八角(*Illicium simonsii*)、柞木(*Xylosma congesta*)、虎皮楠(*Daphniphyllum glaucescens*)、云南樟(*Cinnamomum glanduliferum*)、红果楠(*Actinodaphne cupularis*)、香叶树(*Lindera communis*)、贵州泡花树(*Meliosma henryi*)、贵州石楠(*Photinia bodinieri*)、光叶石楠(*Photinia glabra*)、蚊母树(*Distylium racemosum*)、女贞(*Lisustrum lucidum*)等组成。落叶树有各种鹅耳枥(*Carpinus turczaninowii*)、珊瑚朴(*Celtis julianae*)、黄檀(*Dalbergia hupeana*)、灯台树(*Cornus controvesa*)、枫香树(*Liquidambar formosana*)、光皮桦(*Betula luminifera*)等。由于长期人为活动的影响,目前现存植被中,除上述残存不多的常绿阔叶林和常绿落叶混交林外,主要为次生类型,其中以灌丛草坡为主。在灌丛中,又以藤刺灌丛所占面积最大,主要成分有火把果、小果蔷薇(*Rosa cymosa*)、金樱子(*Rosa laveigata*)、多种悬钩子、臭荚蒾(*Vibumum foetidum*)、小檗(*Berberis thumbergii*)、小叶鼠李(*Rhamnus parvifolia*)等。在木本植物群落被破坏后,则多出现以禾本草、蕨类为主的山地草坡,常见种类有菅草、细柄草(*Capillipedium parviflorum*)、扭黄茅、孔隐草、金茅(*Eulalia speciosa*)、野古草(*Arundinella hirta*)、马唐(*Digitaria sanguinalis*)等,蕨类以蕨(*Pteridium aquilinum*)、狗脊(*Woodwardia japonica*)、贯众(*Cyrtomium fortunei*)、金星蕨(*Parathelypteris glanduligera*)等为多。

三、清水江流域药用植物资源多样性

清水江流域属中亚热带季风湿润气候区,冬无严寒,夏无酷暑,降水丰沛,土壤深厚肥沃;域内低中山、丘陵、盆地交错,山地复杂,高低悬殊,小气候明显。清水江流域独特的地形地貌和温暖湿润的气候,非常适宜各种草木生长,物种繁多,植被条件较好。自古森林密布,是全国重点林区之一,有"杉乡""林海"之称。初步查明的植物达2 000余种。在这些植物中,属于中国特有属的有水青树、观光木、钟萼木、木瓜红等;列为国家Ⅰ、Ⅱ级重点保护树种有秃杉、银杏、鹅掌楸、南方红豆杉、马尾树等。现初步查明的药用植物、药用菌类有1 681种(含变种),隶属于195科769属。有常用野生药用植物400多种,有规模化种植药材30余种,其中太子参、杜仲、天麻、灵芝、钩藤等名贵药材驰名全国。清水江流域列入《国家重点保护野生植物名录》的珍稀药用植物有福建观音座莲、黑桫椤、苏铁、银杏、罗汉松、竹柏、水杉、秃杉、南方红豆杉、红豆杉、榧树、马蹄香、厚朴、鹅掌楸、楠木、润楠、白及、春兰、罗河石斛、金钗石斛、铁皮石斛、独蒜兰、贵州山核桃、鹅耳枥、黄檗、金荞麦、山茶、贵州连蕊茶、中华猕猴桃、七叶一枝花、具柄重楼(变种)等32种,国家重点保护的野生药材物种有豹骨、鹿茸(马鹿)、麝香、穿山甲、蟾酥、金钱白花蛇、乌梢蛇、蕲蛇、蛤蚧、杜仲、厚朴、黄芩、天冬、石斛等14种。2021年9月,贵州省公布首批道地药材95种,包括艾叶、白果、白及、百合、半边莲、半夏、重楼、车前草、车前子、党参、杜仲、葛根等。其中,清水江流域除金铁锁、余甘子、雷丸等6种外,均有记载。以清水江流域为主产区的品种有半边莲(都匀)、茯苓(天柱)、车前草(凯里)、钩藤(天柱、剑河)、红花龙胆(凯里)、金樱子(天柱)、九香虫(锦屏、剑河)、马勃(凯里)、山慈菇(台江)、石菖蒲(锦屏)、太子参(施秉、黄平、麻江、都匀)、天冬(剑河)、铁皮石斛(锦屏)、仙茅(台江)14种。

经综合整理第四次全国中药资源普查各个县提交的数据,清水江流域的药用资源有195科769属1 681种,其中被子植物151科688属1 543种,占有绝对优势;裸子植物8科14属17种;蕨类植物32科62属116种;苔藓植物2科2属2种;藻类植物1科1属1种;菌类1科2属2种(表1-1)。

表1-1　清水江流域药用资源种类组成统计

类群	科数	占总科数比(%)	属数	占总属数比(%)	种数	占总种数比(%)
被子植物	151	77.44	688	89.47	1 543	91.79
裸子植物	8	4.10	14	1.82	17	1.01
蕨类植物	32	16.41	62	8.06	116	6.90
苔藓植物	2	1.03	2	0.26	2	0.12
藻类植物	1	0.51	1	0.13	1	0.06
菌类	1	0.51	2	0.26	2	0.12

经分析,从科的组成来看,清水江流域的药用资源有195科,药用植物多集中在少数大科或中等科,

大科(101 种以上)只有菊科,其次较集中的是一些中等科(20 个种以上)。排名前 10 的优势科是菊科(121 种)、蔷薇科(87 种)、豆科(75 种)、百合科(65 种)、唇形科(56 种)、禾本科(45 种)、毛茛科(37 种)、蓼科(36 种)、茜草科(34 种)、荨麻科(27 种)(图 1 - 7)。拥有 20 个种以上的科有 22 个,占总科数的 11.28%,其他的是一些小型科。

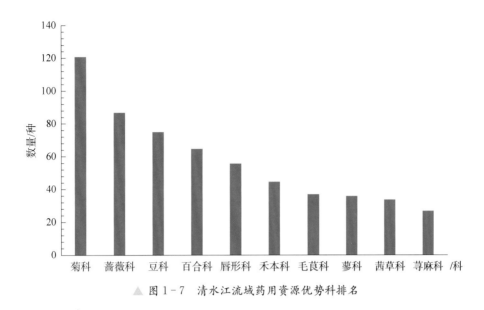

▲ 图 1-7　清水江流域药用资源优势科排名

　　清水江流域药用资源属的组成较多,共计 769 属,其中排名前 10 名的悬钩子属物种数最多,有 29 种,其次是蓼属(26 种)、菝葜属(18 种)、铁线莲属(15 种)、蒿属(13 种)、猕猴桃属(13 种)、蔷薇属(12 种)、茄属(12 种)、珍珠菜属(12 种)、花椒属(11 种)、堇菜属(11 种)、榕属(11 种)、薯蓣属(11 种)、荚蒾属(10 种)、卷柏属(10 种)、凤仙花属(9 种)、冷水花属(9 种)、柃木属(9 种)、紫珠属(9 种)、海桐花属(8 种)、木姜子属(8 种)、蛇葡萄属(8 种)、鼠尾草属(8 种)、薹草属(8 种)。属组成的特点是大属所包含的物种较多,含 5 种以上的属有 76 个属,包含物种数 577 种,此外多数属物种数量较少(只有 1~2 个物种),共计有 733 个种(图 1 - 8)。

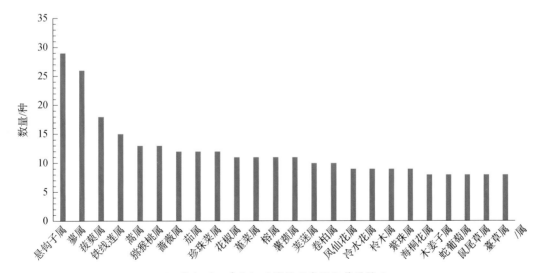

▲ 图 1-8　清水江流域药用资源优势属排名

四、清水江流域药用植物区系特征

(一)药用植物区系起源古老

清水江流域自中生代三叠纪结束海浸历史后,就成为稳定的大陆,这种悠久的地质历史为若干起源古老的陆生高等植物的迁入、生长和发育提供了极为有利的条件,也促使其进一步分化和演变。在清水江流域药用植物区系中,也含有大量起源古老的科属,很多古老的植物残留至今,成为古老的孑遗植物。蕨类植物是世界上最早的陆生高等植物,早在四亿多年前的古生代就已发生并逐渐繁盛。贵州的清水江流域药用蕨类植物中,有起源于古生代的松叶蕨(*Psilotum*)、莲座蕨(*Angiopteris*);有起源于中生代的许多种类,如三叠纪的铁角蕨(*Asplenium*),侏罗纪的紫萁(*Osmunda*),桫椤(*Alsophila*),蚌壳蕨(*Cibotium*),白垩纪的芒萁(*Dicronopteris*)、里白(*Diplopterygium*)、瘤足蕨(*Plagiogyria*)等。还有很多起源于第三纪,如狗脊(*Woodwardia*)、槲蕨(*Drynaria*)、凤尾蕨(*Pteris*)、海金沙(*Lygodium*)、萍(*Marsllea*)与槐叶萍(*Salvinia*),等等。裸子植物中银杏(*Ginkgo*)早在古生代二叠纪就很发达,其远祖可能生自石炭纪。杉科(Taxodiaceae)植物是第三纪残遗植物,国产的杉木(*Cunninghamia*)、台湾杉(*Taiwania*)、柳杉(*Crypromeria*)三属在清水江区域都有分布。黔东南清水江、都柳江流域为我国杉木的自然分布中心之一,而台湾杉属的秃杉(*Taiwania flousiana*)在雷公山格头,剑河的道桥水以及榕江、台江一带都有自然分布。此外,红豆杉科(Taxaceae)的穗花杉(*Amentotaxus*)、红豆杉(*Taxus*)、榧树(*Torreya*),罗汉松科(Podocarpaceae)的罗汉松(*Podocarpus*)等古老残遗植物本区域都有分布。如此众多的古老裸子植物的存在,充分说明了清水江流域植物区系的古老。

本区域的药用被子植物中,在白垩纪出现的科就有胡桃科、桦木科(BetuIaceae)、壳斗科、榆科、桑科、木兰科、番荔枝科(Annonaceae)、樟科(Lauraceae)、金缕梅科、豆科(Leguminosae)、漆树科(Anacardiaceae)、械树科(Aceraceae)、无患子科(Sapindaceae)、鼠李科(Rhamnaceae)、椴树科(Tiliaceae)、卫矛科(Celastraceae)、五加科(Analiaceae)、山茱萸科(Cornaceae)、柿树科(Ebenaceae)、木樨科(Oleaceae)、夹竹桃科(Apocynacae)、忍冬科等。在第三纪出现的科就更多,如苦木科(Simarubaceae)、蔷薇科(Rosaceaae)、芸香科(Rutaceae)、小檗科(Bcrberidaccac)、山茶科(Theaceae)、胡椒科(Piperaceae)、七叶树科(Hippoca stanaceae)、葡萄科(Vitaceae)、八角枫科(Alangiaceac)、清风藤科(Sebiaceae)、大风子科(Flacourtiaceae)、旌节花科(Stachyuraceae)、安息香科(Styraceac)、楝科(Meliaceae)、胡颓子科(Elacgnaceae)、蜡梅科(Calycanthaceae)、杜仲科(Elaeagnaceae),等等。

(二)地理成分复杂,热带-亚热带性质的成分优势明显

从清水江药用植物区系的地理成分来分析,以热带性质的分布式占明显优势,这不仅表现在热带性质分布式所含的科、属最多,而且分布广泛,在现存植被中有着重要的作用,如豆科、大戟科、茜草科、菊科、旋花科、爵床科、马鞭草科等等。热带亚洲分布式的科也有很多,如爵床科、天南星科、樟科、夹竹桃科、野牡丹科、防己科、五加科等。

此外,旧世界热带分布式的瓜馥木(*Fissistigma*)、海桐(*Pittosporum*)、合欢(*Albizzia*)、黄皮(*Clausena*)、吴茱萸(*Evodia*)、野桐(*Mallotus*)、八角枫(*Alangium*)、蒲桃(*Syzygium*)、杜茎山(*Maesa*)、弓果藤(*Toxocarpus*)、娃儿藤(*Tylophora*)、粗糠树(*Ehretia*)、玉叶金花(*Mussaenda*)、乌口树(*Serissa*)、天门冬(*Asparagus*);热带亚洲至热带大洋洲式的杜英(*Elaeocarpus*)、樟(*Cinnamomum*)、水锦树(*Wendlandia*)、椿(*Toona*)、山龙眼(*Helicia*)、崖爬藤(*Tetrastigma*)、兰(*Cymbidium*)、石斛(*Dendrobium*)、姜(*Zingiber*);热带亚洲至热带非洲分布式的铁仔(*Myrsine*)、水麻(*Drbregeasia*)、荩草(*Arthraxon*)以及热带美洲及热带亚洲间断分布式的猴欢喜(*Sioanca*)、木姜子(*Litsea*)、楠木(*Phoebe*)、雀梅藤(*Sageretia*)、泡花树(*Meliosma*)、无患子(*Sapindus*)等属,有的种类较多,有的在清水江流域分布十分广泛。

(三)各种成分交互叠置,具强烈的复杂性和过渡性

从清水江流域药用种子植物的科、属、种统计可看出,清水江流域药用植物区系成分中,以热带及亚

热带的科、属占绝对优势,热带性质的区系成分和北温带性质和区系成分相互渗透、分布区互相叠置。北温带分布的落叶阔叶木本属在贵州也十分丰富,主要有槭(*Acer*)、桤(*Alnus*)、桦木(*Betula*)、榛(*Corylus*)、鹅耳枥(*Carpinus*)、栗(*Castanea*)、水青冈(*Fagus*)、栎(*Quercus*)、七叶树(*Aesculus*)、胡桃(*Juglans*)、杨(*Populus*)、柳(*Salix*)、苹果(*Malus*)、桃(*Prunus*)、花楸(*Sorbus*)、黄杨(*Buxus*)、杜鹃花(*Rhododendron*)、椴(*Tilia*)、榆(*Ulmus*)、桑(*Morus*)等,它们是常绿落叶混交林中常见的种类,在局部山体上部形成以它们为主的落叶阔叶林。属于北温带成分的灌木和草本属也同样丰富,如黄栌(*Cotinus*)、漆树(*Rhus*)、小檗(*Berberis*)、忍冬(*Lonicera*)、荚蒾(*Viburnum*)、山茱萸(*Coruns*)、胡颓子(*Elaeagnus*)、栒子(*Cotoneaster*)、山楂(*Crataegus*)、蔷薇(*Rosa*)、绣线菊(*Spiraea*)、蓟(*Cirsium*)、风轮菜(*Clinopodium*)、夏枯草(*Prunella*)、紫草(*Lithospermum*)、龙芽草(*Agrimonia*)、地榆(*Sanguisorba*)、野古草(*Arundinella*)、野青茅(*Deyeuxia*)、短柄草(*Brachypodium*)、沿沟草(*Catabrosa*)、百合(*Lilium*)、黄精(*Polygonatum*)、天南星(*Arisaema*)、鸢尾(*Iris*)、葱(*Allium*)等。在南、北温带间断分布的和尚菜(*Adenocaulon*)、越橘(*Vaccinium*)、接骨木(*Sambucus*)、枸杞(*Lycium*)、柳叶菜(*Epilobium*)、路边青(*Geum*)、婆婆纳(*Veronica*)、荨麻(*Urtica*)、雀麦(*Bromus*)、勿忘草(*Myosatis*)、蒲公英(*Taraxacum*)、花锚(*Halenia*)、唐松草(*Thalictrum*)、茜草(*Rubia*)、柴胡(*Bupleurum*)、火绒草(*Leontopodium*)、看麦娘(*Alopeucrus*)等,在清水江流域也有分布,有的属还较普遍。

五、清水江流域民族医药文化特征

清水江流域是以苗族、侗族为主体,包含汉、布依、水、壮、瑶、土族等33个民族在内的多民族聚居地区,是贵州省少数民族区域最广和人口最集中地区。千百年来,世居于这片土地上的各族人民在生产、生活及长期与疾病作斗争的过程中,运用当地丰富的药物资源不断摸索、积累、创造和总结出的具有民族特色的用药习惯和民族医学知识,形成了苗族医药、侗族医药、布依族医药等。这些民族医药体系既有各自的民族特色,又相互交流与融合,为本区域各民族的防病治病、繁衍生息发挥了巨大作用。

(一) 侗医药特点

我国侗族总人口为3 495 993人(2020年),贵州侗族人口有143.19万人(2019年),其中,黔东南苗族侗族自治州是我国侗族最大的聚居地,全州侗族人口有1 091 281人。除了苗族,侗族人口在清水江流域地区占比也很大,主要分布在黎平、榕江、从江、锦屏、天柱、三穗、镇远、剑河等地区。侗族医药的发展历程凝聚了侗族人民千百年来对疾病的认知和治疗经验。早期,由于侗族缺乏文字,医学主要以巫医为主,后逐渐分离出侗族医药的雏形。新中国成立后,侗医积极宣传和发展侗医药,相关机构的成立也推动了侗族医药的发展。

药用植物在侗族医药中占据着核心地位,为治疗各类疾病提供了重要支持。调查结果显示,侗族药用植物占侗族药用物种的87.01%。药用植物的分类和命名反映了侗族对这些植物的深刻认知,同时体现了侗族文化的丰富内涵。依托实际生活和劳动实践,侗族对药用植物的分类方式简洁生动,而侗语的命名方法更是适应了口传文化传承的特点。

湘桂黔边区、黔东南地区等地的侗族医药表现出鲜明的地域特色,其独特性主要体现在中医和草医的理论、诊断、治疗、用药等方面。侗医在药性理论、治疗理论、诊断方法和治疗原则等方面与中医存在一些区别。其药性理论以三性六味、治疗理论以七气六味为主,与中医的四气五味理论有所不同。侗族医药采用"看、摸、算、划"四诊方法,与中医的四诊法相比,方法和重点略有不同。在治疗原则上,侗族医药强调"冷病热治、热病冷治、虚病补治、毒病排治、水病消治"五大方向,与中医的辨证施治有所区别。治疗方法上,侗族医药注重表散、退毒、打赶、补虚、顺排、收止等基本治法,相对于中医的多元治疗手段,更强调经验方和秘方的应用,突显了其实用性和简便性。这些差异凸显了侗族医药在理论和实践层面上的族群文化特色。

侗药植物药资源在侗族地区的应用远不仅限于医药领域,而是涉及了多个领域的广泛应用。如米饭花、紫苏、狭叶栀子等，不仅在医疗中发挥作用，还丰富了侗族人民的饮食体验，成为染料和香料的重要来源。这表现了侗药植物在非药用领域的多元利用，为侗族的日常生活提供了更多元的选择。植物药根据侗族人的实际应用习惯被划分为提取植物淀粉、染料香料、野生水果、野菜、卫生杀虫、照明等6个类别。例如，博落回被用作卫生杀虫，而马尾松则被用作照明的材料。这种分类方式展示了侗族对植物药资源多元认知和多方面应用的灵活性。在侗族地区，植物资源得到的综合利用不仅局限于药物的提取，还包括了其他方面的需求，例如食用、饮食调味、卫生、照明等多个领域。这种综合利用方式不仅反映了侗族对植物资源的全面理解，同时也在实践中灵活运用这些资源，满足各种需求，体现了侗族对植物资源的高度适应性。

侗族对植物资源的深入了解与广泛应用不仅仅是医药文化的传承，更与生态平衡密切相关。通过合理的植物药资源利用，侗族在维护生态平衡的同时，保护和传承了丰富的医药文化。这种文化传承与生态平衡的有机结合，为侗族地区的可持续发展提供了独特的智慧和经验。

侗族医药在几千年的发展中为中国传统医学增光添彩，是侗乡人民的健康守护神。然而，其影响仅限于侗族地区，需要整合优化以适应"健康中国"战略的提出。国家对民族医药的发展高度重视，2016年国务院印发了《中医药发展战略规划纲要（2016—2030年）》；2018年8月23日，国家中医药管理局、国家发展改革委等13部门联合制定《关于加强新时代少数民族医药工作的若干意见》，但侗族医药的研究仍显零散，不够深入，亟需建立完善的学科体系对侗族医药知识进行系统的归纳总结。

侗族医药是中华传统医学的一支，具有悠久的历史和深厚的文化内涵。通过深入研究和系统总结，可以更好地保护和传承侗族医药的精髓，促进其在健康中国战略中的更好发展。在发展的过程中，科技与传统的结合、发展与保护的平衡将为侗族医药迈向新的高度提供坚实的基础。

（二）苗医药特点

苗族是中国最古老的民族之一，主要聚居于贵州、湖南、云南、广西等地，其中以贵州苗族人口最多。众所周知，贵州是多民族聚居的省份，有苗族、布依族、侗族、彝族等48个少数民族，其中苗族人口数超过396万，占全国苗族总人口的49%以上。"八山一水一分田、地无三里平"是贵州的真实写照，贵州全省地貌以山地和丘陵为主，地处云贵高原，境内山脉众多，是全国唯一一个没有平原的省份。然而正是由于贵州独特的高原环境和显著的亚热带湿润季风气候等条件，使得全省具有丰富的药用植物资源，自古以来便享有"黔地无闲草，夜郎多灵药"的美誉。苗药是在实践中逐步发展起来的具有苗族医药特色并具有较强的地域性的民族药，它是在苗医药理论指导下或苗族民间习用主治防治疾病的药物，包括植物药、动物药和矿物药，尤以植物药为主。贵州苗药更是以品种多、分布广、产量大、质量优而著称，据调查贵州苗药大约有4000种，常见苗药2000种左右，最常用的约400种。贵州苗药作为我国民族医药的重要组成部分，是苗族人民长期与各种疾病斗争不断积累、不断沉淀所得出来的宝贵的药物医疗体系，相较于其他民族医药而言具有其自身的特点。

苗族在用药上喜欢用鲜药，只有实在找不到药物的鲜品时才会使用干品。苗医认为鲜药的疗效要比干品的疗效好，他们认为药物放置时间长会导致有效成分的降低，还会出现虫蛀霉变等情况。苗医喜欢用鲜药与他们居住的环境也是有关系的，苗族历代都居住在广阔的山区里面，有着得天独厚的药用植物资源，采药相对也会很方便，因此药物没有必要存放太长时间。

苗医注重用药时令。苗医认为药物在不同时节会有不同的功效，因此他们很注重植物生长的季节性。正如苗族歌谣曰："春用尖叶夏花枝，秋采根茎冬挖蔸，乔木多取茎皮果，灌木适可用全株，鲜花植物取花朵，草本藤本全草收，须根植物地上采，块根植物用根头。"其目的是根据季节的不同和病症的需要，取其药物的最佳有效部位入药。有的地区的苗族用药还很讲究服药的时辰，他们认为选择合适的时间服药能够充分地发挥药物的疗效。因为他们认为药物在属经上有昼经与夜经之别，昼经药在白天用则良，夜经药在晚上用为佳。如遗尿、夜游症等就应该使用夜经药，且在夜间服用为佳。

苗药的加工一般都很简单，这也与其多用鲜药有很大的关系，大多数的药物采回来后只需要简单的洗净、切碎、晒干或者炕干即可。

苗医药单验方资源丰富。苗医用药具有立方简要,遣药精炼,多有单方验方的特点,形成了"千年苗医,万年苗药,三千苗药,八百单方"的苗医药体系,这对防治疑难病、常见病和慢性病等方面发挥了重要作用。如苗药鬼针草治高血压病,取鬼针草 20 g,威灵仙 15 g,水煎温服;治偏头痛、牙痛,用毛大丁草 35 g 水煎服等。苗药方剂一般简单实用,除单味药剂外,其复方方剂的组成一般分为简单的母药(主药)与子药(辅药)两大类。但很多具有显著疗效的苗医药单方验方、诊疗技术无法用现代科学理论进行解释(如滚蛋),也没有得到学术界足够的重视。因此,传承挖掘整理、创新发展苗医药十分必要。

贵州苗药资源丰富,研发潜力极大,发展前景也十分广阔,相信丰富多彩的贵州苗药,通过人们的不懈努力和锲而不舍地创新,必将在我国乃至世界民族医药之林中,成为一朵永远盛开不败的山花。

六、清水江流域药市文化

传统药物在中国使用已有 5 000 年以上的历史,对中华民族的生存、繁衍和发展做出了重要的贡献。药用植物资源在民族传统医药中占有极大的比例,我国 55 个少数民族使用的民间草药有 8 000 种以上。我国城乡各地分布着大大小小的各类药材集市,是药用植物初级产品流动的主要渠道,其中有大量的鲜活药材和干燥药材。传统药材集市作为一个传统医药文化信息的重要集中地,在药用植物和传统医药文化研究中起到至关重要的作用。

如前所述,清水江区域有着丰富的药用植物资源,世代居住在这里的少数民族有苗族、侗族、汉族、布依族、水族、瑶族、壮族、土家族等,其中以苗族、侗族两个民族为主,当地人在预防和治疗疾病当中长期依赖于当地的野生药用植物。在长期的发展过程中,为了便于交流与使用,逐渐在各个县市形成各自有鲜明特色的药市,其中比较出名的有凯里药市、都匀药市及天柱荷花塘药市等。这些药市基本都有固定的开市时间,有些地方是每周末开市,如凯里与都匀药市,有些是逢当地赶集的时间开市,如天柱荷花塘药市,或者在传统的节日端午节集中开市,形成具有特色的药市文化。这些传统药材集市具有生物地理区系与民族文化的双重特征,传统药用植物和传统医药文化的多样性在这些传统药材市场都能集中地表达出来,传统药材集市对于药用植物的研究具有重要的民族植物学价值和意义。凯里药市最初由当地少数民族同胞自发组织,每逢周末,周边地区的少数民族同胞把平时收集的草药设摊摆卖,把药市当做相互传授心得经验的场所,药材市场的规模逐渐扩大。2016 年,根据"划行规市"和中草药集市药农安置需要,药材市场搬迁至苗侗风情园"苗侗医药文化街",从曾经没有固定摊位到如今的固定摊位,生意也逐渐好转,吸引了大批消费者接踵而至。这些药市具有以下的一些特点。

1. 买卖的药材以当地的药材为主　这些药市里售卖的药材大多是当地各少数民族从各自家乡山上采挖下来进行销售的鲜药,由此可以看出当地的植物区系特征及常见的中草药资源,有助于我们了解当地的药用植物资源情况并挖掘新药资源。

2. 有助于当地各少数民族医药的交流、融合与传承　在药市里不管是卖药的还是买药的各民族同胞,基本上都具有一定的民族医药基础,同时药市形成规模后,也有一些外来的中医开馆坐诊,因此药市的存在有助于各民族同胞之间医药文化的交流、相互学习与融合,促进当地医药文化的发展。

3. 具有鲜明的民族特色　药市里的鲜药来源于各少数民族,在药市交流的过程中除了促进民族医药文化的融合之外,由于受到各自民族医药体系的影响,在一些药物的使用上又保持了各自民族的特征,如侗族用一把伞南星(*Arisaema erubescens*)来治疗风湿,而苗族治疗咳嗽;侗族用酢浆草(*Oxalis corniculata*)来消肿止痛,而苗族则用其退热;侗族用华钩藤(*Uncaria sinensis*)的茎皮泡黄酒治疗风湿性关节炎,而苗族用其带钩的茎藤治疗头疼眩晕;苗族喜欢用青牛胆(*Tinospora sagittata*)来消食,而侗族认为其有清热解毒之功效。

▲ 图1-9 凯里药市

▲ 图1-10 药市药用植物资源与民族医药传统知识调查

七、清水江流域民族医药存在的问题及发展的建议

（一）加强清水江流域民族药资源的调查、整理与编目

经过第四次全国中药资源普查，虽然清水江流域民族药用资源的编目得到了很好的提升，但从目前的情况来看，对清水江流域药用资源的调查仍然是不够的，特别是一些偏远的地方，需要进一步加强调查工作。口耳相传是清水江区域民族医药传承的主要方式。由于每个人的经验和认识有所不同，导致苗侗药品种存在混乱的现象，药市上出现同物异名或同名易物的现象也较为普遍。如细辛的基原植物有细辛（A. sieboldii）、青城细辛（A. splendens）；疏毛长蒴苣苔（Didymocarpus stenanthos）、旋蒴苣苔（Boea hygrometrica），当地都叫"岩白菜"。对于混用与替用药材，民间常认为其功效与正品相同，混用品与正品功效是否一致，是否可将同类其他种作为正品的替用品，仍需从药效成分和功效方面加以分析、验证。有许多有毒植物也在普遍使用，同时有些种类的药用价值还没有被记载过，只是因部分药农的用药经验，便拿到药市上售卖，这使得药物在使用时存在较大的安全隐患。因此，加强清水江流域民族药资源的调查、整理与编目，对药材原植物的科学鉴定、有效成分分析、药理学实验等进行科学研究，建立共享中药数据库和种质资源库是非常有必要的。

（二）加强清水江流域民族药资源的保护工作

从这些年我们在药市的调查来看，一些市场需求量大、销量好的药材，如天南星、半夏、重楼、天麻等在每年的药市上成为交易量较大的药材，但由于缺乏相关的保护开发措施，许多药材已遭到掠夺性的破坏。例如重楼属植物因销售价格较贵，许多药农所销售的都是野生采挖小苗，未意识到野生变家种将会带来更大的经济效益，这样的药材不仅药效差，而且这种采挖方式会对这类野生资源造成灭绝式破坏，使得许多原来生长重楼的地方已很难再找到。再比如八角莲（Dysosma versipellis）在侗族药市上交易频率较高，也是侗族常用的药用植物，用来治疗风湿性关节痛。当地侗族同胞认为其根部治疗风湿性关节炎具有良好的效果，因而大量挖取八角莲的根部，导致该种在当地的野生资源越来越紧缺，药材的价格也变得更加昂贵。因此，政府应对其给予正确的引导，对当地居民加强珍稀野生药用植物资源保护的宣传力度，首先对其中具有较高应用价值的药用植物应开展进一步的科学研究，包括化学成分提取、有效成分分析、药理作用研究等方面。通过多学科的研究，让清水江区域的民族药的民族植物学知识得到科学的证

贵州清水江流域药用资源图志

实和认同。主动联合中药材种植企业和中药材加工企业共同建立中药材种植基地,满足药材需求,缓解生态压力,推动当地经济。

1. 加强清水江流域民族药传统知识的挖掘与开发利用　清水江区域的传统医药,不仅体现在野生药用资源多及传统药市丰富的药用植物的种类,更多的还体现在传统用药知识及多样的使用方法,民间医药知识对当地应对各种疾病发挥着重要的作用,传统药市上当地群众自发的防病治病的经验交流会,各种验方秘方及大量的传统药用知识得以交流和传播,这不仅对保障人们的身体健康发挥了积极的作用,更使得绚烂的民族医药文化得以发扬。

2. 加强清水江流域民族药的综合利用　中药民族药在现代社会中的用途逐渐丰富,其产业发展不再局限于药材交易市场,新兴产业如中药农业、中药食品、中药保健品、中药美容和中药制药设备等迅速发展。清水江民族医药也可抓住机遇,构建以药材交易为主、健康服务行业为辅的多产业链经济体系。同时由于民族地区医药极具地域性特点,还可进行优势行业和特色产品开发。如开展具有独特的"药食同源"膳食文化,开发系列"药食同源"产品,发展中医食疗和养生保健产业。电商交易也是目前中药民族药交易的重要渠道之一。当前各大电商平台都是一些比较好的交易渠道,已有不少的民族地区医药人员在相关平台出售当地的一些鲜药并取得较好的效果,但在平台上进行交易时一定要遵守国家的相关法律法规,保证用药的安全。

植物药 资源

石杉科

蛇足石杉 *Huperzia serrata*（Thunb.）Trevis.

异名　万年杉、蛇足草、狗牙菜、打不死。

形态特征　多年生草本。根须状。茎直立或下部平卧，高 15～40 cm，1 至数回两叉分枝。顶端常具生殖芽，落地成新苗。叶纸质，略成四行疏生，具短柄；叶片披针形，长 1～3 cm，宽 2～4 mm，先端锐尖，基部渐狭，楔形，边缘有不规则尖锯齿，中脉明显。孢子叶和营养叶同形，绿色。孢子囊横生于叶腋，肾形，淡黄色，光滑，横裂。孢子同形。

生境与分布　生于林荫下湿地或沟谷石上。分布于天柱、锦屏、都匀等地。

药材名　千层塔（全草）。

采收加工　夏末、秋初采收全草，去泥土，晒干。7～8 月间采收孢子，干燥。

功能主治　清热解毒，燥湿敛疮，止血定痛，散瘀消肿。主治肺炎，肺痈，劳伤吐血，痔疮便血，白带，跌打损伤，肿毒，水湿臌胀，溃疡久不收口，烫火伤。

用法用量　内服，5～15 g，水煎服；或捣汁。外用适量，煎水洗，捣敷，研末撒或调敷。

▲ 蛇足石杉植株　　　　　　　　　　▲ 蛇足石杉腊叶标本

用药经验　侗医：治疗胃痛，牙痛，风湿疼痛，经期腹痛，慢性气管炎，荨麻疹，毒蛇咬伤等。内服，9～15 g。

苗医：全草治疗风湿筋骨疼痛，骨折。内服，5～15 g。外用适量。

石松科

垂穗石松 *Palhinhaea cernua*（L.）Franco & Vasc.

异名 小伸筋草、猴子草、立筋草、龙须草、舒筋草。

形态特征 中型至大型土生植物，主茎直立，高达 60 cm，圆柱形，光滑无毛，多回不等位二叉分枝；主茎上的叶螺旋状排列，稀疏，钻形至线形，纸质。侧枝及小枝上的叶螺旋状排列，密集，钻形至线形。孢子囊穗单生于小枝顶端，短圆柱形，成熟时通常下垂，淡黄色，无柄；孢子叶卵状菱形，覆瓦状排列，先端急尖，尾状，边缘膜质，具不规则锯齿；孢子囊生于孢子叶腋，内藏，圆肾形，黄色。

生境与分布 生于海拔 100～1 800 m 的林下、林缘及灌丛下荫处或岩石上。分布于凯里、天柱、都匀等地。

药材名 铺地蜈蚣（全草）。

采收加工 7～9 月采收，去净泥土杂质，晒干。

功能主治 祛风湿，舒筋络，活血，止血。主治风湿骨痛，四肢麻木，跌打损伤，小儿麻痹后遗症，小儿疳积，吐血，衄血，便血，水火烫伤等。

用法用量 内服，6～15 g（鲜者 30～60 g），水煎服。外用煎水洗或研末调敷。

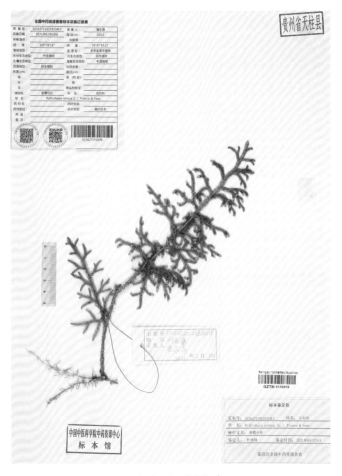

▲ 垂穗石松植株

▲ 垂穗石松腊叶标本

用药经验 侗医、苗医治疗风湿拘疼麻木，肝炎，痢疾，风疹，目赤等。内服，10～15 g。

卷柏科

江南卷柏 *Selaginella moellendorffii* Hieron.

异名 大叶卷柏、烂皮蛇、岩柏草、岩柏枝、石金花。

形态特征 土生或石生,直立,高20～55 cm,具一横走的地下根状茎和游走茎,其上生鳞片状淡绿色的叶。叶(除不分枝主茎上的外)交互排列,二形,草质或纸质,表面光滑,边缘不为全缘,具白边。孢子叶穗紧密,四棱柱形,单生于小枝末端;孢子叶一形,卵状三角形,边缘有细齿,具白边,先端渐尖,龙骨状;大孢子叶分布于孢子叶穗中部的下侧。大孢子浅黄色;小孢子橘黄色。

生境与分布 生于海拔100～1500 m的潮湿山坡、林下、溪边或石缝中。分布于天柱、都匀等地。

药材名 地柏枝(全草)。

采收加工 7月(大暑前后)拔取全草,抖净根部泥沙,洗净,鲜用或晒干。

功能主治 清热利湿,止血。主治吐血、肺热咯血,衄血,便血,痔疮出血,外伤出血,发热,小儿惊风,湿热黄疸,淋证,水肿,水火烫伤。

用法用量 内服,15～30 g,大剂量可用至60 g,水煎服。外用,研末敷;或鲜品捣敷。

▲ 江南卷柏植株　　　　　　　　▲ 江南卷柏腊叶标本

用药经验 侗医、苗医治疗急性黄疸型肝炎,全身浮肿,肺结核咯血,烧烫伤。内服,10～15 g。

贵州清水江流域药用资源图志

翠云草 *Selaginella uncinata*（Desv.）Spring

异名　大叶卷柏、绿绒草、回生草、还魂草。

形态特征　多年生草本。主茎伏地蔓生，长 30～60 cm，有细纵沟。叶二型，在枝两侧及中间各 2 行；侧叶卵形，长 2.0～2.5 mm，宽 1.0～1.2 mm，基部偏斜心形，先端尖，边缘全缘，或有小齿；中叶质薄，斜卵状披针形，基部偏斜心形，淡绿色，嫩叶上面呈翠蓝色。孢子囊穗四棱形，单生于小枝顶端，长 0.5～2.0 cm；孢子叶卵圆状三角形，先端长渐尖，龙骨状，4 列覆瓦状排列。孢子囊圆肾形，大孢子囊极少，生在囊穗基部，小孢子囊生在囊穗基部以上；孢子二型。孢子期 8～10 月。

▲ 翠云草植株　　　　　　　　　　　▲ 翠云草腊叶标本

生境与分布　生于海拔 50～1 200 m 的山谷林下或溪边阴湿处以及岩洞石缝内。分布于天柱、锦屏、剑河、麻江、都匀等地。

药材名　翠云草（全草）。

采收加工　全年均可采收，洗净，鲜用或晒干。

功能主治　清热利湿，解毒，止血。主治黄疸、痢疾、泄泻、水肿、淋证、筋骨痹痛、吐血、咳血、便血、外伤出血、痔漏、烫火伤、蛇咬伤。

用法用量　内服，10～30 g，水煎服，鲜品可用至 60 g。外用适量，晒干或炒炭存性，研末，调敷；或鲜品捣敷。

用药经验　侗医：治疗咳嗽、肺结核、胃痛、风湿骨痛。

苗医：全草治疗黄疸型肝炎、肠炎、肾炎水肿、风湿性关节炎。

植物药资源

木贼科

木贼 *Equisetum hyemale* L.

异名 笔筒草、节节草、节骨草。

形态特征 大型植物。根茎横走或直立,黑棕色,节和根有黄棕色长毛。地上枝多年生。枝一型。高达1m或更多,绿色,不分枝或直基部有少数直立的侧枝。地上枝有脊16~22条,脊的背部弧形或近方形,无明显小瘤或有小瘤2行。顶端淡棕色,膜质,芒状,早落,下部黑棕色,薄革质。孢子囊穗卵状,长1.0~1.5 cm,直径0.5~0.7 cm,顶端有小尖突,无柄。

▲ 木贼植林

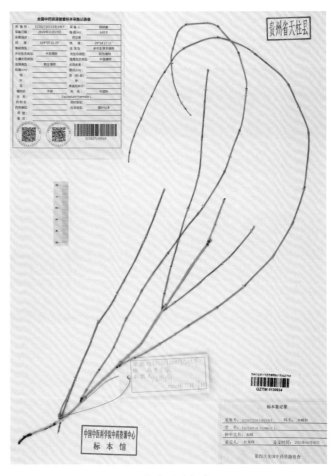

▲ 木贼腊叶标本

生境与分布 生于山坡林下阴湿处、河岸湿地、溪边,有时也生于杂草地。分布于凯里、天柱、锦屏、剑河、麻江、都匀等地。

药材名 木贼(地上部分)。

贵州清水江流域药用资源图志

采收加工　夏、秋二季采割，除去杂质，晒干或阴干。

功能主治　散风热，退目翳。主治风热目赤，迎风流泪，目生云翳。

用法用量　内服，3～10 g，水煎服；或入丸、散。外用适量，研末撒敷。

用药经验　侗医：①治疗小儿疳积，关节疼痛等。10～15 g（治疗小儿疳积，配猪肝蒸服）。②治疗血痢不止。木贼 18 g，水煎服。③治疗胎动不安。木贼、川芎各 9 g，共研末吞服，每次 3 g，日服 3 次，以白银耳汤送服。

阴地蕨科

阴地蕨　*Botrychium ternatum*（Thunb.）Sw.

异名　一朵云、独立金鸡、独脚金鸡。

形态特征　根状茎短而直立，有一簇粗健肉质的根。总叶柄短，长仅 2～4 cm，细瘦，淡白色，干后扁

▲ 阴地蕨植株　　　　　　　　　　　　▲ 阴地蕨腊叶标本

平,宽约2mm。叶片为阔三角形,长通常8～10 cm,宽10～12 cm,短尖头,三回羽状分裂。叶干后为绿色,厚草质,遍体无毛,表面皱凸不平。叶脉不见。孢子叶有长柄,长12～25 cm,孢子囊穗为圆锥状,长4～10 cm,宽2～3 cm,2～3回羽状,小穗疏松,略张开,无毛。

生境与分布 生于海拔200～2 200 m的丘陵灌丛阴地或山坡草丛。分布于天柱、锦屏、剑河、都匀等地。

药材名 阴地蕨(全草)。

采收加工 冬季至次春采收,连根挖取,洗净,鲜用或晒干。

功能主治 清热解毒,平肝息风,止咳,止血,明目去翳。主治小儿高热惊搐,肺热咳嗽,咳血,百日咳,癫狂,疮疡肿毒,毒蛇咬伤,目赤火眼,目生翳障。

用法用量 内服,6～12 g,鲜品15～30 g,水煎服。外用适量,捣烂敷。

用药经验 侗医:治疗膀胱炎,泌尿道感染,咳嗽。

苗医:治疗咳嗽痰多,肺虚咳嗽。

使用注意 虚寒、体弱及腹泻者禁服。

紫萁科

紫萁 *Osmunda japonica* Thunb.

▲ 紫萁植株

异名 毛毛蕨、老虎台、老虎牙。

形态特征 株高50～80 cm或更高。根状茎短粗,或成短树干状而稍弯。叶簇生,直立;叶片为三角广卵形,顶部一回羽状,其下为二回羽状;羽片3～5对,对生,长圆形,基部一对稍大。叶脉两面明显,自中肋斜向上,二回分歧。叶为纸质,干后为棕绿色。孢子叶(能育叶)同营养叶等高,或经常稍高,羽片和小羽片均短缩,小羽片变成线形,沿中肋两侧背面密生孢子囊。

生境与分布 生于林下或溪边酸性土上。分布于凯里、天柱、锦屏、剑河、台江、麻江、都匀等地。

药材名 紫萁(根状茎和幼叶上的细毛)。

采收加工 春秋采根状茎,洗净晒干;棉毛在幼叶初出时采集。

功能主治 清热解毒,止血。主治痢疾,崩漏,白带。幼叶上的棉毛,外用治疗创伤出血。

用法用量 内服,10～30 g,水煎服。棉毛外用适量,研粉敷患处。

用药经验 侗医:治疗感冒,妇女崩漏。内服,煎汤或炖肉,10～20 g。

苗医:治疗风热感冒,大便出血,叶治疗刀伤出血。内服,10～15 g。外用,紫萁叶适量,捣烂敷患处。

使用注意 本品有小毒,脾胃虚寒者慎服。

里白科

芒萁 *Dicranopteris dichotoma*（Thunb.）Bernh.

异名 冷蕨鸡、铁角杆、铜脚杆、铜铁脚。

形态特征 株高45～120 cm。根状茎横走,粗约2 mm,密被暗锈色长毛。叶远生,柄长24～56 cm,粗1.5～2.0 mm,棕禾秆色,光滑,基部以上无毛;叶轴一至二(三)回二叉分枝,一回羽轴长约9 cm,二回羽轴长3～5 cm;各回分叉处两侧均各有一对托叶状的羽片,平展,宽披针形,等大或不等。叶为纸质,上面黄绿色或绿色,下面灰白色,沿中脉及侧脉疏被锈色毛。孢子囊群圆形,一列,着生于基部上侧或上下两侧小脉的弯弓处,由5～8个孢子囊组成。

021

▲ 芒萁植株

▲ 芒萁腊叶标本

生境与分布　生于向阳山坡强酸性土壤上。分布于凯里、天柱、锦屏、剑河、台江、麻江、都匀等地。

药材名　芒萁（全草或根状茎）。

采收加工　四季可采，鲜用或晒干。

功能主治　清热利尿，化瘀，止血。主治鼻衄，肺热咳血，尿道炎，膀胱炎，小便不利，水肿，月经过多，崩漏，白带。外用治疗创伤出血，跌打损伤，烧烫伤，骨折，蜈蚣咬伤。

用法用量　内服，根状茎或茎心 15～30 g，全草 30～60 g。外用全草（或根状茎或茎心）捣烂敷，或晒干研粉敷患处。

用药经验　侗医：①治疗骨折，便血，水火烫伤等。②治疗哮喘。芒箕草、枇杷花、小夜关门、千年矮各 10 g。声哑加紫花地丁 5 g。水煎服，每日服 3 次。

苗医：治疗肋间神经痛。内服，10～20 g。外用适量。

中华里白　*Diplopterygium chinense*（Rosenstock）De Vol

异名　酒草。

形态特征　株高约 3 m。根状茎横走，粗约 5 mm，深棕色，密被棕色鳞片。叶片巨大，二回羽状；叶柄深棕色，粗 5～6 mm 或过之，密被红棕鳞片。叶坚质，上面绿色，沿小羽轴被分叉的毛，下面灰绿色，沿中脉、侧脉及边缘密被星状柔毛，后脱落。叶轴褐棕色，粗约 4.5 mm，初密被红棕色鳞片，边缘有长睫毛。孢子囊群圆形，一列，位于中脉和叶缘之间，稍近中脉，着生于基部上侧小脉上，被夹毛，由 3～4 个孢子囊组成。

生境与分布　生于海拔 400～1 700 m 的溪边或林

▲ 中华里白植株

▲ 中华里白腊叶标本

下。分布于天柱、锦屏、都匀等地。

药材名　中华里白(根茎)。

采收加工　全年均可采挖,洗净,晒干。

功能主治　止血,接骨。主治鼻衄,骨折。

用法用量　内服,9～15 g,水煎服。外用适量,研末塞鼻;或调敷。

用药经验　侗医、苗医治疗骨伤消肿。外敷,10～30 g。

海金沙科

海金沙　*Lygodium japonicum*（Thunb.）Sw.

异名　钢丝草、金沙藤、左转藤。

▲ 海金沙植株

形态特征　植株高攀达 1～4 m。叶轴上面有两条狭边，羽片多数，对生于叶轴上的短距两侧，平展。不育羽片尖三角形，同羽轴一样，多少被短灰毛，两侧并有狭边，二回羽状；一回羽片 2～4 对，互生；二回小羽片 2～3 对，卵状三角形，具短柄或无柄，互生，掌状三裂。叶纸质，干后褐色。一回小羽片 4～5 对，互生，长圆披针形。二回小羽片 3～4 对，卵状三角形，羽状深裂。孢子囊穗长 2～4 mm，长远超过小羽片的中央不育部分，排列稀疏，暗褐色，无毛。

生境与分布　生于阴湿山坡灌丛中或路边林缘。分布于凯里、天柱、锦屏、剑河、台江、麻江、都匀等地。

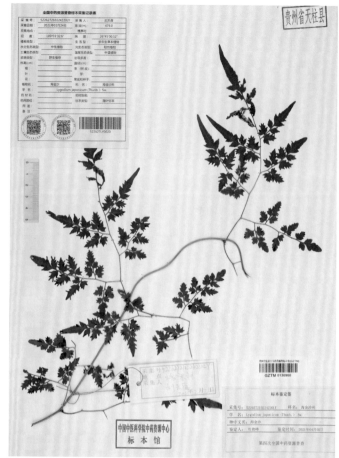

▲ 海金沙腊叶标本

药材名　海金沙(孢子)。

采收加工　秋季孢子未脱落时采割藤叶，晒干，搓揉或打下孢子，除去藤叶。

功能主治　清利湿热，通淋止痛。主治热淋，石淋，血淋，膏淋，尿道涩痛。

用法用量　内服，6～15 g，水煎服(包煎)。

用药经验　侗医：①治疗风湿痛，皮肤瘙痒，带下等。内服，10～15 g。外用适量。②治疗咽喉肿痛。海金沙、龙葵各 15 g，大青叶 30 g。药水煎服，每日服 3 次。

苗医：治疗各种淋证，水肿，湿热黄疸，高热不退。内服，10～30 g(包煎)，煎汤。

蚌壳蕨科

金毛狗　*Cibotium barometz* (L.) J. Sm.

异名　金毛狗脊、猴毛头、金狗脊。

形态特征 多年生草本。根状茎卧生,粗大,顶端生出一丛大叶;叶片大,长达 180 cm,宽约相等,广卵状三角形,三回羽状分裂;下部羽片为长圆形,互生,远离。叶几为革质或厚纸质,干后上面褐色,有光泽,下面为灰白或灰蓝色,两面光滑;孢子囊群在每一末回能育裂片 1～5 对,生于下部的小脉顶端,囊群盖坚硬,棕褐色,横长圆形,两瓣状;孢子为三角状的四面形,透明。

▲ 金毛狗植株

▲ 金毛狗腊叶标本

生境与分布 生于山角沟边或林下阴处酸性土上。分布于天柱等地。

药材名 狗脊(根茎)。

采收加工 秋末冬初地上部分枯萎时采挖,秋、冬二季采挖,除去泥沙,干燥;或去硬根、叶柄及金黄色绒毛,切厚片,干燥,为"生狗脊片";蒸后晒至六、七成干,切厚片,干燥,为"熟狗脊片"。

功能主治 祛风湿,补肝肾,强腰膝。主治风湿痹痛,腰膝酸软,下肢无力。

用法用量 内服,6～12 g,水煎服。

用药经验 侗医:①治疗腰背酸疼,膝痛脚软等。内服,10～15 g。外用适量。②治疗风湿引起的手脚骨节寒冷疼痛。金毛狗脊、地骨皮、金雀花根、荆芥、柳枝皮各 15 g,樟树皮、老姜各 100 g,糯米酒糟 250 g。前 5 味药水煎服,每日 1 剂,日服 3 次;将樟树皮和老姜共同捶烂后,加入糯米酒糟炒热,敷患处,冷后再换,连敷 3 日。

苗医:根茎治疗腰痛,尿频,手足麻木,外伤出血。内服,10～15 g。外用适量。

使用注意 肾虚有热,小便不利,或短涩黄赤,口苦舌干者,均禁服。

鳞始蕨科

乌蕨 *Sphenomeris chinensis*（L.）Maxon

异名　金鸡尾、雪仙草、牙齿芒、大金花草。

形态特征　株高达 65 cm。根状茎短而横走，粗壮，密被赤褐色的钻状鳞片。叶片披针形，长 20～40 cm，宽 5～12 cm，先端渐尖，基部不变狭，四回羽状；羽片 15～20 对，互生，密接。叶坚草质，干后棕褐色，通体光滑。孢子囊群边缘着生，每裂片上一枚或二枚，顶生 1～2 条细脉上；囊群盖灰棕色，革质，半杯形，宽，与叶缘等长，近全缘或多少啮蚀，宿存。

生境与分布　生于海拔 200～1 900 m 的林下或灌丛阴湿地。分布于天柱等地。

药材名　大叶金花草（全草或根状茎）。

采收加工　夏、秋季挖取带根茎的全草，去杂质，洗净，鲜用或晒干。

功能主治　清热，解毒，利湿，止血。主治感冒发热，咳嗽，咽喉肿痛，肠炎，痢疾，肝炎，湿热带下，痈疮肿毒，疳腮，口疮，烫火伤，吐血，尿血等。

用法用量　内服，15～30 g，水煎服；或绞汁。外用适量，捣敷；或研末外敷；或煎汤洗。

▲ 乌蕨植株

▲ 乌蕨腊叶标本

用药经验　侗医：治疗哮喘。内服，10～15 g。
苗医：治疗白喉，骨折，刀伤出血。内服，10～15 g。外用适量。

贵州清水江流域药用资源图志

凤尾蕨科

欧洲凤尾蕨 *Pteris cretica* L.

异名 大叶凤尾草、凤尾接骨草。

形态特征 株高 50～70 cm。根状茎短而直立或斜升,粗约 1 cm,先端被黑褐色鳞片。叶簇生,二型或近二型;叶片卵圆形,一回羽状;不育叶的羽片 3～5 对(有时为掌状),通常对生;能育叶的羽片 3～8 对,对生或向上渐为互生,斜向上。叶干后纸质,绿色或灰绿色,无毛;叶轴禾秆色,表面平滑。

生境与分布 生于海拔 400～3 200 m 石灰岩地区的岩隙间或林下灌丛中。分布于天柱等地。

药材名 井口边草(全草)。

采收加工 全年可采,鲜用,洗净切段,晒干。

功能主治 清热利湿,止血生肌,解毒消肿。主治泄泻、痢疾、黄疸、淋证、水肿、咳血、尿血、便血、刀伤出血、跌打肿痛、疮痈、水火烫伤。

用法用量 内服:煎汤,10～30 g。外用:适量,研末撒;煎水洗;或鲜品捣敷。

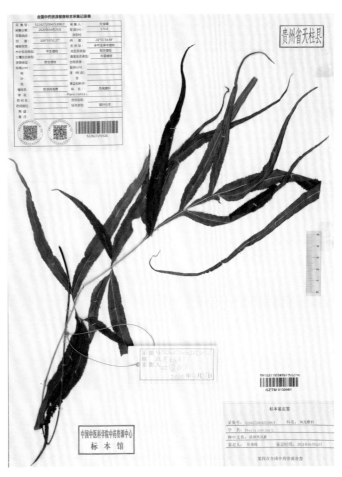

▲ 欧洲凤尾蕨植株　　　　　　▲ 欧洲凤尾蕨腊叶标本

用药经验 侗医:治疗刀伤,烧烫伤,肿块。内服,10～15 g。外用,鲜品适量,捣烂敷患处。
苗医:治疗小儿惊风,尿闭,急性黄疸型肝炎。内服,10～20 g。

蜈蚣凤尾蕨 *Pteris vittata* L.

异名 蜈蚣蕨、小贯仲。

形态特征 多年生草本,高1.3～2.0 m。根状茎短,被线状披针形、黄棕色鳞片,具网状中柱。叶丛生,叶柄长10～30 cm,直立,干后棕色,叶柄、叶轴及羽轴均被线形鳞片;叶矩圆形至披针形,长10～100 cm,宽5～30 cm,一回羽状复叶;羽片无柄,线形,长4～20 cm,宽0.5～1.0 cm,中部羽片最长,先端渐尖,先端边缘有锐锯齿,基部截形,心形,有时稍呈耳状,下部各羽片渐缩短;叶亚革质,两面无毛,脉单一或一次叉分。孢子囊群线形,囊群盖狭线形,膜质,黄褐色。

▲ 蜈蚣凤尾蕨植株

▲ 蜈蚣凤尾蕨腊叶标本

生境与分布 生于海拔2 000～3 100 m的空旷钙质土或石灰岩石上。分布于天柱等地。

药材名 蜈蚣草(全草或根状茎)。

采收加工 全年可采收,洗净,鲜用或晒干。

功能主治 祛风活血,解毒杀虫。主治痢疾,风湿疼痛,跌打损伤,预防流行性感冒。外用治疗蜈蚣咬伤,疥疮。

用法用量 内服,6～12 g,水煎服。外用适量,捣敷;或煎水熏洗。

用药经验 侗医治疗发热和预防流感等。内服,9～15 g。

铁角蕨科

长叶铁角蕨 *Asplenium prolongatum* Hook.

异名 仙人架桥、二面快、青丝还阳。

形态特征 株高 20～40 cm。根状茎短而直立,先端密被鳞片;鳞片披针形,长 5～8 mm,黑褐色,有棕色狭边,有光泽,厚膜质,全缘或有微齿牙。叶簇生;叶片线状披针形,尾头,二回羽状;羽片 20～24 对,相距 1.0～1.4 cm。叶近肉质,干后草绿色,略显细纵纹;叶轴与叶柄同色,顶端往往延长成鞭状而生根。孢子囊群狭线形,长 2.5～5.0 mm,深棕色,每小羽片或裂片 1 枚,位于小羽片的中部上侧边;囊群盖狭线形,灰绿色,膜质,全缘,开向叶边,宿存。

▲ 长叶铁角蕨植株

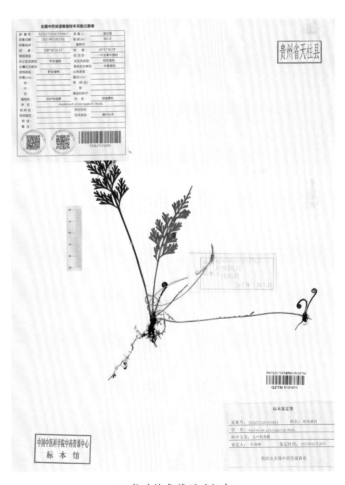

▲ 长叶铁角蕨腊叶标本

生境与分布 附生于海拔 150～1800 m 的林中树干上或潮湿岩石上。分布于天柱、锦屏等地。

药材名 定草根(全草)。

采收加工　春至秋季均可采收,洗净,晒干。

功能主治　清热除湿,活血化瘀,止咳化痰,利尿通乳。主治风湿痹痛,肠炎痢疾,尿路感染,咳嗽痰多,跌打损伤,吐血,乳腺炎,外伤出血,烧烫伤。

用法用量　内服,15～50 g,水煎或泡酒服。外用适量,鲜草捣烂敷,或全草晒干研粉敷患处。

用药经验　侗医治疗风湿,咳嗽,骨折,吐血。内服,全草 100 g,水煎服,一日 3 次。

铁角蕨　*Asplenium trichomanes* L.

异名　铁角凤尾草、石林珠、瓜子莲。

形态特征　小型草本,株高 10～30 cm。根状茎短而直立,粗约 2 mm,密被鳞片;鳞片线状披针形,黑色,有光泽,全缘。叶多数,密集簇生;叶片长线形,长 10～25 cm,中部宽 9～16 mm,长渐尖头,基部略变狭,一回羽状;羽片 20～30 对,基部的对生。叶脉羽状,纤细,两面均不明显。叶纸质,干后草绿色、棕绿色或棕色。孢子囊群阔线形,黄棕色,每羽片有 4～8 枚;囊群盖阔线形,灰白色,后变棕色,膜质,全缘,开向主脉,宿存。

生境与分布　生于海拔 400～3 400 m 的林下山谷中的岩石上或石缝中。分布于天柱等地。

药材名　铁角凤尾草(全草)。

采收加工　四季可采,洗净,鲜用或晒干。

功能主治　清热利湿,解毒消肿,调经止血。主治小儿高热,白带,月经不调,肾炎水肿,食积腹泻,痢疾,咳嗽,咯血。外用治疗烧烫伤,外伤出血,疔疮肿毒,毒蛇咬伤。

用法用量　内服,15～50 g,水煎服。外用适量,鲜品捣烂敷患处。

▲ 铁角蕨植株

▲ 铁角蕨腊叶标本

用药经验　侗医治疗疔疮,疖痈等。外用适量。

乌毛蕨科

顶芽狗脊 *Woodwardia unigemmata*（Makino）Nakai

异名 老虎蕨鸡、单芽狗脊、顶芽狗脊蕨、生芽狗脊蕨。

形态特征 植株高达2m。根状茎横卧，粗达3cm，黑褐色，密被鳞片。叶近生；叶片长卵形或椭圆形，长40～100cm，下部宽20～80cm，二回深羽裂；羽片7～18对，互生或下部的近对生，阔披针形，羽状深裂达羽轴两侧的宽翅。孢子囊群粗短线形，挺直或略弯，着生于主脉两侧的狭长网眼上，彼此接近或略疏离，下陷于叶肉；囊群盖同形，厚膜质，棕色或棕褐色，成熟时开向主脉。

▲ 顶芽狗脊植株

▲ 顶芽狗脊腊叶标本

生境与分布 生于海拔450～3000m的疏林下或路边灌丛中，喜钙质土。分布于凯里、天柱、麻江等地。

药材名 顶芽狗脊（根状茎）。

采收加工	春、秋季采挖。鲜用或晒干。
功能主治	清热解毒,散瘀,杀虫。主治虫积腹痛,感冒,便血,崩漏,痈疮肿毒。
用法用量	内服,10～15 g,水煎服。
用药经验	侗医:根主治骨折。鲜品适量,捣烂兑酒糟敷患处。

苗医:根茎主治咳嗽。内服,10～15 g。

鳞毛蕨科

贯众 *Cyrtomium fortunei* J. Smith

异名　小贯众、昏鸡头、鸡脑壳、鸡公头、乳痈草。

形态特征　株高 25～50 cm。根茎直立,密被棕色鳞片。叶簇生,叶柄长 12～26 cm;叶片矩圆披针形,先端钝,基部不变狭或略变狭,奇数一回羽状;侧生羽片 7～16 对,互生,披针形,多少上弯成镰状;具

▲ 贯众植株　　　　　　　　　　▲ 贯众腊叶标本

贵州清水江流域药用资源图志

羽状脉,小脉联结成 2～3 行网眼,腹面不明显,背面微凸起;顶生羽片狭卵形。叶为纸质,两面光滑。孢子囊群遍布羽片背面;囊群盖圆形,盾状,全缘。

生境与分布　生于海拔 100～2 300 m 的林缘、山谷和田埂、路旁。分布于凯里、天柱、锦屏、剑河、台江、麻江、都匀等地。

药材名　小贯众(根茎)。

采收加工　全年均可采收。全株掘起,清除地上部分及须根后充分晒干。

功能主治　清热解毒,凉血祛瘀,驱虫。主治感冒,热病斑疹,白喉,乳痈,瘰疬,痢疾,黄疸,吐血,便血,崩漏,痔血,带下,跌打损伤,肠道寄生虫。

用法用量　内服,9～15 g,水煎服。外用适量,捣敷;或研末调敷。

用药经验　侗医:治疗腮腺炎。水煎服,并用鲜品捣烂外敷患处,一次 8～15 g。

苗医:①根茎治疗中耳炎,筋骨疼痛,高热不退,尿血。内服,10～30 g。外用,鲜品适量,捣烂敷患处。②治疗中耳炎。贯众、大青叶、金银花、野菊花,水煎内服,并用鲜品捣烂敷患处。③治疗筋骨疼痛,高热不退。贯众、野菊花、四块瓦、茗叶细辛,水煎内服。④治疗血尿。贯众水煎内服。

使用注意　本品有小毒,用量不宜过大。服用本品时忌油腻。脾胃虚寒者及孕妇慎用。

肾蕨科

肾蕨　*Nephrolepis auriculata*（L.）Trimen

异名　蜈蚣草、天鹅抱蛋、金鸡尾、蜈蚣蕨。

形态特征　附生或土生。根状茎直立,被蓬松的淡棕色长钻形鳞片,下部有粗铁丝状的匍匐茎向四方横展,匍匐茎棕褐色。叶簇生;叶片线状披针形或狭披针形,长 30～70 cm,宽 3～5 cm,一回羽状,45～120 对,互生,常密集而呈覆瓦状排列,披针形。叶坚草质或草质,干后棕绿色或褐棕色,光滑。孢子囊群成 1 行位于主脉两侧,肾形;囊群盖肾形,褐棕色,边缘色较淡,无毛。

生境与分布　生于海拔 30～1 500 m 的溪边林下。分布于凯里、天柱、锦屏、剑河、麻江、都匀等地。

药材名　肾蕨(根茎、叶或全草)。

采收加工　全年均可挖取块茎,刮去鳞片,洗净,鲜用或晒干。或夏、秋季采取叶或全草,洗净,鲜用或晒干。

功能主治　清热利湿,通淋止咳,消肿解毒。主治感冒发热,肺热咳嗽,黄疸,淋浊,小便涩痛,泄泻,痢疾、带下,疝气,乳痈,瘰疬,烫伤,刀伤,淋巴结炎,体癣,睾丸炎。

用法用量　水煎内服,6～15 g,鲜品 30～60 g。外用适量,全草或根茎捣敷。

用药经验　侗医:块茎治疗肾虚。内服,30～50 g。外用适量。

苗医:治疗痔疮。内服,10～30 g。

使用注意　忌吃酸、辣、萝卜等食物。

▲ 肾蕨植株

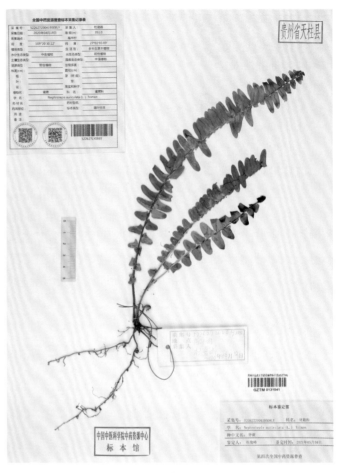

▲ 肾蕨植株腊叶标本

水龙骨科

瓦韦 *Lepisorus thunbergianus*（Kaulf.）Ching

异名 七星剑、大三十六扣、骨牌草、落星草。

形态特征 株高8～20 cm。根状茎横走,密被披针形鳞片;鳞片褐棕色,大部分不透明,仅叶边1～2行网眼透明,具锯齿。叶片线状披针形,或狭披针形,中部最宽0.5～1.3 cm,渐尖头,基部渐变狭并下延,干后黄绿色至淡黄绿色,或淡绿色至褐色,纸质。主脉上下均隆起,小脉不见。孢子囊群圆形或椭圆形,彼此相距较近,成熟后扩展几密接,幼时被圆形褐棕色的隔丝覆盖。

生境与分布 生于海拔250～1400 m的林中树干、石上或瓦缝中。分布于凯里、天柱、锦屏、麻江、都匀等地。

△ 瓦韦植株

药材名 瓦韦（全草）。

采收加工 夏、秋季采收带根茎全草,洗净,晒干或鲜用。

功能主治 清热解毒,利尿通淋,止血。主治小儿高热,惊风,咽喉肿痛,痈肿疮疡,毒蛇咬伤,小便淋沥涩痛,尿血,咳嗽咳血。

用法用量 内服,9～15 g,水煎服。外用适量,捣敷;或煅存性研末撒。

用药经验 侗医:治疗热淋,吐血,肾炎等。内服,10～50 g,水煎服。

苗医:叶治疗崩漏,痢疾,蛇伤,肝炎。内服,10～30 g。

△ 瓦韦腊叶标本

江南星蕨 *Microsorum fortunei*（T. Moore）Ching

异名 七星剑、大叶石韦。

形态特征 附生,株高30～100 cm。根状茎长而横走,顶部被鳞片;鳞片棕褐色,卵状三角形,顶端锐尖,基部圆形,有疏齿,筛孔较密,盾状着生,易脱落。叶远生,相距1.5 cm;叶片线状披针形至披针形;叶厚纸质,下面淡绿色或灰绿色,两面无毛。孢子囊群大,圆形,沿中脉两侧排列成较整齐的一行或有时为不规则的两行,靠近中脉。孢子豆形,周壁具不规则褶皱。

生境与分布 生于海拔300～1800 m的林下溪边岩石上或树干上。分布于凯里、天柱、锦屏、台江、麻江、都匀等地。

△ 江南星蕨植株

药材名 大叶骨牌草（全草和根状茎）。

采收加工 全年均可采收,洗净,鲜用或晒干。

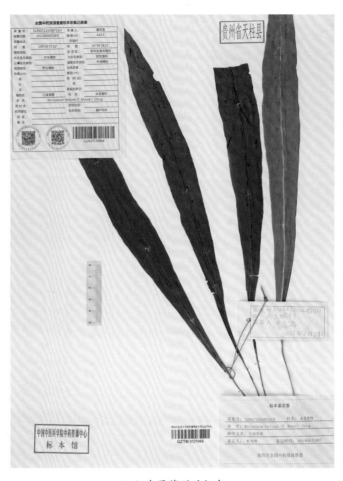

▲ 江南星蕨腊叶标本

功能主治 清热利湿，凉血解毒。主治热淋，小便不利，赤白带下，痢疾，黄疸，咳血，衄血，痔疮出血，瘰疬结核，痈肿疮毒，毒蛇咬伤，风湿疼痛，跌打骨折。

用法用量 内服，15～30 g，水煎服；或捣汁。外用适量，鲜品捣敷。

用药经验 治疗脾脏硬化，前列腺炎。内服，10～15 g。

盾蕨 *Neolepisorus ovatus*（Bedd.）Ching

▲ 盾蕨植株

异名 大叶石韦、水石韦、肺经草、青竹标、梳子草。

形态特征 株高 20～40 cm。根状茎横走，密生鳞片；卵状披针形，长渐尖头，边缘有疏锯齿。叶远生；叶片卵状，基部圆形，宽 7～12 cm，上面光滑，下面多少有小鳞片。主脉隆起，侧脉明显，开展直达叶边。孢子囊群圆形，沿主脉两侧排成不整齐的多行，或在侧脉间排成不整齐的一行，幼时被盾状隔丝覆盖。

生境与分布 生于海拔 500～2 000 m 的山地林下。分布于天柱、锦屏、麻江、都匀等地。

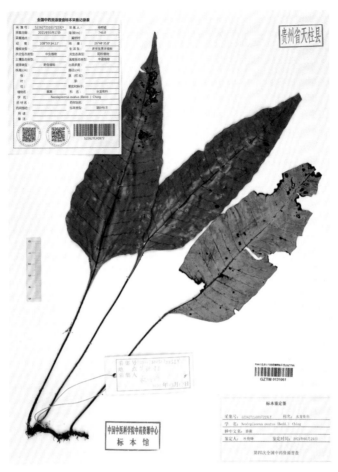

△ 盾蕨腊叶标本

药材名 大金刀(全草)。

采收加工 全年均可采收,采挖后,洗净,鲜用或晒干。

功能主治 清热利湿,止血,解毒。主治热淋,小便不利,尿血,肺痨咯血,吐血,外伤出血,痈肿,水火烫伤。

用法用量 内服,15～30 g,水煎服;或泡酒。外用适量,鲜品捣敷;或干品研末调敷。

金鸡脚假瘤蕨 *Phymatopteris hastata* (Thunb.) Pic. Serm.

异名 三角风、鸭脚掌、鸭脚香。

形态特征 土生植物。根状茎长而横走,粗约3 mm,密被鳞片;鳞片披针形,棕色,边缘全缘或偶有疏齿。叶片为单叶,形态变化极大,单叶不分裂,或戟状二至三分裂。叶片(或裂片)的边缘具缺刻和加厚的软骨质边,通直或呈波状。叶纸质或草质,背面通常灰白色,两面光滑无毛。孢子囊群大,圆形,在叶片中脉或裂片中脉两侧各一行,着生于中脉与叶缘之间;孢子表面具刺状突起。

生境与分布 生于海拔200～2 300 m的林下或少阴处。分布于凯里、天柱、锦屏、都匀等地。

▲ 金鸡脚假瘤蕨植株

▲ 金鸡脚假瘤蕨腊叶标本

药材名 金鸡脚（全草）。

采收加工 夏秋采收，洗净，鲜用或晒干。

功能主治 祛风除湿，清热解毒。主治小儿惊风，感冒咳嗽，小儿支气管肺炎，咽喉肿痛，扁桃体炎，中暑腹痛，痢疾，腹泻，泌尿系统感染，筋骨疼痛。外用治疗痈疖，疔疮，毒蛇咬伤。

用法用量 内服，15～30 g，大剂量可用至60 g，鲜品加倍，水煎服。外用适量，研末撒；或鲜品捣敷。

用药经验 侗医治疗痢疾。内服，15～30 g。

石韦 *Pyrrosia lingua*（Thunb.）Farwell

异名 三十六扣、小石韦、石兰、生扯拢、虹霓剑草、石剑。

形态特征 多年生草本，株高 10～30 cm。根状茎长而横走，密被鳞片；鳞片披针形，长渐尖头，淡棕色，边缘有睫毛。不育叶片近长圆形，或长圆披针形，上面灰绿色，下面淡棕色或砖红色，被星状毛；能育叶约长过不育叶 1/3。孢子囊群近椭圆形，在侧脉间整齐成多行排列，布满整个叶片下面，或聚生于叶片的大上半部，初时为星状毛覆盖呈淡棕色，成熟后孢子囊开裂外露而呈砖红色。

▲ 石韦植株

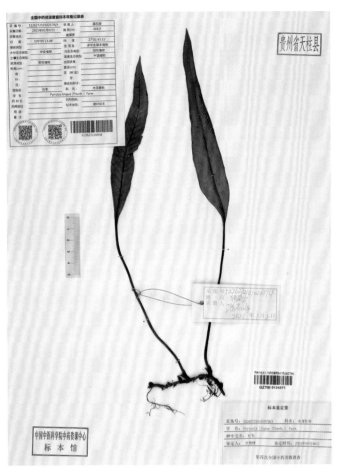

▲ 石韦腊叶标本

　　生境与分布　附生于海拔 100～1 800 m 的林下树干上，或稍干的岩石上。分布于凯里、天柱、锦屏、剑河、台江、麻江、都匀等地。

　　药材名　石韦(叶)。

　　采收加工　全年均可采收，除去根茎和根，晒干或阴干。

　　功能主治　利水通淋，清肺止咳，凉血止血。主治热淋，血淋，石淋，小便不通，淋沥涩痛，肺热喘咳，吐血，衄血，尿血，崩漏。

　　用法用量　内服，9～15 g，水煎服；或研末。外用适量，研末涂敷。

　　用药经验　侗医：①治疗肾炎，痢疾，慢性气管炎等。内服，5～10 g。②治疗肺痨伤痛。石韦、夜寒苏根、麦冬、土三七(侗药名"大伤药")、赶山鞭、荠菜根、淫羊藿各 20 g，米酒 2 000 ml，共泡酒服，每次 30 ml，日服 2 次。

　　苗医：①治疗尿结石，腹泻。内服，10～20 g。②治疗腹泻。石韦、金钱草，水煎内服。③治疗尿结石。金钱草、海金沙、凤尾草、石韦，水煎内服。④治疗黄疸。石韦、金钱草、茵陈、白茅根、车前草、大青叶、栀子，水煎内服。

槲蕨科

槲蕨 *Drynaria fortunei*（Kunze）J. Sm.

异名 巴岩姜、崖姜、岩连姜。

形态特征 通常附生岩石上，匍匐生长，或附生树干上，螺旋状攀援。根状茎直径1～2cm，密被鳞片。叶二型，基生不育叶圆形，基部心形，浅裂至叶片宽度的1/3，边缘全缘，黄绿色或枯棕色。叶片深羽裂到距叶轴2～5mm处，裂片7～13对，互生，稍斜向上，披针形，边缘有不明显的疏钝齿。孢子囊群圆形，椭圆形，叶片下面全部分布，沿裂片中肋两侧各排列成2～4行，成熟时相邻2侧脉间有圆形孢子囊群1行，或幼时成1行长形的孢子囊群，混生有大量腺毛。

生境与分布 附生树干或石上，偶生于墙缝中。分布于凯里、天柱、锦屏、剑河、麻江、都匀等地。

药材名 骨碎补（根茎）。

采收加工 冬、春采挖，除去叶片及泥沙，晒干或蒸熟后晒干，用火燎去茸毛。

功能主治 疗伤止痛，补肾强骨；外用消风祛斑。主治跌仆闪挫，筋骨折伤，肾虚腰痛，筋骨痿软，耳鸣耳聋，牙齿松动。外用治疗斑秃，白癜风。

用法用量 内服，3～9g，水煎服。外用适量，研末调敷，亦可浸酒擦患处。

▲ 槲蕨植株

▲ 槲蕨腊叶标本

用药经验 侗医：①治疗骨折。内服，干品5～10g，煎汤。外用，鲜品适量。②治疗各种骨折。巴岩姜、芭蕉嫩芽、肾蕨、母猪藤根、软筋藤、蕨粑根、烧酒糟各等分，上药共捶烂，敷骨折处，每2日换药1次。

③治疗关节炎。骨碎补(侗药名"巴岩姜")、锦鸡儿根各 90 g,茜草根 30 g,水煎服,每日 1 剂,日服 3 次。
　　苗医:治疗伤风感冒,肾虚腰痛,腰膝酸软。内服,10～30 g;或入丸、散。

银杏科

银杏　*Ginkgo biloba* L.

异名　鸭掌树、白果仁、灵眼、佛指甲、佛指柑。

形态特征　乔木,高达 40 m,胸径可达 4 m;枝近轮生,斜上伸展。叶扇形,有长柄,淡绿色,无毛,有多数叉状并列细脉。球花雌雄异株,单性,生于短枝顶端的鳞片状叶的腋内,呈簇生状。种子具长梗,下垂,常为椭圆形、长倒卵形、卵圆形或近圆球形,外种皮肉质,熟时黄色或橙黄色,外被白粉,有臭味;中种皮白色,骨质,具 2～3 条纵脊;内种皮膜质,淡红褐色;子叶 2 枚,稀 3 枚。花期 3～4 月,种子 9～10 月成熟。

生境与分布　生于海拔 500～1 000 m 的酸性土壤,排水良好地带的天然林中。分布于天柱、锦屏、剑河、麻江等地。

药材名　白果(种子)。

采收加工　秋季种子成熟时采收,除去肉质外种皮,洗净,稍蒸或略煮后烘干。

功能主治　敛肺定喘,止带缩尿。主治痰多喘咳,带下白浊,遗尿尿频。

用法用量　内服,3～9 g,水煎服;或捣汁。外用适量,捣敷;或切片涂。

用药经验　侗医:①治疗哮喘,咳嗽,白带,遗精,淋证,小便频数等。内服,煎汤,5～

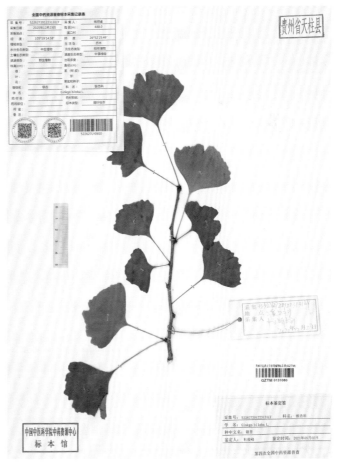

▲ 银杏植株　　　　　　　　　　　▲ 银杏腊叶标本

10 g,捣烂取汁或入丸、散;外用,捣烂外敷。②治疗咳嗽,哮喘。白果、白前、百合、石韦、淡竹叶各 10 g,水煎服,每日服 3 次。③治疗阴虱。白果 30 g。嚼烂后敷患处。

苗医:叶及种仁治疗月经不调,白带过多,体虚咳嗽。内服,5～10 g。

使用注意 本品有毒,不可过量,小儿尤当注意。

松科

马尾松 *Pinus massoniana* Lamb.

异名 枞树、青松、山松、枞松。

形态特征 乔木,高达 45 m;树皮红褐色,下部灰褐色,裂成不规则的鳞状块片;枝平展或斜展,树冠宽塔形或伞形。针叶 2 针一束,稀 3 针一束,长 12～20 cm,细柔,微扭曲,两面有气孔线,边缘有细锯齿。雄球花淡红褐色,圆柱形,聚生于新枝下部苞腋;雌球花单生或 2～4 个聚生于新枝近顶端,淡紫红色。球果卵圆形或圆锥状卵圆形,成熟前绿色,熟时栗褐色,陆续脱落;种子长卵圆形,长 4～6 mm。花期 4～5 月,球果翌年 10～12 月成熟。

生境与分布 生于海拔 1 500 m 以下山地。分布于凯里、天柱、锦屏、剑河、台江、麻江、都匀等地。

药材名 松根(幼根或根皮)。

采收加工 四季均可采挖,或剥取根皮,洗净,切段或片,晒干。

功能主治 祛风除湿,活血止血。主治风湿痹痛,风疹瘙痒,白带,咳嗽,跌打吐血,风虫牙痛。

▲ 马尾松植株　　　　　　　　　▲ 马尾松腊叶标本

用法用量　内服,30～60g,水煎服。外用适量,鲜品捣敷;或煎水洗。

　　用药经验　侗医:①治疗风湿痛,脚癣,跌打瘀血等。内服,10～15g,煎汤,或浸酒服用。外用,浸酒涂搽。②治疗风寒、冷湿毒气引起的腰腿疼痛、行走不利。马尾松针1000g,烧酒1500ml。将500g马尾松针烧成灰,用布包好趁热熨患处,痛即止;剩余500g马尾松针加烧酒煎热内服。

　　苗医:①治疗神经衰弱。内服,水煎服,3～9g。②治疗神经衰弱。内服,3～9g,水煎服。③治疗脱发。鲜针叶掺盐巴和茶油枯洗头。

杉科

柳杉　*Cryptomeria fortunei* Hooibrenk ex Otto et Dietr.

　　异名　水杉、沙罗树、孔雀杉。

　　形态特征　乔木,高达40m,胸径可达2m多;树皮红棕色,裂成长条片脱落。叶钻形略向内弯曲,先端内曲,四边有气孔线。雄球花单生叶腋,长椭圆形,长约7mm,集生于小枝上部,成短穗状花序状;雌球花顶生于短枝上。球果圆球形或扁球形;种鳞约20;种子褐色,近椭圆形,扁平,长4.0～6.5mm,宽2.0～3.5mm,边缘有窄翅。花期4月,球果10月成熟。

　　生境与分布　多为栽培。分布于天柱、麻江等地。

　　药材名　柳杉(根皮或树皮)。

　　采收加工　全年可采,去栓皮,鲜用或晒干。

▲ 柳杉植株

▲ 柳杉腊叶标本

功能主治 解毒,杀虫,止痒。主治癣疮,鹅掌风,烫伤。
用法用量 外用,柳杉鲜根皮(去栓皮)250 g,捣烂,加食盐50 g,开水冲泡,洗患处。
用药经验 侗医:治疗烫伤,止血。内服,10～15 g。
苗医:根皮治疗癣疮。外用,鲜品适量,捣烂外敷。

杉木 *Cunninghamia lanceolata*（Lamb.）Hook.

异名 杉树、杉材。

形态特征 乔木,高达30 m,胸径可达2.5～3.0 m。叶在主枝上辐射伸展,侧枝之叶基部扭转成二列状,披针形或条状披针形,通常微弯、呈镰状,革质、坚硬,边缘有细缺齿,上面深绿色,有光泽,下面淡绿色,沿中脉两侧各有1条白粉气孔带。雄球花圆锥状,通常40余个簇生枝顶;雌球花单生或2～4个集生,绿色,苞鳞横椭圆形。球果卵圆形;种子扁平,遮盖着种鳞,长卵形或矩圆形,暗褐色,有光泽。花期4月,球果10月下旬成熟。

生境与分布 生于山野。分布于凯里、天柱、锦屏、剑河等地。

药材名 杉木(根、树皮、球果、木材、叶和杉节)。

采收加工 四季可采,鲜用或晒干备用。

功能主治 祛风止痛,散瘀止血。主治慢性气管炎,胃痛,风湿关节痛。外用治疗跌打损伤,烧烫伤,外伤出血,过敏性皮炎。

用法用量 根、皮,均为15～30 g,球果30～90 g,水煎服。外用适量,皮研粉外敷,或皮叶煎水洗,烧烫伤用杉木炭研粉调油敷患处。

▲ 杉木植株

▲ 杉木腊叶标本

用药经验 侗医:根治疗漆疮,骨折;球花烘干打粉掺白糖治疗胃痛;叶尖掺公鸡血治疗蜈蚣咬伤;树浆治疗男性遗精;树皮的白韧皮治疗高血压等。内服,15～30 g。外用适量。
苗医:嫩枝能降血压,治疗毒蛇咬伤,黄蜂伤,白带过多;树皮、根、叶治疗祛风燥湿,收敛止血。内服,15～30 g。外用适量。

柏科

侧柏 *Platycladus orientalis*（L.）Franco

异名　扁柏、柏叶、丛柏叶。

形态特征　乔木,高可达 20 m;树皮薄,浅灰褐色,纵裂成条片。叶鳞形,长 1～3 mm。雄球花黄色,卵圆形;雌球花近球形,蓝绿色,被白粉。球果近卵圆形,成熟前近肉质,蓝绿色,被白粉,成熟后木质,开裂,红褐色;种子卵圆形或近椭圆形,灰褐色或紫褐色,稍有棱脊。花期 3～4 月,球果 10 月成熟。

生境与分布　生于湿润肥沃地,石灰岩石地也有生长。分布于凯里、天柱、锦屏、剑河、台江、麻江等地。

药材名　侧柏叶(枝梢和叶)。

采收加工　全年均可采收,以夏、秋季采收者为佳。剪下大枝,干燥后取其小枝叶,扎成小把,置通风处风干。不宜曝晒。

功能主治　凉血止血,化痰止咳,生发乌发。主治吐血,衄血,咯血,便血,崩漏下血,肺热咳嗽,血热脱发,须发早白。

用法用量　内服,6～15 g,水煎服;或入丸、散。外用适量,煎水洗,捣敷或研末调敷。

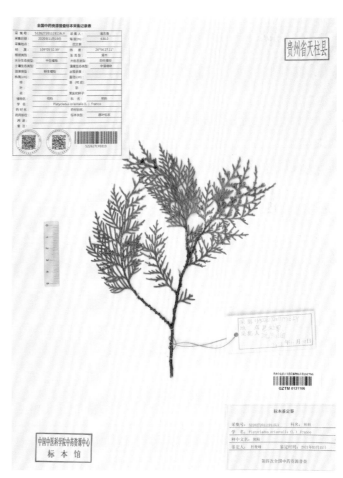

△ 侧柏植株

△ 侧柏腊叶标本

用药经验　侗医:治疗外伤出血,烫伤等。内服,5～15 g。外用,适量。

苗医:①根、叶、果实、种子治疗刀伤出血。外用,适量。②治疗视力减退。侧柏仁、猪肝,加适量猪油蒸后内服。

红豆杉科

红豆杉 *Taxus chinensis* var. *Chinensis*

异名　红豆树、卷柏、扁柏、红豆树、观音杉。

形态特征　乔木,高达 30 m,胸径达 60～100 cm;树皮灰褐色、红褐色或暗褐色,裂成条片脱落;大枝开展,一年生枝绿色或淡黄绿色,秋季变成绿黄色或淡红褐色,二、三年生枝黄褐色、淡红褐色或灰褐色。叶排列成两列,条形,上面深绿色,有光泽,下面淡黄绿色。雄球花淡黄色。种子生于杯状红色肉质的假种皮中,常呈卵圆形,上部常具二钝棱脊,稀上部三角状具三条钝脊,先端有突起的短钝尖头,种脐近圆形或宽椭圆形,稀三角状圆形。

▲ 红豆杉植株　　　　　　　　　▲ 红豆杉腊叶标本

生境与分布　生于海拔 1000～1200 m 以上的高山上部。分布于天柱等地。

药材名　红豆杉(根皮、枝叶或种皮)。

采收加工	全年可采,洗净晒干。
功能主治	祛风止痛,驱虫。主治食积,蛔虫病。
用法用量	内服,10~20 g,水煎服;或研末,作丸、散。
用药经验	侗医根皮及枝条治疗风湿痛,跌打损伤和肿瘤。内服,10~15 g。

南方红豆杉 *Taxus chinensis* var. *mairei* (Lemée et Lévl.) Cheng et L. K. Fu

异名 红叶水杉、美丽红豆杉、杉公子。

形态特征 乔木,高达 30 m,胸径达 60~100 cm;树皮灰褐色、红褐色或暗褐色,裂成条片脱落。叶排列成两列,条形,微弯或较直,长 1.5~2.2 cm,宽约 3 mm,上面深绿色,有光泽,下面淡黄绿色,有两条气孔带。雄球花淡黄色,雄蕊 8~14 枚,花药 4~8(多为 5~6)。种子生于杯状红色肉质的假种皮中,常呈卵圆形,上部常具二钝棱脊,种脐近圆形或宽椭圆形,稀三角状圆形。

生境与分布 生于海拔 1 000~1 200 m 山谷、溪边、缓坡腐殖质丰富的酸性土壤中。分布于天柱等地。

药材名 南方红豆杉(种子、叶)。

采收加工 全年可采,洗净晒干。

功能主治 种子:消积食,驱蛔虫。主治食积,蛔虫病。叶:主治咽喉痛。

用法用量 内服,9~18 g,炒热,水煎服。

用药经验 侗医治疗癌症。内服,10~15 g。

▲ 南方红豆杉植株

▲ 南方红豆杉腊叶标本

杨梅科

杨梅 *Myrica rubra*（Lour.）Sieb. et Zucc.

异名 山杨梅、杭子、圣生梅、白蒂梅、朱红、树梅。

形态特征 常绿乔木，高可达 15 m 以上，胸径达 60 余 cm；树皮灰色，老时纵向浅裂；树冠圆球形。叶革质，无毛，生存至 2 年脱落，常密集于小枝上端部分。花雌雄异株。雄花序单独或数条丛生于叶腋，通常不分枝呈单穗状，每苞片腋内生 1 雄花。雌花序常单生于叶腋，每苞片腋内生 1 雌花。核果球状，外表面具乳头状凸起；核常为阔椭圆形或圆卵形，略成压扁状。4 月开花，6～7 月果熟。

生境与分布 生于海拔 125～1 500 m 的山坡或山谷林中，喜酸性土壤。分布于凯里、天柱、锦屏、剑河、台江、麻江、都匀等地。

药材名 杨梅（果实）。

采收加工 栽培 8～10 年结果，6 月待果实成熟后，分批采摘，鲜用或烘干。

功能主治 生津解烦，和中消食，解酒，涩肠，止血。主治烦渴，呕吐，呃逆，胃痛，食欲不振，食积腹痛，饮酒过度，腹泻，痢疾，衄血，头痛，跌打损伤，骨折，烫火伤。

用法用量 内服，15～30 g，水煎服；或烧灰；或盐藏。外用适量，烧灰涂敷。

▲ 杨梅植株　　　　　　　　▲ 杨梅腊叶标本

用药经验 侗医：治疗消化不良，烧烫伤等。内服，10～30 g。外用适量。
苗医：根皮、树皮、果实治疗胃、十二指肠溃疡，食欲不振，骨折。内服，10～30 g。外用适量。

胡桃科

化香树 *Platycarya strobilacea* Sieb. et Zucc.

异名 野玉簪、花木香、还香树、皮秆条、山麻柳。

形态特征 落叶小乔木,高2～6m;树皮灰色,老时则不规则纵裂。二年生枝条暗褐色,具细小皮孔。小叶纸质,侧生小叶无叶柄,卵状披针形至长椭圆状披针形,小叶上面绿色,下面浅绿色。两性花序和雄花序在小枝顶端排列成伞房状花序束,直立;两性花序通常1条,着生于中央顶端。果序球果状,卵状椭圆形至长椭圆状圆柱形;果实小坚果状,背腹压扁状,两侧具狭翅。种子卵形,种皮黄褐色,膜质。花期5～6月,果期7～8月。

生境与分布 常生于海拔600～1300m、有时达2200m的向阳山坡及杂木林中,也有栽培。分布于天柱、锦屏、剑河、台江、麻江等地。

药材名 化香树(叶)。

采收加工 随用随采,洗净,鲜用或晒干。

功能主治 解毒,止痒,杀虫。主治疮疖肿毒,阴囊湿疹,顽癣。

用法用量 不能内服,外用适量,煎水洗或嫩叶搽患处;熏烟可以驱蚊;投入粪坑、污水可以灭蛆杀孑子。

用药经验 侗医:治疗口腔溃疡,骨髓炎,疮毒,烂脚丫等。外用适量。

▲ 化香树植株

▲ 化香树腊叶标本

苗医:治疗各种疔毒,疮痈,筋骨疼痛。外用适量,捣烂外敷。

使用注意 本品有毒,不能内服。

杨柳科

垂柳 *Salix babylonica* L.

异名 柳树、水柳、垂丝柳、清明柳。

形态特征 乔木,高达12~18 m。树皮灰黑色,不规则开裂;枝细,下垂,淡褐黄色、淡褐色或带紫色,无毛。叶狭披针形或线状披针形,上面绿色,下面色较淡,锯齿缘。花序先叶开放,或与叶同时开放;雄花序有短梗,轴有毛;雌花序有梗,基部有3~4小叶,轴有毛。蒴果绿黄褐色。花期3~4月,果期4~5月。

生境与分布 各地均栽培,为道旁、水边等绿化树种。耐水湿,也能生于干旱处。分布于天柱等地。

药材名 垂柳(枝、叶、树皮、根皮、须根)。

采收加工 枝、叶夏季采,须根、根皮、树皮四季可采。

功能主治 清热解毒,祛风利湿。叶:主治慢性气管炎,尿道炎,膀胱炎,膀胱结石,高血压。外用治疗关节肿痛,痈疽肿毒,皮肤瘙痒,灭蛆,杀孑孓。枝、根皮:主治白带,风湿性关节炎。外用治疗烧烫伤。须根:主治风湿拘挛、筋骨疼痛,湿热带下及牙龈肿痛。树皮:外用治疗黄水疮。

▲ 垂柳植株

▲ 垂柳腊叶标本

用法用量 叶25~50 g。外用适量,鲜叶捣烂敷患处。枝、根皮15~25 g。外用研粉,香油调敷。须根20~40 g,水煎服,泡酒服或炖肉服。

用药经验 侗医:①治疗麻疹,骨折,风湿痛,传染性肝炎等。内服,30~50 g。外用适量。②治疗肺痨咳血。垂柳枝10 g,研末,米汤送服,日服3次。

苗医:枝条治疗黄疸,风湿痹痛。内服,15~30 g。

壳斗科

锥栗 *Castanea henryi*（Skan）Rehd. et Wils.

异名 钻栗。

形态特征 高达 30 m 的大乔木,胸径 1.5 m,小枝暗紫褐色。叶长圆形或披针形,顶部长渐尖至尾状长尖,新生叶的基部狭楔尖,两侧对称,成长叶的基部圆或宽楔形,一侧偏斜。雄花序长 5～16 cm,花簇有花 1～5 朵;每壳斗有雌花 1(偶有 2 或 3)朵,仅 1 花(稀 2 或 3)发育结实,花柱无毛,稀在下部有疏毛。成熟壳斗近圆球形,连刺径 2.5～4.5 cm,刺或密或稍疏生,长 4～10 mm;坚果长 15～12 mm,宽 10～15 mm,顶部有伏毛。花期 5～7 月,果期 9～10 月。

生境与分布 生于海拔 100～1 800 m 的丘陵与山地,常见于落叶或常绿的混交林中。分布于天柱等地。

药材名 锥栗(壳斗、叶和种子)。

采收加工 夏、秋采集,晒干。

功能主治 健胃补肾,除湿热。种子:主治肾虚,痿弱,消瘦。壳斗及叶:主治湿热,腹泻。

用法用量 壳斗及叶每用干品 25～50 g,水煎服。种子炒食或与猪瘦肉同煮吃。

用药经验 侗医用于健胃,补肾,减肥。内服,10～15 g。

▲ 锥栗植株

▲ 锥栗腊叶标本

桑科

楮 *Broussonetia kazinoki* Siebold

异名 小构树。

形态特征 灌木,高 2～4 m;小枝斜上,幼时被毛,成长脱落。叶卵形至斜卵形,先端渐尖至尾尖,基部近圆形或斜圆形,边缘具三角形锯齿,不裂或 3 裂,表面粗糙,背面近无毛;托叶小,线状披针形,渐尖。花雌雄同株;雄花序球形头状,直径 8～10 mm,雄花花被 4～3 裂,裂片三角形,外面被毛;雌花序球形,被柔毛,花被管状,顶端齿裂,或近全缘。聚花果球形,直径 8～10 mm;瘦果扁球形,外果皮壳质,表面具瘤体。花期 4～5 月,果期 5～6 月。

▲ 楮植株

▲ 楮腊叶标本

生境与分布 生于低山地区山坡林缘、沟边、住宅近旁。分布于天柱、台江等地。

药材名 楮(根皮、枝叶、树汁)。

贵州清水江流域药用资源图志

采收加工　　全年均可采,鲜用或晒干。

　　功能主治　　根皮:祛风,活血,利尿。主治风湿痹痛,跌打损伤,虚肿。枝叶、树汁:解毒,杀虫。外用治疗神经性皮炎,顽癣。

　　用法用量　　内服,10～15 g,水煎服。

　　用药经验　　侗医:根治肾炎水肿,黄疸型肝炎。

构树　*Broussonetia papyrifera*（L.）Vent.

　　异名　　大构皮、褚桃、褚、谷桑、谷树。

　　形态特征　　乔木,高 10～20 m;树皮暗灰色;小枝密生柔毛。叶螺旋状排列,广卵形至长椭圆状卵形,先端渐尖,基部心形,两侧常不相等,边缘具粗锯齿,不分裂或 3～5 裂。花雌雄异株;雄花序为柔荑花序,粗壮;雌花序球形头状。聚花果直径 1.5～3.0 cm,成熟时橙红色,肉质;瘦果具与等长的柄,表面有小瘤,龙骨双层,外果皮壳质。花期 4～5 月,果期 6～7 月。

　　生境与分布　　野生或栽培。分布于凯里、天柱、锦屏、剑河、台江、麻江等地。

　　药材名　　构树(乳液、根皮、树皮、叶、果实及种子)。

　　采收加工　　夏秋采乳液、叶、果实及种子;冬春采根皮、树皮,鲜用或阴干。

　　功能主治　　子:补肾,强筋骨,明目,利尿。主治腰膝酸软,肾虚目昏,阳痿,水肿。叶:清热,凉血,利湿,杀虫。主治鼻衄,肠炎,痢疾。皮:利尿消肿,祛风湿。主治水肿,筋骨酸痛。外用治疗神经性皮炎及癣症。

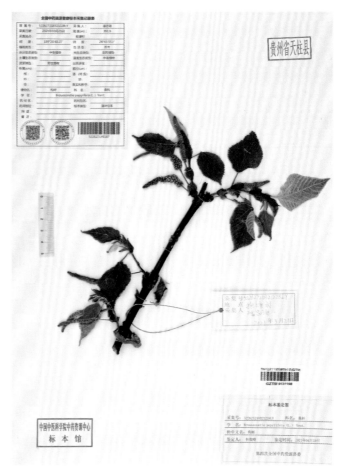

▲ 构树植株　　　　　　　　　　▲ 构树腊叶标本

　　用法用量　　内服,种子 10～20 g;叶 15～25 g;皮 15～25 g,水煎服。外用,割伤树皮取鲜浆汁外擦。

　　用药经验　　侗医:①治疗手脚开裂,补肾。内服,10～15 g。②治疗银屑病。外用,适量捣烂外敷。

苗医：果实有催乳作用，治疗水肿胀满，目翳等。内服，10～15 g。

构棘 *Cudrania cochinchinensis*（Lour.）Kudo et Masam.

异名　黄桑木、葨芝、黄龙退壳。

形态特征　直立或攀援状灌木；枝具粗壮弯曲无叶的腋生刺，刺长约1 cm。叶革质，椭圆状披针形或长圆形，全缘，先端钝或短渐尖，基部楔形，两面无毛。花雌雄异株，雌雄花序均为具苞片的球形头状花序，每花具2～4个苞片。聚合果肉质，表面微被毛，成熟时橙红色，核果卵圆形，成熟时褐色。花期4～5月，果期6～7月。

生境与分布　多生于村庄附近或荒野。分布于天柱、锦屏、剑河、都匀等地。

药材名　穿破石(根)。

采收加工　全年可采，洗净，切片，晒干。

功能主治　祛风通络，清热除湿，解毒消肿。主治风湿痹痛，跌打损伤，黄疸，腮腺炎，肺结核，胃和十二指肠溃疡，淋浊，闭经，劳伤咳血，疔疮痈肿。

用法用量　内服，25～50 g，水煎服。外用适量，根皮捣烂敷患处。

▲ 构棘植株　　　　　　　　　▲ 构棘腊叶标本

用药经验　侗医：①治疗泌尿系统结石。内服，10～20 g。②治疗瘫痪(风瘫中期)。构棘(侗药名"穿破石")21 g，夜关门、钩藤、木瓜各18 g，威灵仙41 g。上药水煎服，每日1剂，日服3次，连用20～30日即效。

苗医：根、根皮治疗风湿痹痛，跌打损伤。内服，10～20 g。

地果 *Ficus tikoua* Bur.

异名 地枇杷、地石榴、地瓜。

形态特征 匍匐木质藤本，茎上生细长不定根，节膨大；偶有直立幼枝，高达 30～40 cm，叶坚纸质，倒卵状椭圆形，先端急尖，基部圆形至浅心形，边缘具波状疏浅圆锯齿，侧脉 3～4 对。榕果成对或簇生于匍匐茎上，球形至卵球形，成熟时深红色，表面多圆形瘤点；雄花生榕果内壁孔口部，无柄；雌花生另一植株榕果内壁，有短柄。瘦果卵球形，表面有瘤体。花期 5～6 月，果期 7 月。

▲ 地果植株　　　　　　　　　　　▲ 地果腊叶标本

植物药资源

生境与分布 常生于荒地、草坡或岩石缝中。分布于凯里、天柱、锦屏、剑河、台江、麻江、都匀。

药材名 地枇杷（全株）。

采收加工 全年可采，切细，晒干备用。

功能主治 清热利湿。主治小儿消化不良，急性肠胃炎，痢疾，胃、十二指肠溃疡，尿路感染，白带，感冒，咳嗽，风湿筋骨疼痛。

用法用量 内服，25～50 g，水煎服。

用药经验 侗医：①治疗痢疾，小儿消化不良等。内服，10～20 g。外用适量。②治疗风湿病，四肢关节伸屈不灵活。地枇杷、车前草各 33 g，柳枝皮 26 g，阳雀花根、地骨皮各 13 g。上药水煎服，每日 1 剂，日服 3 次,以烧酒为引。

　　苗医:藤茎治疗腰肌劳损,风湿痛;果实治疗肺虚咳嗽。内服,10~20 g。外用适量。

鸡桑 *Morus australis* Poir.

　　异名　山桑、桑泡、小叶桑、集桑。

　　形态特征　灌木或小乔木,树皮灰褐色,冬芽大,圆锥状卵圆形。叶卵形,先端急尖或尾状,基部楔形或心形,边缘具粗锯齿,不分裂或 3~5 裂,表面粗糙,密生短刺毛,背面疏被粗毛。雄花序被柔毛,雄花绿色,具短梗;雌花序球形,被白柔毛。聚花果短椭圆形,成熟时红色或暗紫色。花期 3~4 月,果期 4~5 月。

　　生境与分布　生于海拔 500~1 000 m 的石灰岩山地或林缘及荒地。分布于天柱、锦屏、都匀等地。

　　药材名　鸡桑(叶、根或根皮)。

　　采收加工　叶:夏季采收,鲜用或晒干。根或根皮:秋、冬季采挖,趁鲜刮去栓皮,洗净;或剥取白皮,晒干。

　　功能主治　叶:清热解表,宣肺止咳。主治风热感冒,肺热咳嗽,头痛,咽痛。根或根皮:清肺,凉血,利湿。主治肺热咳嗽,鼻衄,水肿,腹泻,黄疸。

　　用法用量　叶:内服,3~9 g,水煎服。根或根皮:内服,6~15 g,水煎服。

▲ 鸡桑植株

▲ 鸡桑腊叶标本

　　用药经验　侗医:果滋阴补肾,叶治疗心脏病。内服,10~15 g。

　　苗医:全株和叶主治散风热,清肝明目;根皮主治泻肺,利尿;嫩枝主治祛风湿,利关节;果穗补肝益肾,生津。

荨麻科

苎麻 *Boehmeria nivea*（L.）Gaudich.

异名 野麻、野苎麻、白麻、苎根、苎麻头。

形态特征 亚灌木或灌木，高0.5～1.5 m；茎上部与叶柄均密被开展的长硬毛和近开展和贴伏的短糙毛。叶互生；叶片草质，通常圆卵形或宽卵形，少数卵形，顶端骤尖，基部近截形或宽楔形，边缘在基部之上有牙齿，上面稍粗糙，疏被短伏毛，下面密被雪白色毡毛，侧脉约3对。圆锥花序腋生，或植株上部的为雌性，其下的为雄性，或同一植株的全为雌性，长2～9 cm。瘦果近球形，光滑，基部突缩成细柄。花期8～10月。

生境与分布 生于山谷林边或草坡，也有栽培。分布于凯里、天柱、锦屏、剑河、台江、麻江、都匀等地。

药材名 苎麻（根、叶）。

采收加工 夏、秋季采叶，冬初挖根，洗净，切碎晒干或鲜用。

功能主治 根：清热利尿，凉血安胎。主治感冒发热，麻疹高烧，尿路感染，肾炎水肿，孕妇腹痛，胎动不安，先兆流产。外用治疗跌打损伤，骨折，疮疡肿毒。叶：止血，解毒。外用治疗创伤出血，虫、蛇咬伤。

用法用量 内服，根9～15 g，水煎服；根、叶外用适量，鲜品捣烂敷或干品研粉撒患处。

▲苎麻植株　　　　　　　　　▲苎麻腊叶标本

用药经验 治疗咯血，尿血，尿路感染。内服，5～30 g。根治疗阴茎红肿，捣烂外敷。

水麻 *Debregeasia orientalis* C.J. Chen

异名　水麻叶、柳莓、水麻、水麻柳、水苏麻。

形态特征　灌木,高达1～4 m,小枝纤细,暗红色,常被贴生的白色短柔毛,以后渐变无毛。叶纸质或薄纸质,干时硬膜质,长圆状狭披针形或条状披针形,上面暗绿色,常有泡状隆起,疏生短糙毛,钟乳体点状,背面被白色或灰绿色毡毛。花序雌雄异株,二回二歧分枝或二叉分枝,每分枝的顶端各生一球状团伞花簇。瘦果小浆果状,倒卵形,长约1 mm,鲜时橙黄色,宿存花被肉质紧贴生于果实。花期3～4月,果期5～7月。

生境与分布　生于海拔300～2 800 m的溪谷河流两岸潮湿地区。分布于凯里、天柱、剑河、麻江、都匀等地。

药材名　冬里麻(枝叶)。

采收加工　夏、秋季采收,鲜用或晒干。

功能主治　疏风止咳,清热透疹,化瘀止血。主治外感咳嗽,咳血,小儿急惊风,麻疹不透,跌打伤肿,妇女腹中包块,外伤出血。

用法用量　内服,15～30 g,水煎服;或捣汁。外用适量,研末调敷;或鲜品捣敷;或煎水洗。

用药经验　侗医、苗医治疗止咳,侗医治疗外伤出血。内服,10～15 g。外用止血,捣烂外敷。

▲ 水麻植株

▲ 水麻腊叶标本

糯米团 *Gonostegia hirta* (Bl.) Miq.

异名　糯米条、糯米菜、红饭藤、小粘药。

形态特征 多年生草本,有时茎基部变木质;茎蔓生、铺地或渐升。叶对生;叶片草质或纸质,宽披针形至狭披针形、狭卵形,顶端长渐尖至短渐尖,基部浅心形或圆形。团伞花序腋生,通常两性,有时单性,雌雄异株,直径2～9 mm。瘦果卵球形,长约1.5 mm,白色或黑色,有光泽。花期5～9月。

生境与分布 生于海拔100～2 700 m的丘陵或低山林中、灌丛中、沟边草地。分布于凯里、天柱、锦屏、剑河、台江、麻江等地。

药材名 糯米藤(带根全草)。

采收加工 全年均可采收,鲜用或晒干。

功能主治 清热解毒,健脾消积,利湿消肿,散瘀止血。主治乳痈,肿毒,痢疾,消化不良,食积腹痛,疳积,带下,小便不利,痛经,跌打损伤,咳血,吐血,外伤出血。

用法用量 内服,10～30 g,鲜品加倍,水煎服。外用适量,捣敷。

▲ 糯米团植株

▲ 糯米团腊叶标本

用药经验 侗医:治疗水肿病。15～30 g,煎水内服,1日3次,连服7日。鲜品适量捣烂外敷,每日换药1次。

苗医:全草或根治疗刀伤,疮疥,骨折,风湿性关节疼痛,肠炎,湿热带下,痈疮,无名肿毒。内服,10～30 g。外用适量,捣烂敷。

紫麻 *Oreocnide frutescens* (Thunb.) Miq.

异名 野麻、水麻叶、紫苎麻。

形态特征 灌木稀小乔木,高1～3 m;小枝褐紫色或淡褐色,上部常有粗毛或近贴生的柔毛,稀被灰白色毡毛,以后渐脱落。叶常生于枝的上部,草质,以后有时变纸质,卵形、狭卵形、稀倒卵形,先端渐尖或尾状渐尖,基部圆形。花序生于上年生枝和老枝上,几无梗,呈簇生状,团伞花簇径3～5 mm。瘦果卵球状,两侧稍压扁,长约1.2 mm。花期3～5月,果期6～10月。

▲ 紫麻植株

生境与分布 生于海拔 300～1500 m 的山谷和林缘半阴湿处或石缝。分布于天柱、锦屏、台江、麻江、都匀等地。

药材名 紫麻(全株)。

采收加工 夏、秋季采收,洗净,鲜用或晒干。

功能主治 清热解毒,行气活血,透疹。主治感冒发热,跌打损伤,牙痛,麻疹不透,肿疡。

用法用量 内服,30～60 g,水煎服。外用适量,捣敷;或水煎含漱。

用药经验 侗医治疗小儿麻疹。内服,10～15 g。

▲ 紫麻腊叶标本

小果荨麻 *Urtica atrichocaulis*（Hand.-Mazz.）C.J. Chen

异名 水麻叶、无刺茎荨麻。

形态特征 多年生草本,有木质化的根状茎。茎纤细,高 30～150 cm,四棱形,有刺毛和稀疏的细糙

▲ 小果荨麻植株

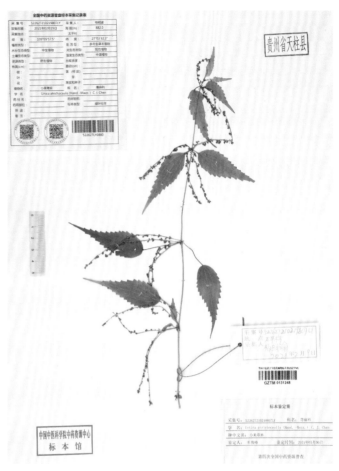

▲ 小果荨麻腊叶标本

毛。叶卵形或狭卵形,稀披针形,边缘有牙齿状锯齿,稀有重锯齿,两面疏生(稀密生)刺毛和细糙伏毛。雌雄同序,雄花少数几朵生于花序的顶部,雌花多数则生其花序的下部。瘦果卵形,双凸透镜状,长约 0.8 mm,光滑。花期 5～7 月,果期 7～9 月。

生境与分布 生于海拔 300～2 600 m 的山脚路旁、山谷或沟边。分布于天柱等地。

药材名 小果荨麻(全草)。

采收加工 夏、秋季采收,洗净,晒干。

功能主治 祛风镇惊,散瘀活血,舒筋活络。主治小儿高热惊风,痘疹不透,跌打损伤,风湿骨痛等。

用法用量 内服,3～10 g,水煎服。

用药经验 侗医治疗消化不良,便秘。内服,5～10 g。

植物药资源

蓼科

金线草 *Antenoron filiforme*(Thunb.)Roberty et Vautier

异名 红头草、蟹壳草、毛蓼、白马鞭、人字草、野蓼、一串红。

形态特征 多年生草本。根状茎粗壮。茎直立,高 50～80 cm,具糙伏毛,有纵沟,节部膨大。叶椭圆形或长椭圆形,顶端短渐尖或急尖,基部楔形,全缘,两面均具糙伏毛。总状花序呈穗状,通常数个,顶生或腋生,花序轴延伸,花排列稀疏;花被 4 深裂,红色,花被片卵形,果时稍增大。瘦果卵形,双凸镜状,褐色,有光泽,长约 3 mm,包于宿存花被内。花期 7～8 月,果期 9～10 月。

▲ 金线草植株

▲ 金线草腊叶标本

生境与分布 生于海拔 100～2 500 m 的山地林缘、路旁阴湿处。分布于凯里、天柱、锦屏、台江、麻江、都匀等地。

药材名 金线草（全草）。

采收加工 夏、秋采收，鲜用或晒干。

功能主治 祛风除湿，理气止痛，散瘀止血。主治风湿骨痛，胃痛，咳血，吐血，便血，崩漏，经期腹痛，产后血瘀腹痛，跌打损伤。

用法用量 内服，9～30 g，水煎服。外用适量，煎水洗或捣敷。

用药经验 侗医治疗胃痛，痢疾，肠炎腹泻，毒蛇咬伤，跌打肿痛，腰痛，骨折。内服或外用，30～60 g。

使用注意 本品有小毒，孕妇慎服。

金荞麦 *Fagopyrum dibotrys*（D. Don）Hara

异名 野荞麦、天荞麦、苦荞麦。

形态特征 多年生草本。根状茎木质化，黑褐色。茎直立，高 50～100 cm，分枝，具纵棱，无毛。叶三角形，边缘全缘，两面具乳头状突起或被柔毛。花序伞房状，顶生或腋生；花被 5 深裂，白色，花被片长椭圆形。瘦果宽卵形，具 3 锐棱，黑褐色，无光泽，超出宿存花被 2～3 倍。花期 7～9 月，果期 8～10 月。

生境与分布 生于海拔 250～3 200 m 的山谷湿地、山坡灌丛。分布于凯里、天柱、锦屏、剑河、台江、麻江、都匀等地。

药材名 金荞麦（根茎）。

采收加工 冬季采挖，除去茎及须根，洗净，晒干。

功能主治 清热解毒，排脓祛瘀。主治肺脓疡，麻疹，肺炎，扁桃体周围脓肿。

用法用量 内服，15～30 g，水煎服；或研末。外用适量，捣汁或磨汁涂敷。

贵州清水江流域药用资源图志

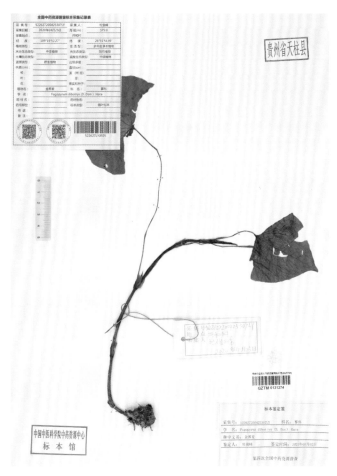

△ 金荞麦植株　　　　　　　　　　　▲ 金荞麦腊叶标本

用药经验　侗医：治疗咽喉肿痛、疮痈、瘰疬、肝炎、肺痈、筋骨酸痛、头风、胃痛、菌痢、白带等。内服，煎汤，15～25 g。外用适量。

苗医：治疗胃痛，小儿疳积。内服，10～15 g。

头花蓼 *Polygonum capitatum* Buch.-Ham. ex D. Don

异名　火鸡婆、四季红、石辣蓼、小红藤、太阳草、小红草。

形态特征　多年生草本。茎匍匐，丛生，多分枝，疏生腺毛或近无毛。叶卵形或椭圆形，长 1.5～3.0 cm，宽 1.0～2.5 cm，顶端尖，基部楔形，全缘，边缘具腺毛，两面疏生腺毛，上面有时具黑褐色新月形斑点。花序头状，单生或成对，顶生；花被 5 深裂，淡红色，花被片椭圆形。瘦果长卵形，具 3 棱，黑褐色，密生小点，微有光泽。花期 6～9 月，果期 8～10 月。

△ 头花蓼植株

植物药资源

063

▲ 头花蓼腊叶标本

生境与分布 生于海拔 600～3 500 m 的山坡、山谷湿地，常成片生长。分布于凯里、天柱、锦屏、剑河、台江、麻江、都匀等地。

药材名 石莽草（全草）。

采收加工 全年均可采，晒干或鲜用。

功能主治 清热利湿，活血止痛。主治痢疾，肾盂肾炎，膀胱炎，尿路结石，风湿痛，跌打损伤，痄腮，疮疡，湿疹。

用法用量 内服，15～30 g，水煎服。外用适量，捣敷，煎水洗，或熬膏涂。

用药经验 治疗痢疾。内服，15～30 g。

使用注意 本品性凉，孕妇及无实热者忌用。

虎杖 *Polygonum cuspidatum* Sieb. et Zucc.

异名 酸筒杆、酸汤秆、号筒草、红贯脚、阴阳莲。

形态特征 多年生草本。根状茎粗壮，横走。茎直立，高 1～2 m，粗壮，空心，具明显的纵棱，具小突起，无毛，散生红色或紫红斑点。叶宽卵形或卵状椭圆形，近革质，边缘全缘，疏生小突起，两面无毛。花单性,雌雄异株,花序圆锥状,长3～8 cm,腋生;花被5深裂,淡绿色。瘦果卵形,具3棱,黑褐色,有光泽,包于宿存花被内。花期8～9月,果期9～10月。

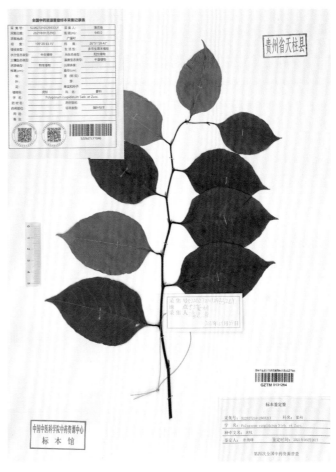

△ 虎杖植株　　　　　　　　　　　　　△ 虎杖腊叶标本

生境与分布　生于海拔140～2 000 m的山坡灌丛、山谷、路旁、田边湿地。分布于凯里、天柱、锦屏、剑河、台江、麻江、都匀等地。

药材名　虎杖(根及根茎)。

采收加工　春、秋二季采挖,除去须根,洗净,趁鲜切短段或厚片,晒干。

功能主治　利湿退黄,清热解毒,散瘀止痛,止咳化痰。主治湿热黄疸,淋浊,带下,风湿痹痛,痈肿疮毒,水火烫伤,经闭,癥瘕,跌打损伤,肺热咳嗽。

用法用量　内服,9～15 g,水煎服。外用适量,制成煎液或油膏涂敷。

用药经验　侗医:治疗黄疸,腹泻等。内服,15～30 g。

苗医:①治疗发烧,痈肿疼痛。内服,15～30 g。外用,适量,调浓茶外敷。②治疗腹泻,发烧。虎杖、车前草、五倍子,加红糖水煎内服。③治疗烧伤。将虎杖磨成细粉,调菜油外敷烧伤处。

何首乌 *Polygonum multiflorum* Thunb.

异名 首乌、野苕、地精、红内消、马肝石、黄花乌根、小独根。

形态特征 多年生缠绕草本。块根肥厚,长椭圆形,黑褐色。茎缠绕,多分枝,具纵棱,无毛,微粗糙,下部木质化。叶卵形或长卵形,顶端渐尖,基部心形或近心形,两面粗糙,边缘全缘。花序圆锥状,顶生或腋生,分枝开展,具细纵棱,沿棱密被小突起;花被5深裂,白色或淡绿色。瘦果卵形,具3棱,黑褐色,有光泽,包于宿存花被内。花期8~9月,果期9~10月。

▲ 何首乌植株

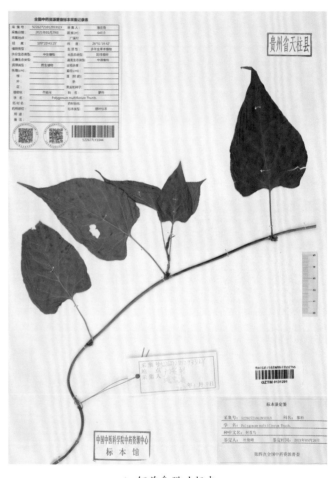

▲ 何首乌腊叶标本

生境与分布 生于草坡、路边、山坡石隙及灌木丛中。分布于凯里、天柱、锦屏、剑河、台江、麻江、都匀等地。

药材名 何首乌(块根)。

采收加工 秋、冬二季叶枯萎时采挖,削去两端,洗净,个大的切成块,干燥。

功能主治 解毒,消痈,截疟,润肠通便。主治疮痈,瘰疬,风疹瘙痒,久疟体虚,肠燥便秘。

用法用量 内服,10~20g,水煎服;熬膏、浸酒或入丸、散。外用适量,煎水洗、研末撒或调涂。

用药经验 侗医:治疗发须早白,头晕等。

苗医:块根及茎治疗病后头晕,颜面黄色,血虚体弱,便秘。

使用注意　大便溏泄及有湿痰者慎服。忌铁器。长期使用可引起肝肾功能损伤。

杠板归 *Polygonum perfoliatum* L.

异名　蛇倒退、鸡婆刺。

形态特征　一年生草本。茎攀援，多分枝，长 1～2 m，具纵棱，沿棱具稀疏的倒生皮刺。叶三角形，顶端钝或微尖，基部截形或微心形，薄纸质，上面无毛，下面沿叶脉疏生皮刺。总状花序呈短穗状，不分枝顶生或腋生，长 1～3 cm；花被 5 深裂，白色或淡红色，花被片椭圆形，果时增大，呈肉质，深蓝色。瘦果球形，黑色，有光泽，包于宿存花被内。花期 6～8 月，果期 7～10 月。

▲ 杠板归植株

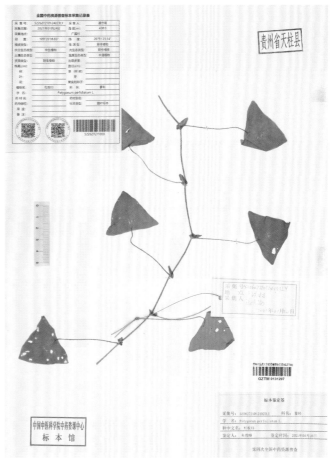
▲ 杠板归腊叶标本

生境与分布　生于山谷、灌木丛中或水沟旁。分布于凯里、天柱、锦屏、剑河、台江、麻江、都匀等地。

药材名　杠板归（全草）。

采收加工　夏秋植株生长茂盛时采集，晒干。

功能主治　利水消肿，清热解毒，止咳。主治肾炎水肿，百日咳，泻痢，湿疹，疔肿，毒蛇咬伤。

用法用量　内服，15～30 g，水煎服。外用适量，鲜品捣烂敷或干品煎水洗患处。

用药经验 侗医：①治疗黄疸，痢疾。内服，15～30 g。②治疗风热邪毒引起的风丹症。蛇倒退、枫树皮、盘古藤、蜂窝各 15 g，地丝瓜、蓬草各 12 g，上药水煎服，每日 1 剂，日服 3 次；同时可用上药加倍药量煎煮水，洗泡全身，每日 1 次。

苗医：全草治疗黄水疮，咳嗽，带状疱疹等。内服，10～30 g。外用，鲜品适量，捣烂敷患处。

丛枝蓼 *Polygonum posumbu* Buch.-Ham. ex D. Don

异名 辣蓼草、水红辣蓼、辣蓼。

形态特征 一年生草本。茎细弱，无毛，具纵棱，高 30～70 cm，下部多分枝，外倾。叶卵状披针形或卵形，长 3～8 cm，宽 1～3 cm，顶端尾状渐尖，基部宽楔形，纸质，两面疏生硬伏毛或近无毛。总状花序呈穗状，顶生或腋生，细弱，下部间断，花稀疏，长 5～10 cm。瘦果卵形，具 3 棱，黑褐色，有光泽，包于宿存花被内。花期 6～9 月，果期 7～10 月。

生境与分布 生于山坡林下、山谷水边。分布于凯里、天柱、剑河、台江、都匀等地。

药材名 丛枝蓼（全草）。

采收加工 7～9 月花期采收，鲜用或晒干。

功能主治 清热燥湿，健脾消疳，活血调经，解毒消肿。主治泄泻，痢疾，疳疾，月经不调，湿疹，脚癣，毒蛇咬伤。

用法用量 内服，15～30 g，水煎服。外用适量，捣敷或煎水洗。

用药经验 侗医治疗中暑，细菌性痢疾，扭伤等。内服，10～15 g。外用适量，捣烂兑酒涂搽。

▲ 丛枝蓼植株　　　　　　　▲ 丛枝蓼腊叶标本

赤胫散 *Polygonum runcinatum* var. *sinense* Hemsl.

异名　土三七、红泽兰、血当归。

形态特征　一年生或多年生草本,高 30～50 cm。根茎细弱黄色,须根黑棕色。茎纤细,直立或斜上,稍分枝,紫色,有节及细白毛。叶互生,卵形或三角状卵形,先端长渐尖,基部近截形常具 2 圆裂片,两面无毛或有毛,上面中部有紫黑斑纹,具细微的缘毛。头状花序通常数个生于枝条顶端。瘦果卵圆形,具 3 棱,黑色有细点。花期 7～8 月。

生境与分布　生于路边、沟渠、草丛等阴湿地或栽培。分布于天柱、锦屏、都匀等地。

药材名　赤胫散(根及全草)。

采收加工　夏、秋采收,洗净切片,晒干或鲜用。

功能主治　清热解毒,活血舒筋。主治痢疾,泄泻,赤白带下,经闭,痛经,乳痈,疮疖,无名肿毒,毒蛇咬伤,跌打损伤,劳伤腰痛。

用法用量　内服,9～15 g,鲜品 15～30 g,水煎服;或泡酒。外用适量,鲜品捣敷;或研末调敷;或醋抹搽;或煎水熏洗。

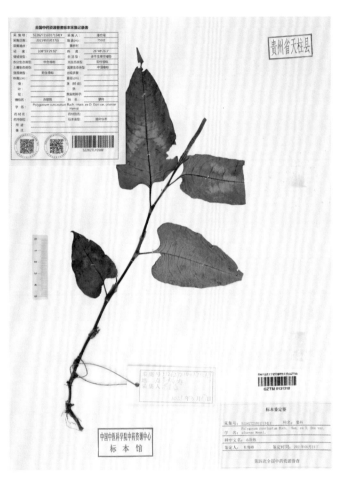

▲ 赤胫散植株　　　　　　　　　　　▲ 赤胫散腊叶标本

用药经验　侗医:治疗烧伤。全草适量,焙干研末,撒于烧伤创面或调茶油外敷,每日 1～2 次。苗医:治疗胃痛,接骨。内服,10～15 g。外用适量,捣烂敷患处。

酸模 *Rumex acetosa* L.

异名　土大黄、牛耳大黄、酸汤菜、鸡爪黄连。

形态特征　多年生草本。根为须根。茎直立,高 40～100 cm,具深沟槽,通常不分枝。基生叶和茎下部叶箭形,顶端急尖或圆钝,基部裂片急尖,全缘或微波状;茎上部叶较小,具短叶柄或无柄;托叶鞘膜质,易破裂。花序狭圆锥状,顶生,分枝稀疏;花单性,雌雄异株;花被片6,成2轮。瘦果椭圆形,具3锐棱,两端尖,长约2mm,黑褐色,有光泽。花期5~7月,果期6~8月。

▲ 酸模植株　　　　　　　　　　　　　　　▲ 酸模腊叶标本

生境与分布　生于海拔400~4100m的山坡、林缘、沟边、路旁。分布于凯里、天柱、锦屏、剑河、台江、麻江等地。

药材名　酸模(根或全草)。

采收加工　夏季采收,洗净,晒干或鲜用。

功能主治　凉血止血,泄热通便,利尿,杀虫。主治吐血,便血,月经过多,热痢,目赤,便秘,小便不通,淋浊,恶疮,疥癣,湿疹。

用法用量　内服,9~15g,水煎服;或捣汁。外用适量,捣敷。

用药经验　侗医:治疗慢性气管炎,便秘,疥癣,皮肤湿疹,烫伤等。内服,10~20g。外用适量。

苗医:①治疗痔疮,烧伤,皮肤瘙痒。内服,10~30g。外用适量,研末敷或煎水洗。②治疗烧伤。土大黄磨成细粉,调菜油敷烧伤处。③治疗痔疮。土大黄、五倍子、苦参,水煎坐浴。④治疗各种出血。土大黄、白茅根、仙鹤草、旱莲草、地榆、赤芍,水煎内服。

商陆科

垂序商陆 *Phytolacca americana* L.

异名 野萝卜、山萝卜、水萝卜、湿萝卜、牛大黄。

形态特征 多年生草本,高 1~2 m。根粗壮,肥大,倒圆锥形。茎直立,圆柱形,有时带紫红色。叶片椭圆状卵形或卵状披针形,长 9~18 cm,宽 5~10 cm,顶端急尖,基部楔形。总状花序顶生或侧生,长 5~20 cm;花白色,微带红晕。果序下垂;浆果扁球形,熟时紫黑色;种子肾圆形。花期 6~8 月,果期 8~10 月。

生境与分布 多生于疏林下、林缘、路旁、山沟等湿润的地方。分布于凯里、天柱、锦屏、麻江、都匀等地。

药材名 商陆(根)。

采收加工 秋季至次春采挖,除去须根及泥沙,切成块或片,晒干或阴干。

功能主治 逐水消肿,通利二便,解毒散结。主治水肿胀满,二便不通;外用治疗痈肿疮毒。

用法用量 内服,3~10 g,水煎服;或入散剂。外用适量,捣敷。

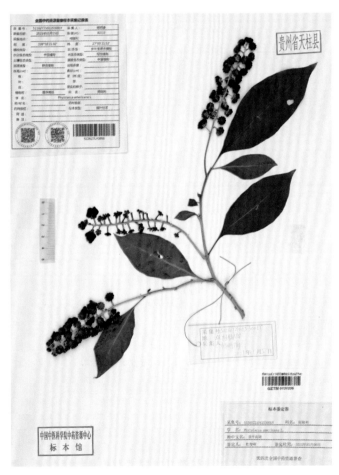

▲ 垂序商陆植株　　　　　　　　▲ 垂序商陆腊叶标本

用药经验 侗医:①治疗脚气,黄疸,瘰疬喉痹等。内服,煎煮,5~9 g,或入散剂。外用,捣烂外敷。②治疗水臌病,腹水,小便不通。商陆根 18 g,葱白 7 根,共同捶烂,敷贴在肚脐上,小便利,肿自消。

苗医:治疗体虚,小产流血。内服,3~10 g。外用适量。

使用注意 本品苦寒,有毒。体虚水肿慎服,孕妇忌服。

马齿苋科

土人参　*Talinum paniculatum*（Jacq.）Gaertn.

异名　红参、假人参、紫人参、瓦坑头、福参。

形态特征　一年生或多年生草本，全株无毛，高 30～100 cm。主根粗壮，圆锥形，皮黑褐色，断面乳白色。茎直立，肉质，基部近木质，圆柱形。叶片稍肉质，倒卵形或倒卵状长椭圆形，顶端急尖，基部狭楔形，全缘。圆锥花序顶生或腋生，较大形，常二叉状分枝；花瓣粉红色或淡紫红色。蒴果近球形，3 瓣裂，坚纸质；种子多数，扁圆形，黑褐色或黑色，有光泽。花期 6～8 月，果期 9～11 月。

▲ 土人参植株

▲ 土人参腊叶标本

生境与分布　生于田野、路边、墙脚石旁、山坡沟边等阴湿地。分布于天柱等地。

药材名　土人参（根）。

采收加工　8～9 月采，挖出后洗净，除去细根，晒干或刮去表皮，蒸熟晒干。

功能主治　补气润肺，止咳，调经。主治气虚劳倦，食少，肺痨咳血，月经不调，眩晕，带下，泄泻，盗汗，自汗，产妇乳汁不足等。

用法用量　内服，30～60 g，水煎服。外用适量，捣敷。

用药经验　侗医：①治疗体虚疲倦，咳痰带血。内服：30～60 g。②治疗不思饮食。土人参（焙干）60 g，姜半夏（焙干）18 g，研成细粉，米汤调匀为丸，如绿豆大小，饭后姜汤送服10丸，日服3次，连用5～7日即效。

苗医：根治疗脾虚泄泻。内服：15～30 g。

使用注意　孕妇慎服。

落葵科

落葵薯 *Anredera cordifolia*（Tenore）Van Steen

异名　土三七、马德拉藤、藤七。

形态特征　缠绕藤本，长可达数米。根状茎粗壮。叶具短柄，叶片卵形至近圆形，顶端急尖，基部圆形或心形，稍肉质，腋生小块茎（珠芽）。总状花序具多花，花序轴纤细，下垂，长7～25 cm；下面1对小苞片宿存，宽三角形，急尖，透明，上面1对小苞片淡绿色，比花被短，宽椭圆形至近圆形；花直径约5 mm；花被片白色，渐变黑。果实、种子未见。花期6～10月。

生境与分布　通常生于沟谷边、河岸岩石上、村旁墙垣、荒地或灌丛中。分布于天柱、

▲ 落葵薯植株

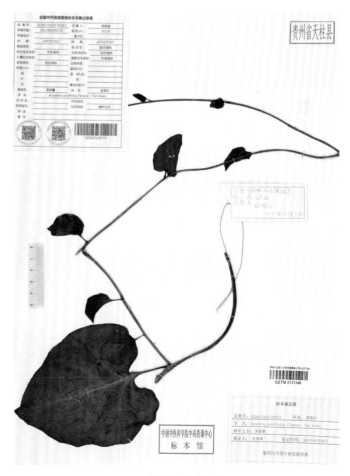

▲ 落葵薯腊叶标本

锦屏、麻江等地。

药材名　藤三七(藤上的瘤块状珠芽)。

采收加工　在珠芽形成后采摘,除去杂质,鲜用或晒干。

功能主治　补肾强腰,散瘀消肿。主治腰膝痹痛,病后体弱,跌打损伤,骨折。

用法用量　内服,30～60 g,水煎服;或用鸡或瘦肉炖服。外用适量,捣敷。

用药经验　侗医、苗医治疗风湿性关节炎等。内服,10～30 g。

石竹科

鹅肠菜　*Myosoton aquaticum*（L.）Moench

异名　鹅肠草、鹅粮菜、鹅耳肠、鸡卵菜。

形态特征　二年生或多年生草本,具须根。茎上升,多分枝,长50～80 cm,上部被腺毛。叶片卵形或宽卵形,顶端急尖,基部稍心形,有时边缘具毛。顶生二歧聚伞花序;苞片叶状,边缘具腺毛;花瓣白色,2深裂至基部,裂片线形或披针状线形,长3.0～3.5 mm,宽约1 mm。蒴果卵圆形,稍长于宿存萼;种子近肾形,直径约1 mm,稍扁,褐色,具小疣。花期5～8月,果期6～9月。

生境与分布　生于海拔350～2 700 m的河流两旁冲积沙地的低湿处或灌丛林缘和水沟旁。分布于天柱等地。

药材名　鹅肠菜(全草)。

采收加工　夏秋采集,洗净切段,晒干或鲜用。

▲ 鹅肠菜植株　　　　　　　　　　▲ 鹅肠菜腊叶标本

功能主治　清热解毒,散瘀消肿。主治肺热喘咳,痢疾,痈疽,痔疮,牙痛,月经不调,小儿疳积。
用法用量　内服,15~30g,水煎服;或鲜品60g捣汁。外用适量,鲜品捣敷;或煎汤熏洗。
用药经验　侗医治疗皮肤发痒。内服,10~15g。

漆姑草　*Sagina japonica*（Sw.）Ohwi

异名　猪毛草、珍珠草、大龙叶。

形态特征　一年生小草本,高5~20cm,上部被稀疏腺柔毛。茎丛生,稍铺散。叶片线形,顶端急尖,无毛。花小形,单生枝端;萼片5,卵状椭圆形,长约2mm,顶端尖或钝,外面疏生短腺柔毛,边缘膜质;花瓣5,狭卵形,稍短于萼片,白色,顶端圆钝,全缘。蒴果卵圆形,微长于宿存萼,5瓣裂;种子细,圆肾形,微扁,褐色,表面具尖瘤状凸起。花期3~5月,果期5~6月。

生境与分布　生于海拔600~1900m的河岸沙质地、撂荒地或路旁草地。分布于天柱、麻江、都匀等地。

药材名　漆姑草(全草)。

采收加工　4~5月间采集,洗净,鲜用或晒干。

功能主治　凉血解毒,杀虫止痒。主治漆疮,秃疮,湿疹,丹毒,瘰疬,无名肿毒,毒蛇咬伤,鼻渊,龋齿痛,跌打内伤。

用法用量　内服,10~30g,水煎服;研末或绞汁。外用适量,捣敷;或绞汁涂。

用药经验　侗医:治疗狂犬咬伤。取鲜品嚼细,外敷于患处,隔日换,另用20~30g,同时煎水内服。

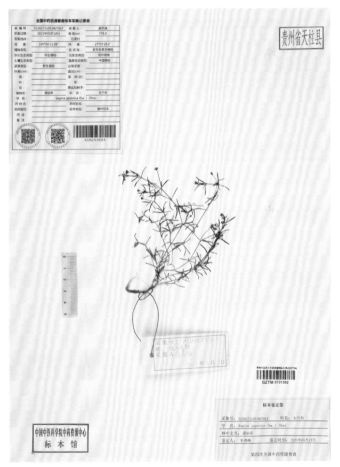

▲漆姑草植株　　　　　　　　　▲漆姑草腊叶标本

苗医:①全草治疗漆疮效果佳。外用适量,捣烂取汁涂搽患处。②治疗牙龈溃烂。漆姑草、野菊花,水煎内服。③治疗流鼻血。漆姑草、白茅根、牛耳大黄、见血飞,水煎内服。④治疗毒蛇咬伤。漆姑草、小青草、骚羊古,上药捣烂,敷毒蛇咬伤处周围,另取上药水煎内服。

繁缕 *Stellaria media*（L.）Cyr.

异名 鹅肠菜、白毛禾凉菜、五爪龙、狗蚤菜。

形态特征 一年生或二年生草本，高 10～30 cm。茎俯仰或上升，基部多少分枝，常带淡紫红色，被 1～2 列毛。叶片宽卵形或卵形，顶端渐尖或急尖，基部渐狭或近心形，全缘；基生叶具长柄，上部叶常无柄或具短柄。疏聚伞花序顶生；花瓣白色，长椭圆形，比萼片短，深 2 裂达基部，裂片近线形。蒴果卵形，稍长于宿存萼，顶端 6 裂，具多数种子；种子卵圆形至近圆形，稍扁，红褐色，表面具半球形瘤状凸起，脊较显著。花期 6～7 月，果期 7～8 月。

生境与分布 生于田间路边或溪旁草地。分布于天柱、锦屏、剑河、台江等地。

药材名 繁缕（全草）。

采收加工 夏、秋季花开时采集，去除泥土，晒干。

功能主治 清热解毒，凉血消痈，活血止痛，下乳。主治痢疾、肠痈、肺痈、乳痈、疔疮肿毒，痔疮肿毒、出血，跌打伤痛，产后瘀滞腹痛，乳汁不下。

用法用量 内服：煎汤，15～30 g，鲜品 30～60 g；或捣汁。外用：适量，捣敷；或烧存性研末调敷。

▲ 繁缕植株

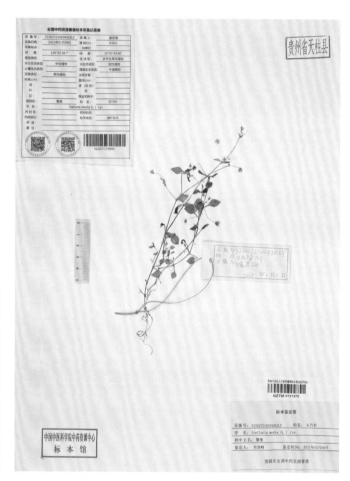
▲ 繁缕腊叶标本

用药经验 侗医治疗关节疼痛，通筋活络，催乳。内服，10～15 g。

木兰科

南五味子 *Kadsura longipedunculata* Finet et Gagnep.

异名 小血藤、红木香、紫金藤、紫荆皮、盘柱香、内红消。

形态特征 藤本,各部无毛。叶倒卵状披针形或卵状长圆形,先端渐尖或尖,基部狭楔形或宽楔形,边有疏齿,侧脉每边5～7条;上面具淡褐色透明腺点。花单生于叶腋,雌雄异株。聚合果球形;小浆果倒卵圆形,外果皮薄革质,干时显出种子。种子2～3,肾形或肾状椭圆体形。花期6～9月,果期9～12月。

生境与分布 生于海拔1 000 m以下的山坡、林中。分布于天柱、锦屏、剑河、台江等地。

药材名 南五味子(根、根皮与茎)。

采收加工 全年可采,晒干。

功能主治 活血理气,祛风活络,消肿止痛。主治溃疡病,胃肠炎,中暑腹痛,月经不调,风湿性关节炎,跌打损伤。

用法用量 内服,4～9 g,水煎服。外用,捣敷。

用药经验 侗医:治疗风湿痛,骨折,胃痛等。内服,20～30 g。

▲ 南五味子植株　　　　　　▲ 南五味子腊叶标本

苗医:治疗风湿疼痛,腰腿痛。内服,10～15 g。

植物药资源

樟科

猴樟 *Cinnamomum bodinieri* Lévl.

异名 樟树、楠木、香樟、牛筋条、牛荆树。

形态特征 乔木,高达 16 m,胸径 30~80 cm;树皮灰褐色。枝条圆柱形,紫褐色,无毛。叶互生,卵圆形或椭圆状卵圆形,先端短渐尖、基部锐尖、宽楔形至圆形,坚纸质,上面光亮,下面苍白。圆锥花序在幼枝上腋生或侧生。花绿白色,花梗丝状,被绢状微柔毛。果球形,直径 7~8 mm,绿色,无毛;果托浅杯状,顶端宽 6 mm。花期 5~6 月,果期 7~8 月。

生境与分布 生于海拔 700~1 480 m 的路旁、沟边、疏林或灌丛中。分布于天柱等地。

药材名 猴樟(根皮、茎皮或枝叶)。

采收加工 全年可采,根皮、茎皮刮去栓皮,洗净,晒干。嫩枝及叶多鲜用。

功能主治 祛风除湿,温中散寒,行气止痛。主治风寒感冒,风湿痹痛,吐泻腹痛,腹中痞块,疝气疼痛。

用法用量 内服,10~15 g,水煎服。外用适量,研末调敷;或研末酒炒,布包作热敷。

▲ 猴樟植株

▲ 猴樟腊叶标本

用药经验 苗医:治疗呕吐。

黄樟 *Cinnamomum porrectum*（Roxb.）Kosterm.

异名 樟木、大叶樟、臭樟、冰片树。

形态特征 常绿乔木,树干通直,高10～20m;树皮暗灰褐色,上部为灰黄色,深纵裂,小片剥落,内皮带红色,具有樟脑气味。枝条粗壮,圆柱形,绿褐色。叶互生,通常为椭圆状卵形或长椭圆状卵形,先端通常急尖或短渐尖,上面深绿色,下面色稍浅,两面无毛或仅下面腺窝具毛簇,羽状脉,侧脉每边4～5条。圆锥花序于枝条上部腋生或近顶生。花小,长约3mm,绿带黄色。果球形,黑色;果托狭长倒锥形,红色,有纵长的条纹。花期3～5月,果期4～10月。

生境与分布 生于海拔1500m以下的常绿阔叶林或灌木丛中。分布于凯里、天柱等地。

药材名 黄樟(根、树皮或叶)。

采收加工 根、树皮、叶全年均可采,除去杂质,晒干或鲜用。

功能主治 祛风散寒,温中止痛,行气活血。主治风寒感冒,风湿痹痛,胃寒腹痛,泄泻,痢疾,跌打损伤,月经不调。

用法用量 内服,10～15g,水煎服。外用适量,煎汤熏洗或捣敷。

用药经验 侗医治疗胃脘胀痛,酒痢。

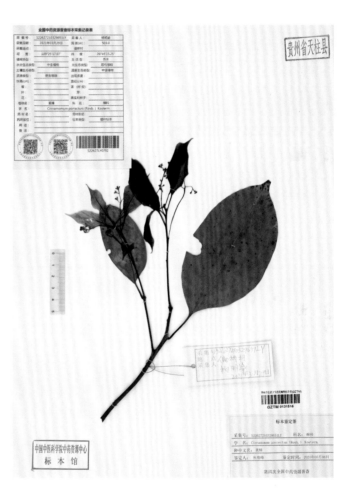

▲ 黄樟植株　　　　　　　　　　　　▲ 黄樟腊叶标本

乌药 *Lindera aggregata*（Sims）Kos-term.

异名 土木香、铜钱树、旁其、矮樟。

形态特征 常绿灌木或小乔木,高可达5m;树皮灰褐色;根有纺锤状或结节状膨胀,外面棕黄色至棕

▲ 乌药植株

黑色,表面有细皱纹,有香味。幼枝青绿色,具纵向细条纹,密被金黄色绢毛。叶互生,卵形,椭圆形至近圆形,先端长渐尖或尾尖,基部圆形,上面绿色,下面苍白色,幼时密被棕褐色柔毛。伞形花序腋生,每花序有一苞片,一般有花 7 朵。果卵形或有时近圆形。花期 3～4月,果期 5～11 月。

生境与分布 生于海拔 200～1 000 m 向阳坡地、山谷或疏林灌丛中。分布于天柱、麻江等地。

药材名 乌药(块根)。

采收加工 全年均可采挖,除去细根,洗净,趁鲜切片,晒干,或直接晒干。

▲ 乌药腊叶标本

功能主治 行气止痛,温肾散寒。主治胸腹胀痛,气逆喘急,膀胱虚冷,遗尿尿频,疝气,痛经。

用法用量 内服,5～10 g,水煎服,或入丸、散。外用适量,研末调敷。

用药经验 侗医:①治疗烂脚丫。内服,5～15 g。外用,适量。②治疗阴毒伤寒、腹痛欲死。乌药15 g,炒起至黑烟,投水中煎 3～5 分沸,服一大盏,汗出,即愈。③治疗血泻痢疾。乌药 250 g,米汤适量。将乌药烧存性,研细粉,用米汤调匀做成丸,如梧子大,每次 10 丸,米汤送服,日服 2 次,连用 7～10 日。④治疗小儿惊风。乌药 1 节,磨水灌之。

使用注意 本品气血虚及内热证患者禁服;孕妇及体虚者慎服。

山胡椒 *Lindera glauca*（Sieb. et Zucc.）Bl.

异名 野胡椒、雷公槁、牛荆条。

形态特征 落叶灌木或小乔木,高可达 8 m;树皮平滑,灰色或灰白色。冬芽(混合芽)长角锥形,长约1.5 cm,直径 4 mm,芽鳞裸露部分红色,幼枝条白黄色,初有褐色毛,后脱落成无毛。叶互生,宽椭圆形、椭圆形、倒卵形到狭倒卵形,上面深绿色,下面淡绿色,被白色柔毛,纸质。伞形花序腋生,总梗短或不明显。花期 3～4 月,果期 7～8 月。

生境与分布　生于海拔 900 m 左右以下山坡、林缘、路旁。分布于凯里、天柱、锦屏、台江、麻江、都匀等地。

药材名　山胡椒(果实)。

采收加工　秋季果熟时采收,晒干。

功能主治　温中散寒,行气止痛,平喘。主治脘腹冷痛,胸满痞闷,哮喘。

用法用量　内服,3~15 g,水煎服。

用药经验　侗医治疗胃冷痛。

▲ 山胡椒植株

▲ 山胡椒腊叶标本

山橿 *Lindera reflexa* Hemsl.

异名　木姜子、野樟树、钓樟、甘橿。

形态特征　落叶灌木或小乔木;树皮棕褐色,有纵裂及斑点。幼枝条黄绿色,光滑、无皮孔。冬芽长角锥状,芽鳞红色。叶互生,通常卵形或倒卵状椭圆形,先端渐尖,基部圆或宽楔形,纸质,上面绿色,下面

▲ 山橿植株

带绿苍白色,被白色柔毛,后渐脱落成几无毛。
伞形花序着生于叶芽两侧各一,红色,密被红
褐色微柔毛,果时脱落。果球形,直径约
7 mm,熟时红色。花期4月,果期8月。

生境与分布 生于海拔约1000 m以下的
山谷、山坡林下或灌丛中。分布于凯里、天柱、
锦屏、都匀等地。

药材名 山橿(根)。

采收加工 全年均可采收,晒干或鲜用。

功能主治 理气止血,消肿止痛,杀虫。
主治胃气痛,疥癣,风疹,刀伤出血。

用法用量 内服,4～10 g,水煎服。外用
适量。

用药经验 侗医、苗医治疗胃痛。内服,10～15 g。外用适量,煎水洗。

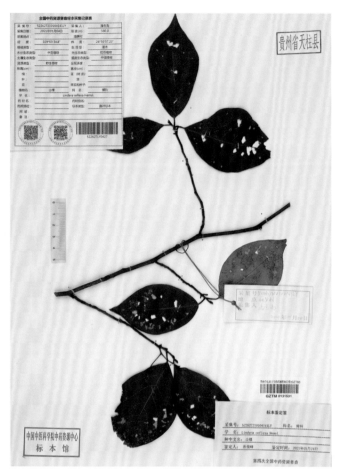

▲ 山橿腊叶标本

木姜子 *Litsea pungens* Hemsl.

异名 兰香树、生姜材、香桂子。

形态特征 落叶小乔木,高3～10 m;树皮灰白色。
幼枝黄绿色,被柔毛,老枝黑褐色,无毛。叶互生,常聚生
于枝顶,披针形或倒卵状披针形,先端短尖,基部楔形,膜
质,幼叶下面具绢状柔毛。伞形花序腋生;每一花序有雄
花8～12朵,先叶开放。果球形,直径7～10 mm,成熟时
蓝黑色。花期3～5月,果期7～9月。

生境与分布 生于海拔800～2300 m的溪旁和山地
阳坡杂木林中或林缘。分布于天柱、锦屏、剑河、台江、麻
江等地。

▲ 木姜子植株

木姜子腊叶标本

药材名　木姜子(果实)。

采收加工　秋季末采摘,阴干。

功能主治　温中行气,燥湿健脾,解毒消肿。主治胃寒腹痛,暑湿吐泻,食滞饱胀,痛经,疝痛,疟疾,疮疡肿痛。

用法用量　内服,3～10 g,水煎服;研粉每次 1.0～1.5 g。外用适量,捣敷或研粉调敷。

用药经验　侗医:治疗酒痧。鲜叶 30 g,捣烂敷肚脐。

苗医:果实治疗冷经引起的老鼠钻心,鱼鳅症,腹胀,朱砂翻,心经疗翻。

紫楠　*Phoebe sheareri*（Hemsl.）Gamble

异名　楠木、金丝楠、枇杷木。

形态特征　大灌木至乔木,高 5～15 m;树皮灰白色。小枝、叶柄及花序密被黄褐色或灰黑色柔毛或绒毛。叶革质,倒卵形、椭圆状倒卵形或阔倒披针形,先端突渐尖或突尾状渐尖,基部渐狭,上面完全无毛或沿脉上有毛,下面密被黄褐色长柔毛。圆锥花序长 7～18 cm,在顶端分枝;花长 4～5 mm。果卵形,果梗略增粗,被毛;宿存花被片卵形,两面被毛,松散;种子单胚性,两侧对称。花期 4～5 月,果期 9～10 月。

▲ 紫楠植株

生境与分布　多生于海拔 1000 m 以下的山地阔叶林中。分布于天柱等地。

药材名　紫楠(叶、根)。

采收加工　四季可采。鲜用或晒干。

功能主治　叶：温中理气。主治脚气浮肿，腹胀。根：祛瘀消肿。主治跌打损伤。

用法用量　叶：内服，15～30 g，水煎服。外用适量，煎水熏洗。根：内服，10～15 g，鲜品 30～60 g，水煎服。

用药经验　侗医治疗消化性溃疡。取树干去粗皮，将其真皮晒干或烘干研末备用。每次 5 g，用米汤水调服。一日 3 次，7 日为一疗程。服药期间，忌食生冷酸辣、油炸糯米饭等食物。

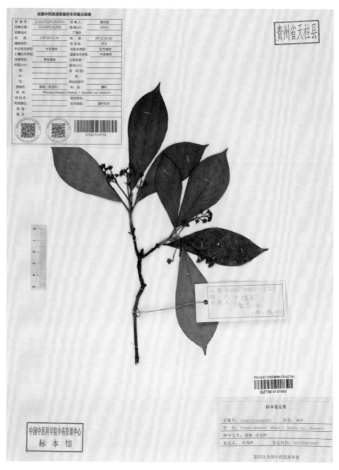

▲ 紫楠腊叶标本

楠木　*Phoebe zhennan* S. Lee et F. N. Wei

异名　楠木树、楠材、楠树。

形态特征　常绿乔木，高可达 30 m，树干通直。芽鳞被灰黄色贴伏长毛。叶革质，椭圆形，先端渐尖，尖头直或呈镰状，基部楔形，最末端钝或尖，上面光亮无毛或沿中脉下半部有柔毛，下面密被短柔毛。聚伞状圆锥花序十分开展，被毛，纤细，在中部以上分枝，每伞形花序有花 3～6 朵，一般为 5 朵；花中等大，花梗与花等长；花被片近等大，外轮卵形，内轮卵状长圆形，先端钝，两面被灰黄色长或短柔毛，内面较密。果椭圆形。花期 4～5 月，果期 9～10 月。

▲ 楠木植株

▲ 楠木腊叶标本

生境与分布　野生或栽培;野生的多见于海拔1500 m以下的阔叶林中。分布于天柱等地。

药材名　楠木(木材及枝叶)。

采收加工　全年可采。鲜用或晒干。

功能主治　散寒化浊,利水消肿。主治吐泻转筋,水肿。

用法用量　内服,10～15 g,水煎服。外用,烧存性研末撒或煎水洗。

用药经验　侗医治疗肝硬化腹水。

毛茛科

乌头　*Aconitum carmichaelii* Debeaux

异名　五毒根、鸦头、草乌。

▲ 乌头植株

▲ 乌头腊叶标本

形态特征 块根倒圆锥形,长2～4cm,粗1.0～1.6cm。茎高60～150(～200)cm,中部之上疏被反曲的短柔毛,等距离生叶,分枝。茎下部叶在开花时枯萎。茎中部叶有长柄;叶片薄革质或纸质,五角形,长6～11cm,宽9～15cm,基部浅心形三裂达或近基部,中央全裂片宽菱形,有时倒卵状菱形或菱形,急尖,有时短渐尖近羽状分裂,二回裂片约2对,斜三角形,生1～3枚牙齿,间或全缘,侧全裂片不等二深裂,表面疏被短伏毛。顶生总状花序长6～10(～25)cm;轴及花梗多少密被反曲而紧贴的短柔毛;下部苞片三裂,其他的狭卵形至披针形。萼片蓝紫色,外面被短柔毛,花瓣无毛,瓣片长约1.1cm,唇长约6mm,微凹,距长(1～)2～2.5mm,通常拳卷;雄蕊无毛或疏被短毛,花期9～10月。

生境与分布 生于海拔100～2200m的山地草坡或疏林中。分布于天柱等地。

药材名 川乌(块根)。

采收加工 秋季茎叶枯萎时采挖,除去须根及泥沙,干燥。

功能主治 祛风除湿,温经止痛。主治风寒湿痹,关节疼痛,心腹冷痛,寒疝作痛,麻醉止痛。

用法用量 内服,1.5～3.0g,水煎服;或入丸、散。外用:适量,研末调敷,或用醋酒研末涂。

用药经验 侗医:治疗风湿骨痛,半身不遂。内服,煎汤或泡酒服,2～5g。外用,捣烂泡酒外搽。

苗医:治疗风湿骨痛,跌打损伤,无名肿毒,咳嗽。内服,1～3g;外用,适量。

使用注意 本品有大毒。内服须用炮制品,用时久煎(1～2h)可降低毒性,生品不建议内服,特别是泡酒内服极易引起乌头碱中毒;孕妇禁用;不宜与半夏、瓜蒌、瓜蒌子、瓜蒌皮、天花粉、川贝母、浙贝母、平贝母、伊贝母、湖北贝母、白蔹、白及同用。

打破碗花花 *Anemone hupehensis*（Lemoine）Lemoine

异名 野棉花、五雷火、清水胆、山棉花。

形态特征 植株高(20～)30～120cm。根状茎斜或垂直,长约10cm,粗(2～)4～7mm。基生叶3～

贵州清水江流域药用资源图志

▲ 打破碗花花植株

5,有长柄,通常为三出复叶,有时 1～2 个或全部为单叶,顶生小叶具长柄,卵形或宽卵形,长4～11 cm,不裂或 3～5 浅裂,具锯齿,两面疏被糙毛,侧生小叶较小;花葶疏被柔毛,聚伞花序二至三回分枝,花较多;萼片 5,紫红色或粉红色,倒卵形;花药长圆形,心皮生于球形花托;聚合果球形,直径约 1.5 cm,瘦果长约 3.5 mm,有细柄,密被绵毛。花期 7～10 月。

生境与分布　生于海拔 400～1 800 m 山地草坡、疏林中或沟边地带。分布于天柱、剑河、台江、麻江等地。

▲ 打破碗花花腊叶标本

药材名　打破碗花花(根)。

采收加工　全年均可采根,洗净切片,晒干。

功能主治　利湿,驱虫,祛瘀。主治痢疾,肠炎,蛔虫病,跌打损伤。全草捣烂投入粪坑或污水中,杀蛆虫、孑孓。茎、叶:杀虫。主治顽癣。

用法用量　内服,3～10 g,水煎服。外用适量,捣敷。

用药经验　侗医:①治疗鼻炎,副鼻窦炎,目翳等。外用,捣烂塞鼻或外敷。②治疗小儿走胎,落魂惊。野棉花、金刚藤、苞谷尖、五爪金龙、夜关门、葡萄藤尖、土牛膝、水菖蒲各 3 寸,粳米 7 粒。上药整理好后用红布包好,红线捆扎好,佩戴于患儿胸前,夜间放在枕头下。

使用注意　本品有毒,过量服用时,可致头晕、呕吐、四肢麻木等中毒症状。

小木通　*Clematis armandii* Franch.

异名　蓑衣藤、白木通、淮木通、油木通。

形态特征　木质藤本,高达 6 m。茎圆柱形,有纵条纹,小枝有棱,有白色短柔毛,后脱落。三出复叶;小叶片革质,卵状披针形、长椭圆状卵形至卵形,两面无毛。聚伞花序或圆锥状聚伞花序,腋生或顶生;腋生花序基部有多数宿存芽鳞,为三角状卵形、卵形至长圆形。瘦果扁,卵形至椭圆形,疏生柔毛。花期 3～4 月,果期 4～7 月。

▲ 小木通植株　　　　　　　　　　　　▲ 小木通腊叶标本

生境与分布　生于海拔 100～2 400 m 的山坡、山谷水沟分、林边或灌木中。分布于凯里、天柱、锦屏、剑河、麻江、都匀等地。

药材名　川木通（藤茎）。

采收加工　春、秋二季采收，除去粗皮，晒干；或趁鲜切厚片，晒干。

功能主治　清热利尿，通经下乳。主治水肿、淋证，小便不通，关节痹痛，经闭乳少。

用法用量　内服，3～6 g，水煎服。

用药经验　侗医：治疗乳汁不通，尿路感染，风湿麻木疼痛。内服，10～15 g。

苗医：治疗风湿痹痛，跌打损伤，热淋。内服，10～15 g。

威灵仙　*Clematis chinensis* Osbeck

异名　蓑衣藤、铁脚威灵仙、青风藤。

形态特征　木质藤本，长 3～10 m。干后全株变黑色。茎近无毛。叶对生；一回羽状复叶，小叶 5，有时 3 或 7；小叶片纸质，窄卵形、卵形或卵状披针形。圆锥状聚伞花序，多花，腋生或顶生；花两性，直径 1～2 cm；花瓣无。瘦果扁、卵形，疏生紧贴的柔毛。花期 6～9 月，果期 8～11 月。

▲ 威灵仙植株

生境与分布 生于山坡、山谷灌丛中或沟边、路旁草丛中。分布于天柱、锦屏、剑河等地。

药材名 威灵仙(根及根茎)。

采收加工 秋季挖出,去净茎叶,洗净泥土,晒干,或切成段后晒干。

功能主治 祛风除湿,通络止痛。主治风湿痹痛,肢体麻木,筋脉拘挛,屈伸不利,脚气肿痛,疟疾,骨鲠咽喉,痰饮积聚等。

用法用量 内服,6～10 g,水煎服。消骨鲠可用 30～50 g。

用药经验 侗医:①治疗痛风、顽痹、腰膝冷痛、脚气、破伤风、扁桃体炎等。内服,煎汤,6～9 g,浸酒或入丸、散。外用,捣烂外敷。②治疗蛔虫导致的肚腹疼痛、胀气痛。威灵仙根、棕树根、黄鳝藤根各 10～15 g,乌梅 20 g。水煎服,日服 3 次。

苗医:藤及根治疗跌打、风湿痛、骨鲠咽喉、便秘、偏头痛。内服,5～10 g。

威灵仙腊叶标本

山木通 *Clematis finetiana* Lévl. et Vant.

异名 搜山虎、烂皮木通、万年藤、大木通。

形态特征 木质藤本,无毛。茎圆柱形,有纵条纹,小枝有棱。三出复叶,基部有时为单叶;小叶片薄革质或革质,卵状披针形、狭卵形至卵形,长 3～13 cm,宽 1.5～5.5 cm,全缘,两面无毛。花常单生,或为聚伞花序、总状聚伞花序,腋生或顶生,有 1～7 花。瘦果镰刀状狭卵,长约 5 mm,有柔毛,宿存花柱长达 3 cm,有黄褐色长柔毛。花期 4～6 月,果期 7～11 月。

生境与分布 生于山坡疏林、溪边、路旁灌丛中及山谷石缝中。分布于凯里、天柱、台江、都匀等地。

▲ 山木通植株

▲ 山木通腊叶标本

药材名 山木通（根、茎、叶）。

采收加工 四季可采，鲜用或晒干。

功能主治 祛风活血，利尿通淋。主治关节肿痛，跌打损伤，小便不利，乳汁不通。

用法用量 内服，15～30 g，鲜品可用至60 g，水煎服。外用适量，鲜品捣敷。

用药经验 侗医：治疗走马牙疳。鲜品适量，捣烂，捏成蚕豆大，敷前额印堂，每日一剂。

苗医：治疗风湿痹痛。内服，15～30 g。外用适量。

锈毛铁线莲 *Clematis leschenaultiana* DC.

异名 毛木通。

形态特征 木质藤本。茎圆柱形，有纵沟纹，密被开展的金黄色长柔毛。三出复叶；小叶片纸质，卵圆形、卵状椭圆形至卵状披针形，顶端渐尖或有短尾，基部圆形或浅心形，常偏斜，上部边缘有钝锯齿，下部全缘，表面绿色被稀疏紧贴的柔毛，背面淡绿色被平伏的厚柔毛。聚伞花序腋生，密被黄色柔毛，常只有3花，稀多或少。瘦果狭卵形，被棕黄色短柔毛，宿存花柱长3.0～3.5 cm，具黄色长柔毛。花期1～2月，果期3～4月。

△ 锈毛铁线莲植株

△ 锈毛铁线莲腊叶标本

生境与分布 生于海拔 500～1 200 m 的山坡灌丛中。分布于天柱、锦屏、都匀等地。

药材名 锈毛铁线莲（藤茎）。

采收加工 春、夏季采收，洗净，鲜用或晒干。

功能主治 利尿通络，理气通便，解毒。主治风湿性关节炎，小便不利，闭经，便秘腹胀，风火牙痛，眼起星翳，蛇虫咬伤，黄疸等。

用法用量 内服，15～30 g，水煎服；外用适量鲜草加酒或食盐捣烂敷患处。

用药经验 侗医：主治风湿骨痛，毒蛇咬伤。内服，10～15 g。

苗医：叶、木质茎治疗湿热癃闭，水肿，淋证，妇女乳痈，疮毒，角膜炎，四肢痛。内服，10～15 g。外用适量。

柱果铁线莲 *Clematis uncinata* Champ. ex Benth.

异名 黑木通、铁脚威灵仙、一把扇。

形态特征 藤本，干时常带黑色，除花柱有羽状毛及萼片外面边缘有短柔毛外，其余光滑。茎圆柱形，有纵条纹。一至二回羽状复叶，有 5～15 小叶；小叶片纸质或薄革质，宽卵形、长圆状卵形至卵状披针形，上面亮绿，下面灰绿色，两面网脉突出。圆锥状聚伞花序腋生或顶生，多花；萼片 4，开展，白色。瘦果圆柱状钻形，干后变黑。花期 6～7 月，果期 7～9 月。

生境与分布 生于山地、山谷、溪边的灌丛中或林边，或石灰岩灌丛中。分布于凯里、天柱、台江等地。

△ 柱果铁线莲植株

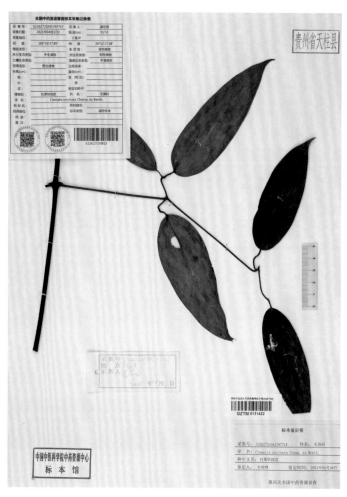

▲ 柱果铁线莲腊叶标本

药材名 柱果铁线莲(根、叶)。

采收加工 夏秋采集,分别晒干。

功能主治 祛风除湿,舒筋活络,镇痛。根:主治风湿关节痛,牙痛,骨鲠咽喉,疟疾。叶:外用治疗外伤出血。

用法用量 根 15～25 g,水煎或浸酒服。

用药经验 侗医:治疗风湿痛,腰膝冷痛,疟疾,破伤风。内服,10～15 g。

苗医:根治疗痛风,顽痹,腰膝冷痛,脚气,扁桃体炎等。内服,10～15 g。

大花还亮草 *Delphinium anthriscifolium* var. *majus* Pamp.

异名 绿花草、还亮草。

形态特征 多年生草本植物,茎高可达 78 cm,等距地生叶,分枝。羽状复叶,近基部叶在开花时常枯萎;叶片菱状卵形或三角状卵形,羽片狭卵形,表面疏被短柔毛,背面无毛或近无毛。总状花序,花较大;

▲ 大花还亮草植株

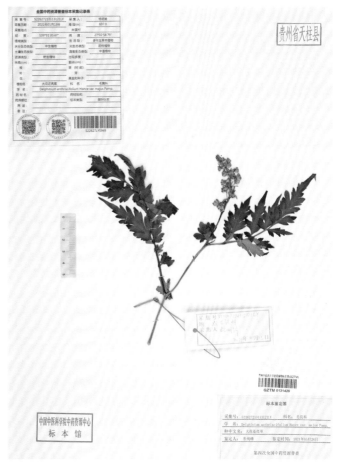

▲ 大花还亮草腊叶标本

轴和花梗短柔毛;萼片堇色或紫色,椭圆形至长圆形。种子扁球形,花期 3~5 月。

生境与分布　生于海拔 180~1 740 m 的山地。分布于天柱等地。

药材名　大花还亮草(全草)。

采收加工　夏季采收,洗净,晒干或鲜用。

功能主治　清热解毒,祛痰止咳。主治痢疾,泄泻;外用止血。

用法用量　内服,4 ~ 10 g,水煎服。外用:捣汁涂或煎汤洗。

天葵　*Semiaquilegia adoxoides*（DC.）Makino

异名　千年老鼠屎、千年耗子屎、天葵根、散血珠。

形态特征　多年生草本。块根长 1~2 cm,外皮棕黑色。茎 1~5 条,被稀疏的白色柔毛。基生叶多数,为掌状三出复叶;叶片轮廓卵圆形至肾形;小叶扇状菱形或倒卵状菱形,三深裂,两面均无毛。花小;萼片白色,常带淡紫色;花瓣匙形,顶端近截形,基部凸起呈囊状。蓇葖卵状长椭圆形,表面具凸起的横向脉纹。种子卵状椭圆形,褐色至黑褐色,表面有小瘤状突起。花果期 3~5 月。

生境与分布　生于海拔 100~1 050 m 的疏林下、路旁或山谷地的较阴处。分布于凯里、天柱、锦屏、剑河、台江、都匀等地。

▲ 天葵植株

药材名　天葵子(块根)。

采收加工　夏初采挖,洗净,干燥,除去须根。

功能主治　清热解毒,消肿散结。主治痈肿疔疮,乳痈,瘰疬,毒蛇咬伤。

用法用量　内服,3~9 g,水煎服;或研末,1.5~3.0 g;或浸酒。外用适量,捣敷或捣汁点眼。

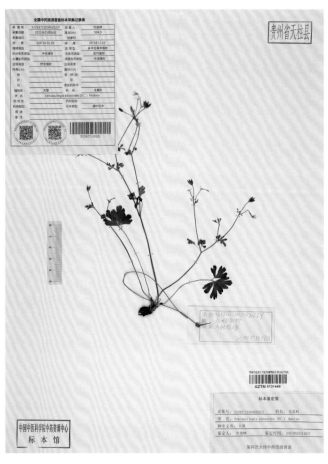

▲ 天葵腊叶标本

　　用药经验　　侗医：①治疗咳嗽，疝气，癫痫，小儿惊风，痔疮，跌打损伤等。内服，3～10 g。外用，适量。②治疗瘰疬（九子疡症）。取天葵子 100 g 捶烂，敷患处。③治疗肛瘘、肛周脓肿（老鼠偷粪门症）。取天葵子 50 g 捶烂，调水搽患处。④治疗肛门生疖子（侗名"耗子钻仓"）。千年老鼠屎、生何首乌各适量，共同捶烂，直接敷患处，每日 2 次。

　　苗医：①治疗九子疡，指甲溃烂，扭伤。外用，鲜品适量，捣烂敷患处。②治疗颈淋巴结核。天葵子、三棵针、桔梗，水煎内服。③治疗甲沟炎。天葵子鲜品捣烂敷患处。④治疗扭伤。天葵子、鲜酢浆草，捣烂敷患处。

　　使用注意　　本品性寒，有小毒，脾胃虚弱者不宜用。

小檗科

豪猪刺　*Berberis julianae* Schneid.

　　异名　　三棵针、山石榴、刺黄柏。

形态特征 常绿灌木,高1～3m。老枝黄褐色或灰褐色,幼枝淡黄色,具条棱和稀疏黑色疣点。叶革质,椭圆形、披针形或倒披针形,先端渐尖,基部楔形,上面深绿色,背面淡绿色。花10～25朵簇生;花黄色;萼片2轮,外萼片卵形,先端急尖,内萼片长圆状椭圆形,先端圆钝;花瓣长圆状椭圆形,先端缺裂,基部缢缩呈爪,具2枚长圆形腺体;胚珠单生。浆果长圆形,蓝黑色,顶端具明显宿存花柱,被白粉。花期3月,果期5～11月。

△ 豪猪刺植株　　　　　　　　　　△ 豪猪刺腊叶标本

生境与分布 生于海拔1100～2100m的山坡、沟边、林中、林缘、灌丛中或竹林中。分布于天柱等地。

药材名 小檗(根、根皮、茎及茎皮)。

采收加工 春、秋采挖,除去枝叶、须根及泥土,将皮剥下,分别切片,晒干备用。

功能主治 清热燥湿,泻火解毒。主治湿热泄泻,痢疾,口舌生疮,咽痛喉痹,目赤肿痛,痈肿疮疖。

用法用量 内服,3～9g,水煎服;或研末。外用适量,煎水滴眼;或洗患处。

用药经验 侗医:治疗胆囊炎,急性肝炎。内服,10～15g。

苗医:①根治疗肠炎痢疾,腹泻。内服,10～15g。②治疗肺结核。豪猪刺水煎内服。③治疗腹水。豪猪刺、朝天罐、白茅根,水煎内服。④治疗游走性疼痛。豪猪刺、小茴香、双肾草各21g,水煎服。

使用注意 本品苦寒,脾胃虚寒者慎用。

柔毛淫羊藿 *Epimedium pubescens* Maxim.

异名 三叉骨、牛角花、铜丝草、肺经草。

形态特征 多年生草木,植株高 20～70 cm。根状茎粗短,被褐色鳞片。一回三出复叶基生或茎生;茎生叶 2 枚对生,小叶 3 枚;小叶片革质,卵形、狭卵形或披针形,先端渐尖或短渐尖,基部深心形;侧生小叶基部裂片极不等大,急尖或圆形,上面深绿色,有光泽,背面密被绒毛,边缘具细密刺齿;花茎具 2 枚对生叶。圆锥花序具 30～100 朵花;花直径约 1 cm;花瓣远较内萼片短,囊状,淡黄色。蒴果长圆形,宿存花柱长喙状。花期 4～5 月,果期 5～7 月。

▲ 柔毛淫羊藿植株

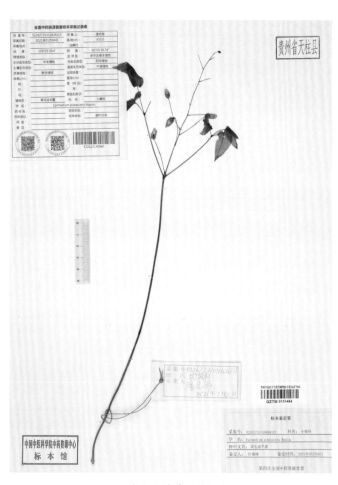

▲ 柔毛淫羊藿腊叶标本

生境与分布 生于海拔 300～2 000 m 的林下、灌丛中、山坡地边或山沟阴湿处。分布于天柱、台江等地。

药材名 淫羊藿(地上部分)。

采收加工 夏、秋季茎叶茂盛时采割,除去粗梗及杂质,晒干或阴干。

功能主治 补肾阳,强筋骨,祛风湿。主治阳痿遗精,筋骨痿软,风湿痹痛,麻木拘挛,更年期高血压。

用法用量 内服,5～15 g,水煎服;浸酒、熬膏或入丸、散。外用,煎水洗。

用药经验 侗医:①治疗肾虚,肺虚咳嗽。内服,10～20 g。②治疗百日咳。淫羊藿、桔梗、截叶铁扫帚(侗药名"小夜关门""合掌消")各8g,水煎服,日服3次。

苗医:治疗肾虚腰痛,风湿骨痛。内服,10～30g。

阔叶十大功劳 *Mahonia bealei*（Fort.）Carr.

异名 土黄柏、土黄连。

形态特征 灌木或小乔木,高0.5～8.0m。叶狭倒卵形至长圆形,具4～10对小叶,上面暗灰绿色,背面被白霜,有时淡黄绿色或苍白色,两面叶脉不显;小叶厚革质,硬直,自叶下部往上小叶渐次变长而狭。总状花序直立,通常3～9个簇生;芽鳞卵形至卵状披针形;花黄色;花瓣倒卵状椭圆形,基部腺体明显,先端微缺。浆果卵形,深蓝色,被白粉。花期9月至翌年1月,果期3～5月。

生境与分布 生于海拔500～2000m的阔叶林、竹林、杉木林及混交林下、林缘、草坡、溪边、路旁或灌丛中。分布于凯里、天柱、锦屏、剑河、麻江、都匀等地。

药材名 功劳木(根、茎、叶)。

采收加工 全年可采,晒干。

功能主治 清热,燥湿,解毒。主治肺热咳嗽、黄疸、泄泻、痢疾、目赤肿痛、疮疡、湿疹、烫伤。

用法用量 内服,5～10g,水煎服。外用适量,煎水洗;或研末调敷。

△ 阔叶十大功劳植株

△ 阔叶十大功劳腊叶标本

用药经验 侗医:治疗火眼。鲜品根茎6g捣烂,人乳浸泡3h,取浓汁加冰糖少许滴眼,每日3次。

苗医:①治疗肠炎。内服,水煎服,10～15g。②治疗肺结核。水煎内服。③治疗小便疼痛。十大功劳、马鞭草、白茅根、紫花地丁、海金沙、大风轮草,水煎内服。④治疗痢疾。水煎内服。

细叶十大功劳 *Mahonia fortunei*（Lindl.）Fedde

异名　十大功劳、木黄连、竹叶黄连。

形态特征　常绿灌木，高达2m。根和茎断面黄色，叶苦。一回羽状复叶互生，长15～30cm；小叶3～9，革质，披针形，长5～12cm，宽1.0～2.5cm；托叶细小，外形。总状花序直立，4～8个族生；萼片9，3轮；花瓣黄色，6枚，2轮。浆果圆形或长圆形，长4～6mm，蓝黑色，有白粉。花期7～10月。

生境与分布　生于山谷、林下湿地。分布于凯里、天柱、剑河、麻江等地。

药材名　细叶十大功劳（根、茎、叶）。

采收加工　全年可采，鲜用或晒干。

功能主治　清热燥湿，泻火解毒。主治湿热泻痢，黄疸，目赤肿痛，疮疖等。

用法用量　内服，5～10g，水煎服。外用适量，煎水洗；或研末调敷。

用药经验　侗医：治疗下焦湿热，止咳，急性黄疸型肝炎。内服，10～15g。

苗医：治疗肺结核，小便疼痛。内服，5～10g。

▲ 细叶十大功劳植株

▲ 细叶十大功劳腊叶标本

木通科

三叶木通　*Akebia trifoliata*（Thunb.）Koidz.

异名　八月瓜、八月瓜藤、三叶拿藤。

形态特征　落叶木质藤本。茎皮灰褐色,有稀疏皮孔及小疣点。掌状复叶互生或在短枝上的簇生;小叶 3 片,纸质或薄革质,卵形至阔卵形。总状花序自短枝上簇生叶中抽出,下部有 1～2 朵雌花。果长圆形,成熟时灰白略带淡紫色;种子极多数,扁卵形,种皮红褐色或黑褐色,稍有光泽。花期 4～5 月,果期 7～8 月。

生境与分布　生于海拔 250～2 000 m 的山地沟谷边疏林或丘陵灌丛中。分布于凯里、天柱、锦屏、剑河、麻江、都匀等地。

药材名　预知子(果实)。

采收加工　夏、秋二季果实绿黄时采收,晒干,或置沸水中略烫后晒干。

功能主治　疏肝理气,活血,散瘀止痛,除烦利尿。主治肝胃气痛,烦渴,赤白痢疾,腰痛,疝气,绝经,子宫下垂等。

用法用量　内服,3～6 g,水煎服。

▲ 三叶木通植株　　　　　　　　▲ 三叶木通腊叶标本

用药经验　侗医:①治疗咽喉肿痛,乳汁不通。内服,9～15 g。②治疗小儿脐风证,不吃乳(侗名"硬口风")。八月瓜(小的、红的为佳)1 个。八月瓜磨水,每小时灌服一小点;同时用药水搓揉腹部,每日 2～3 次,连做 1～3 日即效。

苗医：藤、果实治疗瘰疬，跌打，骨折，睾丸肿痛，胸胁疼痛，阴部瘙痒，水肿，乳汁不通等。内服，10～15 g。外用，适量。

大血藤 *Sargentodoxa cuneata*（Oliv.）Rehd. et Wils.

异名 血藤、红藤、五花血藤、花血藤。

形态特征 落叶木质藤本，长可达 10 m。藤径粗达 9 cm，全株无毛。三出复叶，或兼具单叶；小叶革质，顶生小叶近棱状倒卵圆形，全缘，侧生小叶斜卵形，上面绿色，下面淡绿色，干时常变为红褐色。总状花序长 6～12 cm，雄花与雌花同序或异序，同序时，雄花生于基部。浆果近球形，成熟时黑蓝色。种子卵球形，基部截形；种皮，亮黑色，平滑。花期 4～5 月，果期 6～9 月。

生境与分布 生于海拔数百米的山坡灌丛、疏林和林缘等。分布于天柱、锦屏、剑河、台江、麻江、都匀等地。

药材名 大血藤（藤茎）。

采收加工 秋、冬两季采收。除去侧枝、细枝及叶，截段，晒干。

功能主治 清热解毒，活血，祛风。主治肠痈腹痛，经闭痛经，风湿痹痛，跌仆肿痛。

用法用量 内服，9～15 g，水煎服；或酒煮、浸酒。外用适量，捣烂敷患处。

▲ 大血藤植株

▲ 大血藤腊叶标本

用药经验 侗医：①治疗急、慢性阑尾炎，痢疾，月经不调等。内服，10～20 g。外用，适量。②治疗红白痢疾。红藤、朝天罐、龙牙草、杨梅皮、三月泡根各 10 g，红糖 5 g，水煎服，以红糖为引，日服 3 次。

苗医：根、茎治疗跌打损伤，红肿，劳损虚弱。内服，10～20 g；外用，适量。

贵州清水江流域药用资源图志

防己科

金线吊乌龟 *Stephania cephalantha* Hayata

异名 地乌龟、铁秤砣、白药、白药根。

形态特征 多年生缠绕性落叶藤本,高通常 1～2 m 或过之;块根团块状或近圆锥状,有时不规则,褐色;小枝紫红色,纤细。叶纸质,三角状扁圆形至近圆形,边全缘或多少浅波状。雌雄花序同形,均为头状花序,具盘状花托。核果阔倒卵圆形,成熟时红色。花期 4～5 月,果期 6～7 月。

生境与分布 生于村边、旷野、林缘等处土层深厚肥沃的地方,又见于石灰岩地区的石缝或石砾中。分布于天柱、台江、麻江等地。

药材名 白药子(块根)。

采收加工 全年可采,秋末冬初采收为好,除去须根,洗净,切片晒干备用。

功能主治 清热解毒,祛风止痛,凉血止血。主治咽喉肿痛,热毒痈肿,风湿痹痛,腹痛,泻痢,吐血,衄血,外伤出血。

用法用量 内服,9～15 g,水煎服;或入丸、散。外用适量,捣敷或研末敷。

▲ 金线吊乌龟植株　　　　　　　▲ 金线吊乌龟腊叶标本

用药经验 侗医:①治疗咳嗽,跌打损伤,无名肿毒,毒蛇咬伤等。内服,10～20 g。外用适量。②治疗乌龟症(注:病状为腹痛剧烈,时上时下,时左时右,干呕)。内服,适量,磨水服。

苗医:治疗疔疮,各种出血。内服,10～15 g;外用适量。

青牛胆 *Tinospora sagittata*（Oliv.）Gagnep.

异名　地苦胆、金银袋、金榄、金牛胆、九牛子。

形态特征　草质藤本，具连珠状块根，膨大部分常为不规则球形，黄色；枝纤细，有条纹，常被柔毛。叶纸质至薄革质，披针状箭形或有时披针状戟形，先端渐尖，有时尾状，基部弯缺常很深。花序腋生，常数个或多个簇生，聚伞花序或分枝成疏花的圆锥状花序；花瓣6，肉质，常有爪，瓣片近圆形或阔倒卵形；花瓣楔形。核果红色，近球形；果核近半球形。花期4月，果期秋季。

生境与分布　常散生于林下、林缘、竹林及草地上。分布于天柱、锦屏、都匀等地。

药材名　金果榄（块根）。

采收加工　秋、冬二季采挖，除去须根，洗净，晒干。

功能主治　清热解毒，利咽，止痛。主治咽喉肿痛，痈疽疔毒，泄泻，痢疾，脘腹热痛。

用法用量　内服，3～9g，水煎服；研末，每次1～2g。外用适量，捣敷或研末吹喉。

▲ 青牛胆植株

▲ 青牛胆腊叶标本

用药经验　侗医：治疗扁桃体炎，咽炎，腮腺炎，肠炎，胃痛等。内服，5～15g。外用适量。苗医：块根治疗腮腺炎，咽炎，小儿腹泻。内服，2～6g。外用，磨醋搽患处。

使用注意　本品苦寒，脾胃虚弱者慎用。

三白草科

蕺菜 *Houttuynia cordata* Thunb.

异名 折耳根、狗贴耳、肺形草、秋打尾、狗子耳、臭草。

形态特征 腥臭草本,高 30～60 cm;茎下部伏地,节上轮生小根,上部直立,无毛或节上被毛,有时带紫红色。叶薄纸质,有腺点,背面尤甚,卵形或阔卵形,顶端短渐尖,基部心形,两面有时除叶脉被毛外余均无毛,背面常呈紫红色;叶脉 5～7 条,全部基出或最内 1 对离基约 5 mm 从中脉发出。花序长约 2 cm,宽 5～6 mm;总花梗长 1.5～3.0 cm,无毛;总苞片长圆形或倒卵形,长 10～15 mm,宽 5～7 mm,顶端钝圆。蒴果长 2～3 mm,顶端有宿存的花柱。花期 4～7 月。

▲ 蕺菜植林　　　　　　　　　　　　　　▲ 蕺菜腊叶标本

生境与分布 生于沟边、溪边或林下湿地上。分布于凯里、天柱、锦屏、剑河、台江、麻江、都匀等地。

药材名 鱼腥草(全草或地上部分)。

采收加工 鲜品全年均可采;干品夏季茎叶茂盛花穗多时采,除去杂质,晒干。

植物药资源

功能主治　清热解毒,消痈排脓,利尿通淋。主治肺痈吐脓,痰热喘咳,热痢,热淋,痈肿疮毒。

　　用法用量　水煎内服,15~25g,不宜久煎;鲜品用量加倍,水煎或捣汁服。外用适量,捣敷或煎汤熏洗患处。

　　用药经验　侗医:①治疗痢疾,痔疮,湿疹等。内服,15~30g。外用适量。②治疗中暑。鱼腥草20g,井水适量,捣汁加白糖少许,井水冲服。③治疗肺痈。鱼腥草、臭牡丹各30g。水煎服,每日一剂。④治疗心绞痛。折耳根10g,嚼烂吞服。

　　苗医:①全草治疗发烧,胸痛,咳嗽,虚劳,腹泻。内服,15~30g。②治疗腹泻。鱼腥草、马齿苋、过路黄,水煎内服。

胡椒科

石南藤　*Piper wallichii*（Miq.）Hand.-Mazz.

　　异名　巴岩香、毛山蒟。

　　形态特征　攀援藤本;枝被疏毛或脱落变无毛,干时呈淡黄色,有纵棱。叶硬纸质,干时变淡黄色,无明显腺点,椭圆形,或向下渐次为狭卵形至卵形。花单性,雌雄异株,聚集成与叶对生的穗状花序。浆果球形,直径3.0~3.5mm,无毛,有疣状凸起。花期5~6月。

　　生境与分布　生于海拔310~2600m林中荫处或湿润地,爬登于石壁上或树上。分布于天柱、锦屏等地。

▲ 石南藤植株

▲ 石南藤腊叶标本

药材名　石南藤(茎、叶或全株)。

采收加工　全株全年可采。茎、叶夏秋采集,分别晒干。

功能主治　祛风湿,强腰膝,止痛,止咳。主治风湿痹痛,扭挫伤,腰膝无力,痛经,风寒感冒,咳嗽气喘。

用法用量　内服,15～25 g,水煎服。

用药经验　侗医:全草治疗风湿骨痛,跌打内伤,骨折。内服,10～15 g。

苗医:全草治疗寒湿,筋骨疼痛,腰膝酸软。内服,5～10 g。

金粟兰科

宽叶金粟兰　*Chloranthus henryi* Hemsl.

异名　四大金刚、四块瓦、大叶及己、四叶对。

形态特征　多年生草本,高 40～65 cm;根状茎粗壮,黑褐色,具多数细长的棕色须根;茎直立,单生或数个丛生,有 6～7 个明显的节。叶对生,通常 4 片生于茎上部,纸质,卵状椭圆形或倒卵形,顶端渐尖,基部宽楔形,边缘具锯齿;叶脉 6～8 对;鳞状叶卵状三角形,膜质。托叶小,钻形。穗状花序顶生,通常两歧或总状分枝;花白色。核果球形,具短柄。花期 4～6 月,果期 7～8 月。

生境与分布　生于海拔 750～1 900 m 的山坡林下荫湿地或路边灌丛中。分布于天柱、

▲ 宽叶金粟兰植株

▲ 宽叶金粟兰腊叶标本

剑河等地。

　　药材名　四大天王（全草或根）。

　　采收加工　夏秋采全草和根，分别晒干。

　　功能主治　祛风除湿，活血散瘀，解毒。主治风湿痹痛，肢体麻木，风寒咳嗽，跌打损伤，疮肿及毒蛇咬伤。

　　用法用量　内服，3～10 g，水煎服，或浸酒。外用适量，捣敷。

　　用药经验　根治疗骨折，风湿疼痛。内服，10～15 g。外用，鲜品适量，捣烂外敷。

　　使用注意　本品有毒，孕妇慎服。

及己　*Chloranthus serratus*（Thunb.）Roem. et Schult.

　　异名　四大金刚、四块瓦、四儿风、四叶箭、四叶麻、四叶对。

　　形态特征　多年生草本，高15～50 cm；根状茎横生，粗短，直径约3 mm，生多数土黄色须根；茎直立，单生或数个丛生，具明显的节，无毛。叶对生，4～6片生于茎上部，纸质，椭圆形或卵状披针形，顶端渐窄成长尖，基部楔形，边缘具锐而密的锯齿，齿尖有一腺体，两面无毛。穗状花序顶生，偶有腋生，单一或2～3分枝。花白色。核果近球形或梨形，绿色。花期4～5月，果期6～8月。

▲ 及己植株

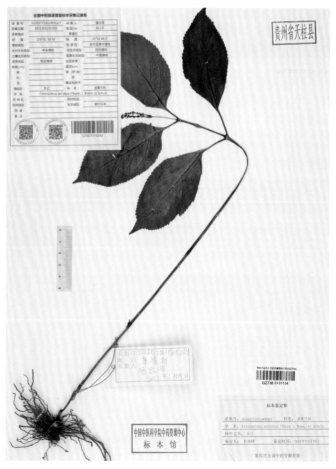

▲ 及己腊叶标本

生境与分布　生于海拔 280～1 800 m 的山地林下湿润处和山谷溪边草丛中。分布于凯里、天柱、锦屏、台江、麻江、都匀等地。

药材名　对叶四块瓦(茎叶)。

采收加工　春、夏、秋三季采收,洗净切碎,鲜用或晒干。

功能主治　祛风活血,解毒止痒。主治感冒,咳喘,风湿疼痛,跌打损伤,痈疽疮疖,月经不调。

用法用量　内服,6～9 g,水煎服;或捣汁;或浸酒。外用适量,捣敷;或浸汁涂搽。

用药经验　全草主治腰痛,风湿性关节疼痛等。内服,3～6 g。外用,适量。

使用注意　本品有毒,不宜长期服用;对开放性骨折,不作外敷应用,以防大量吸收中毒。

金粟兰　*Chloranthus spicatus*（Thunb.）Makino

异名　四块瓦、珍珠兰、鸡爪兰。

形态特征　半灌木,直立或稍平卧,高 30～60 cm;茎圆柱形,无毛。叶对生,厚纸质,椭圆形或倒卵状椭圆形,长 5～11 cm,宽 2.5～5.5 cm,边缘具圆齿状锯齿,齿端有一腺体,腹面深绿色,光亮,背面淡黄绿色。穗状花序排列成圆锥花序状,通常顶生,少有腋生;花小,黄绿色,极芳香。花期 4～7 月,果期 8～9 月。

生境与分布　生于海拔 150～990 m 的山坡、沟谷密林下,但野生者较少见,现各地多为栽培。分布于天柱、台江、麻江等地。

药材名　珠兰(全株或根、叶)。

采收加工　夏季采集,洗净,切片,晒干。

▲ 金粟兰植株

▲ 金粟兰腊叶标本

功能主治　祛风湿,活血止痛,杀虫。主治风湿痹痛,跌打损伤,偏头痛。外用治疗疔疮顽癣。

用法用量　内服,15～30 g,水煎服;或入丸、散。外用适量,捣敷;或研末撒。

用药经验　侗医治疗跌打肿痛,风湿性关节炎,接骨。水煎服,15～30 g。

草珊瑚 *Sarcandra glabra*（Thunb.）Nakai

异名　接骨茶、九节茶、满山香、九节兰。

形态特征　常绿亚灌木,高 50～120 cm;茎与枝均有膨大的节。叶革质,椭圆形、卵形至卵状披针形,顶端渐尖,基部尖或楔形,边缘具粗锐锯齿,齿尖有一腺体,两面均无毛。穗状花序顶生,通常分枝,多少成圆锥花序状;花黄绿色。核果球形,直径 3～4 mm,熟时亮红色。花期 6 月,果期 8～10 月。

生境与分布　生于海拔 420～1 500 m 的山坡、沟谷林下荫湿处。分布于凯里、天柱、锦屏、剑河、台江、麻江、都匀等地。

药材名　肿节风(全株)。

采收加工　夏、秋二季采收,除去杂质,晒干。

功能主治　清热凉血,活血消斑,祛风通络。主治血热紫斑、紫癜,风湿痹痛,跌打损伤。

用法用量　内服,9～15 g,水煎服;或浸酒。外用适量,捣敷;研末调敷;或煎水熏洗。

▲ 草珊瑚植株

▲ 草珊瑚腊叶标本

用药经验　侗医:治疗肺炎,急性胃肠炎,菌痢,骨折等。内服,9～15 g。外用适量。
苗医:①茎、叶治疗夏季湿病,头晕。内服,10～15 g。外用适量。②治疗头晕。草珊瑚、苦丁茶,水煎取汁当茶饮。③治疗骨折。草珊瑚、野葡萄根、泡桐树根皮、四块瓦,上药均用鲜品,捣烂加适量白酒,外包骨折处。

使用注意　阴虚火旺及孕妇禁服。宜先煎或久煎。

马兜铃科

杜衡 *Asarum forbesii* Maxim.

异名　马蹄香、苔叶细辛、南细辛、马辛、马蹄细辛、马蹄金、满山香。

形态特征　多年生草本；根状茎短，根丛生，稍肉质，直径 1～2 mm。叶片阔心形至肾心形，先端钝或圆，基部心形，叶面深绿色，叶背浅绿色。花暗紫色，花梗长 1～2 cm；花被管钟状或圆筒状，喉部不缢缩；药隔稍伸出；子房半下位，花柱离生，顶端 2 浅裂，柱头卵状，侧生。花期 4～5 月。

生境与分布　生于海拔 800 m 以下林下沟边阴湿地。分布于天柱等地。

药材名　杜衡（根茎及根或全草）。

采收加工　4～6 月间采挖，洗净，晒干。

功能主治　疏风散寒，消痰利水，活血止痛。主治风寒感冒，痰饮喘咳，水肿，风寒湿痹，跌打损伤，头痛，齿痛，胃痛，痧气腹痛，瘰疬，肿毒，蛇咬伤。

用法用量　内服，1.5～6.0 g，水煎服；研末，0.6～3.0 g；或浸酒，外用适量，研末吹鼻，或鲜品捣敷。

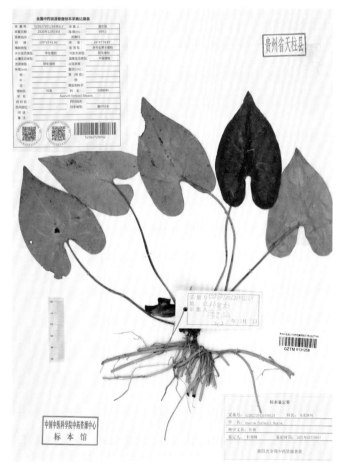

▲ 杜衡植株　　　　　　　　▲ 杜衡腊叶标本

用药经验　侗医、苗医治疗风寒头痛，关节疼痛，痰饮咳喘，无名肿毒。水煎服或外用，5～10 g。

侗医治疗腹胀痛剧烈，肠鸣音亢进。海金沙藤（侗药名"盘古藤"）、铁马鞭各 15 g，秤杆升麻（侗药名"斑刀见"）、杜衡各 10 g，每日 1 剂，分 3 次服。

使用注意　本品有小毒，体虚多汗、咳嗽咯血患者及孕妇禁服，不宜大量服用。

细辛 *Asarum sieboldii* Miq. form. Sieboldii

异名 横筒草、垂盆细辛、绿须姜。

形态特征 多年生草本；根状茎直立或横走，直径2~3 mm，节间长1~2 mm，有多条须根。叶通常2枚，叶片心形或卵状心形，长4~11 mm，宽4.5~13.5 mm，先端渐尖或急尖，基部深心形，顶端圆形，叶面疏生短毛，脉上较密，叶背仅脉上被毛。花紫黑色；花梗长2~4 cm；花被管钟状，内壁有疏离纵行脊皱；花被裂片三角状卵形，直立或近平展。果近球状，直径约1.5 cm，棕黄色。花期4~5月。

生境与分布 生于阴湿有腐殖质的林下或草丛中。分布于天柱等地。

药材名 南细辛（全草）。

采收加工 夏季采挖，除去泥沙，洗净，晒干。

功能主治 祛风散寒，通窍止痛，温肺化饮。主治风寒感冒，头痛，牙痛，鼻塞鼻渊，风湿痹痛，痰饮喘咳。

用法用量 内服，1~3 g，水煎服；散剂每次服0.5~1.0 g。外用适量。

用药经验 侗医治疗胃寒痛，牙痛，毒蛇咬伤。6~15 g，水煎服。外用适量，捣烂外敷。

使用注意 阴虚阳亢头痛，肺燥伤阴干咳者忌用。不宜与藜芦同用。

▲ 细辛植株

▲ 细辛腊叶标本

猕猴桃科

中华猕猴桃 *Actinidia chinensis* Planch.

异名 布冬、山洋桃、狐狸桃。

形态特征 大型落叶藤本。叶纸质,倒阔卵形至倒卵形或阔卵形至近圆形,顶端截平行并中间凹入,边缘具脉出的直伸的睫状小齿,腹面深绿色,背面苍绿色。聚伞花序 1～3 花;花初放时白色,放后变淡黄色,有香气;花瓣 5 片,阔倒卵形。果黄褐色,近球形、圆柱形、倒卵形或椭圆形,长 4～6 cm,被茸毛、长硬毛或刺毛状长硬毛;种子细小,黑色。花期 6～7 月,果期 8～9 月。

▲ 中华猕猴桃植林

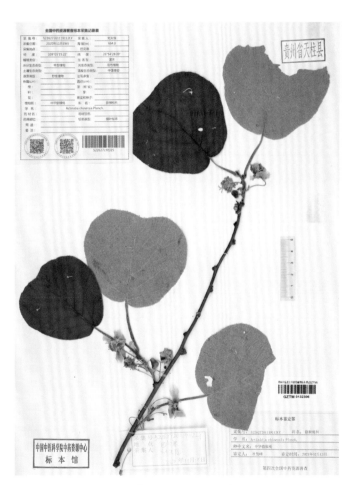

▲ 中华猕猴桃腊叶标本

生境与分布 生于山地林间或灌丛中,常绕于他物上。分布于凯里、天柱、锦屏、台江等地。

药材名 猕猴桃(果实)。

采收加工 9 月中、下旬至 10 月上旬采摘成熟果实,鲜用或晒干。

功能主治　解热,止渴,健胃,通淋。主治烦热,消渴,肺热干咳,消化不良,湿热黄疸,石淋,痔疮。

用法用量　内服,30～60 g,水煎服;或生食,或榨汁饮。

用药经验　①根、叶治疗水肿,消化不良,胎盘滞留。根,治疗水肿,20～30 g,水煎服;治疗胎盘滞留,50 g,捣烂开水泡服。干果,治疗消化不良,100 g,水煎当茶饮。②根治疗淋巴结核,跌打损伤等。内服,15～20 g。

毛花猕猴桃　*Actinidia eriantha* Benth.

异名　白毛桃、白毛布冬、白洋桃、生毛藤梨、山蒲桃。

形态特征　大型落叶藤本;小枝、叶柄、花序和萼片密被乳白色或淡污黄色直展的绒毛或交织压紧的棉毛。叶软纸质,卵形至阔卵形,顶端短尖至短渐尖,基部圆形、截形或浅心形,边缘具硬尖小齿,腹面草绿色,背面粉绿色,密被乳白色或淡污黄色星状绒毛。聚伞花序简单,1～3花,被与小枝上根同但较蓬松的毛被;花瓣顶端和边缘橙黄色,中央和基部桃红色,倒卵形。果柱状卵珠形,密被不脱落的乳白色绒毛。花期5月上旬～6月上旬,果期11月。

生境与分布　生于海拔250～1 000 m山坡、山谷、溪边及林边灌木丛中。分布于天柱等地。

药材名　毛冬瓜(根、根皮及叶)。

采收加工　根全年可采,洗净鲜用,或切片晒干;夏秋采叶,鲜用或晒干。

功能主治　清热利湿,活血消肿,解毒。治疗肺热失音,淋浊,带下,淋巴结炎,皮炎,痈疮肿毒。

▲ 毛花猕猴桃植株　　　　　　　▲ 毛花猕猴桃腊叶标本

用法用量　内服,50～100 g,水煎服。外用,捣敷。

用药经验　侗医治疗肺结核,肺痈,肺痨咳嗽,黄疸,水臌病,尿血。内服,10～20 g。

山茶科

油茶 *Camellia oleifera* Abel.

异名 茶油树、油茶树、茶子树。

形态特征 灌木或中乔木;嫩枝有粗毛。叶革质,椭圆形,长圆形或倒卵形,先端尖而有钝头,上面深绿色,发亮,下面浅绿色。花顶生,近于无柄,苞片与萼片约10片,由外向内逐渐增大,阔卵形,背面有贴紧柔毛或绢毛,花瓣白色,5～7片,倒卵形。蒴果球形或卵圆形,直径2～4 cm,3室或1室,3片或2片裂开。花期冬春间。

生境与分布 各地广泛栽培。分布于凯里、天柱、锦屏、台江、麻江等地。

药材名 油茶(根和茶子饼)。

采收加工 根皮随时可采,鲜用或晒干研末;秋季采果,晒干,打出种子,加工成油,以茶子饼入药。

功能主治 清热解毒,活血散瘀,止痛。根:主治急性咽喉炎,胃痛,扭挫伤。茶子饼:外用治疗皮肤瘙痒,浸出液灭钉螺、杀蝇蛆。

用法用量 内服,15～30 g,水煎服。外用适量,研末或烧灰研末,调敷。

△ 油茶植株　　　　　　　　　△ 油茶腊叶标本

用药经验 侗医:①治疗牙痛,腰痛,脑梗等。内服,10～15 g。②治疗瘰疬。茶油(或芝麻油)50 ml,燕子窝泥300 g,燕子窝泥研成细粉,加入茶油(或芝麻油)涂搽患处。

苗医:①治疗绞肠痧,取油茶种子油60 g,用冷开水送服。②治疗食滞腹泻,取油茶树幼尖10 g,水煎服。脂肪油多作外用药基质。

藤黄科

元宝草 *Hypericum sampsonii* Hance

异名　对月草、野连翘、对月莲、穿心草、宝塔草、佛心草。

形态特征　多年生草本,高 0.2～0.8 m,全体无毛。茎单一或少数,圆柱形。叶对生,无柄,其基部完全合生为一体而茎贯穿其中心,或宽或狭的披针形至长圆形或倒披针形,全缘,坚纸质,上面绿色,下面淡绿色,边缘密生有黑色腺点。花序顶生,多花,伞房状。花瓣淡黄色,椭圆状长圆形。蒴果宽卵珠形,有卵珠状黄褐色囊状腺体。种子黄褐色,长卵柱形。花期 5～6 月,果期 7～8 月。

▲ 元宝草植株

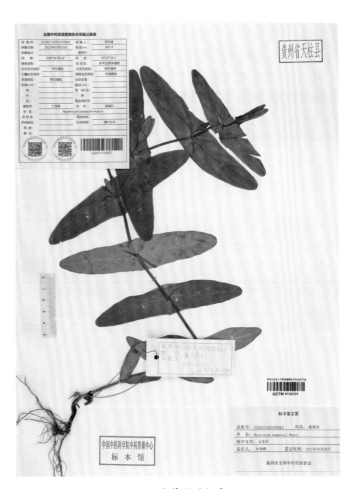

▲ 元宝草腊叶标本

生境与分布　生于海拔 0～1 200 m 的路旁、山坡、草地、灌丛、田边、沟边等处。分布于凯里、天柱、锦屏、剑河、台江、麻江等地。

药材名　元宝草(全草)。

采收加工　夏、秋季采收,洗净,晒干或鲜用。

功能主治　清热解毒,通经活络,凉血止血。主治小儿高热,痢疾,肠炎,吐血,衄血,月经不调,白带。外用治疗外伤出血,跌打损伤,烧烫伤,毒蛇咬伤。

用法用量　内服,9～15 g,鲜品 30～60 g,水煎服。外用适量,鲜品洗净捣敷,或干品研末外敷。

使用注意　本品性寒,有毒,无瘀滞者及孕妇禁服。

罂粟科

小花黄堇　*Corydalis racemosa*（Thunb.）Pers.

异名　水黄芪、断肠草、粪桶草、石莲。

形态特征　灰绿色丛生草本,高 30～50 cm,具主根。茎具棱,分枝,具叶,枝条花葶状,对叶生。基生叶具长柄,常早枯萎。茎生叶具短柄,叶片三角形,上面绿色,下面灰白色。总状花序长 3～10 cm,密具多花,后渐疏离。花黄色至淡黄色。蒴果线形,具 1 列种子。种子黑亮,近肾形,具短刺状突起,种阜三角形。

生境与分布　生于海拔 400～2 070 m 的林缘阴湿地或多石溪边。分布于天柱、台江、都匀等地。

药材名　黄堇(全草或根)。

采收加工　夏季采收,洗净,晒干。

功能主治　清热利湿,解毒杀虫。主治湿热泄泻,痢疾,黄疸,目赤肿痛,疮毒,疥癣,毒蛇咬伤。

用法用量　内服,3～6 g,鲜者 15～30 g,

▲ 小花黄堇植株

小花黄堇腊叶标本

水煎服;或捣汁。外用适量,捣敷;或用根以酒、醋磨汁搽。

  用药经验 侗医治疗肺结核咳血。内服,鲜全草适量,捣汁服。外用,鲜全草适量,捣烂外敷。

  使用注意 本品有毒,一般不作内服。

地锦苗 *Corydalis sheareri* S. Moore

  异名 水三七、尖距紫堇。

  形态特征 多年生草本,高 10～60 cm。主根明显,具多数纤维根,棕褐色;根茎粗壮,干时黑褐色。茎 1～2,绿色,有时带红色,多汁液。基生叶数枚,长 12～30 cm,具带紫色的长柄,叶片轮廓三角形或卵状三角形,二回羽状全裂。总状花序生于茎及分枝先端,长 4～10 cm,有 10～20 花,通常排列稀疏。花瓣紫红色,平伸,花瓣片舟状卵形,背部具短鸡冠状突起。蒴果狭圆柱形,长 2～3 cm,粗 1.5～2.0 mm。种子近圆形,黑色,具光泽,表面具多数乳突。花果期 3～6 月。

  生境与分布 生于海拔 170～2 600 m 的水边或林下潮湿地。分布于天柱、锦屏、台江等地。

  药材名 地锦苗(全草)。

  采收加工 夏季采收,洗净,晒干或鲜用。

  功能主治 消肿止痛,清热解毒,活血祛瘀。主治湿热胃痛,腹痛,目赤肿痛,泄泻,积年劳伤,跌打损伤,偏瘫,痈肿疮毒,蛇虫咬伤。

  用法用量 内服,10～15 g,水煎服。外用适量。

▲ 地锦苗植株   ▲ 地锦苗腊叶标本

  用药经验 侗医、苗医治疗跌打损伤。外用适量,捣烂敷患处。

血水草 *Eomecon chionantha* Hance

异名　土黄芪、金腰带、马蹄草。

形态特征　多年生无毛草本,具红黄色液汁。根橙黄色,根茎匍匐。叶全部基生,叶片心形或心状肾形,稀心状箭形,先端渐尖或急尖,基部耳垂,边缘呈波状,表面绿色,背面灰绿色,掌状脉 5～7 条,网脉细,明显。花葶灰绿色略带紫红色,有 3～5 花,排列成聚伞状伞房花序;花瓣倒卵形,白色。蒴果狭椭圆形。花期 3～6 月,果期 6～10 月。

生境与分布　生于海拔 1400～1800 m 的林下、灌丛下或溪边、路旁。分布于天柱、锦屏、剑河等地。

药材名　黄水芋(全草)。

采收加工　秋季采集全草,晒干或鲜用。

功能主治　清热解毒,活血止痛,止血。主治目赤肿痛,咽喉疼痛,口腔溃疡,疔疮肿毒,毒蛇咬伤,癣疮,湿疹,跌打损伤,腰痛,咳血。

用法用量　内服,6～30 g,水煎服;或浸酒。外用适量,鲜草捣烂敷;或晒干研末调敷;或煎水洗。

▲ 血水草植株

▲ 血水草腊叶标本

用药经验　侗医:治疗劳伤腰痛,跌打损伤等。内服,9～15 g。外用适量。
苗医:全草或根茎治疗无名肿毒,蛇咬伤。外用,鲜品适量,捣烂外敷。

博落回　*Macleaya cordata*（Willd.）R. Br.

异名　号筒杆、泡通珠、三钱三、山火筒、山梧桐。

▲ 博落回植株

形态特征 直立草本,基部木质化,具乳黄色浆汁。茎高 1~4 m,绿色,光滑,多白粉,中空,上部多分枝。叶片宽卵形或近圆形,先端急尖、渐尖、钝或圆形,通常 7 或 9 深裂或浅裂。大型圆锥花序多花,长 15~40 cm,顶生和腋生。花芽棒状,近白色,长约 1 cm;花瓣无。蒴果狭倒卵形或倒披针形,先端圆或钝,基部渐狭,无毛。种子 4~8 枚,卵珠形,长 1.5~2 mm,生于缝线两侧,无柄,种皮具排成行的整齐的蜂窝状孔穴,有狭的种阜。花果期 6~11 月。

生境与分布 生于海拔 150~830 m 的丘陵或低山林中、灌丛中或草丛间。分布于凯里、天柱、锦屏、剑河、台江、麻江、都匀等地。

药材名 博落回(全草)。

采收加工 秋、冬季采收,根茎与茎叶分开,晒干。放干燥处保存。鲜用随时可采。

功能主治 祛风解毒,散瘀消肿。主治跌打损伤,风湿关节痛,痈疖肿毒,下肢溃疡,阴道滴虫,湿疹,烧烫伤。

用法用量 外用适量,捣敷;或煎水熏洗;或研末调敷。

用药经验 侗医:治疗指疗,脓肿,急性扁桃体炎,中耳炎,顽癣。亦作卫生杀虫剂用。外用,捣烂敷,煎水熏洗或研末调敷。

苗医:治疗跌打损伤,疗疮,关节痛。本品有毒,多不内服;外用宜小量。

使用注意 本品有大毒,内服宜慎。

▲ 博落回腊叶标本

十字花科

萝卜　*Raphanus sativus* L.

异名　萝卜菜、葵子、萝白。

形态特征　一年生或二年生草本,高 20～100 cm;直根肉质,长圆形、球形或圆锥形,外皮绿色、白色或红色。基生叶和下部茎生叶大头羽状半裂,顶裂片卵形,侧裂片 4～6 对,长圆形,有钝齿,疏生粗毛,上部叶长圆形,有锯齿或近全缘。总状花序顶生及腋生;花白色或粉红色;花瓣倒卵形具紫纹,下部有长 5 mm 的爪。长角果圆柱形,在相当种子间处缢缩,并形成海绵质横隔。种子 1～6 个,卵形,微扁,红棕色,有细网纹。花期 4～5 月,果期 5～6 月。

生境与分布　多为栽培。分布于天柱等地。

药材名　莱菔(种子、根、叶)。

采收加工　果熟时采收,洗净,鲜用或晒干。鲜根秋、冬季采挖,洗净。

功能主治　种子:消食除胀,降气化痰。主治饮食停滞,脘腹胀痛,大便秘结,积滞泻痢,痰壅喘咳。叶:消食,理气,化痰。根:消食积,利尿消肿。主治胃脘疼痛。

▲ 萝卜植株

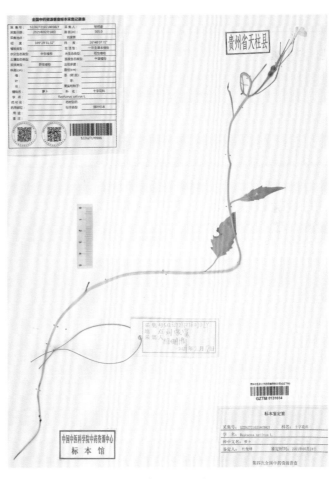

▲ 萝卜腊叶标本

用法用量　内服:生食,捣汁饮,30～100 g;或煎汤、煮食。

用药经验　侗医:①种子治疗胸腹饱胀,里急后重等。内服,10～15 g。②治疗大便不通。生萝卜子 8 g,蜂蜜适量。先把萝卜子水煎成浓汤,加入蜂蜜调匀,日服 2～3 次,便通即停。③治疗腹泻,腹痛。新鲜萝卜菜 200 g,三叶委陵菜、茜草根各 15 g。

　　苗医:治疗水肿。老萝卜、大蒜子、紫苏根、苍耳草适量,水煎洗全身。

蔊菜　*Rorippa indica*（L.）Hiern

　　异名　干油菜、野油菜、石豇豆。

　　形态特征　一、二年生直立草本,高 20～40 cm,植株较粗壮,无毛或具疏毛。叶互生,基生叶及茎下部叶具长柄,叶形多变化,通常大头羽状分裂,顶端裂片大,卵状披针形,边缘具不整齐牙齿。总状花序顶生或侧生,花小,多数,具细花梗;花瓣 4,黄色,匙形,基部渐狭成短爪,与萼片近等长。长角果线状圆柱形,短而粗,直立或稍内弯,成熟时果瓣隆起。种子每室 2 行,多数,细小,卵圆形而扁,一端微凹,表面褐色,具细网纹。花期 4～6 月,果期 6～8 月。

　　生境与分布　生于海拔 230～1 450 m 的路旁、田边、园圃、河边、屋边墙脚及山坡路旁等较潮湿处。分布于凯里、天柱、剑河、麻江、都匀等地。

　　药材名　蔊菜(全草)。

　　采收加工　5～7 月采收全草,鲜用或晒干。

　　功能主治　祛痰止咳,解表散寒,活血解毒,利湿退黄。主治咳嗽痰喘,感冒发热,麻疹透发不畅,风湿痹痛,咽喉肿痛,疔疮痈肿,漆疮,经闭,跌打损伤,黄疸,水肿。

▲ 蔊菜植株　　　　　　　　　　　　　▲ 蔊菜腊叶标本

　　用法用量　水煎内服,10～30 g,鲜品加倍;或捣绞汁服。外用适量,捣敷。

　　用药经验　侗医:治疗肝炎,麻疹。内服,10～15 g。

　　苗医:①治疗咳嗽,冻疮,感冒。内服,10～30 g。外用,适量,捣烂外搽。②治疗黄疸。蔊菜、茵陈、扁蓄、金钱草,水煎内服。③治疗外伤,无名肿毒。蔊菜、水冬瓜,捣烂敷患处。

金缕梅科

枫香树　*Liquidambar formosana* Hance

异名　枫木树、路路通、山枫香树、九孔子、鸡爪枫、鸡枫树。

形态特征　落叶乔木，高20～40 m。树皮灰褐色，方块状剥落。叶互生；叶片心形，常3裂，幼时及萌发枝上的叶多为掌状5裂。花单性，雌雄同株，无花被；雄花淡黄绿色，成菜黄花序再排成总状；雌花排成圆球形的头状花序。头状果序圆球形，表面有刺，蒴果有宿存花萼和花柱，两瓣裂开，每瓣2浅裂。种子多数，细小，扁平。花期3～4月，果期9～10月。

生境与分布　生于平地、村落附近以及低山的次生林。分布于凯里、天柱、剑河、麻江等地。

药材名　枫树（根、叶及果实）。

采收加工　根全年可采，夏季采叶，冬季果实成熟时采摘，晒干。

功能主治　根：祛风止痛。主治风湿性关节痛，牙痛。叶：祛风除湿，行气止痛。主治肠炎，痢疾，胃痛。外用治疗毒蜂螫伤，皮肤湿疹。果实（路路通）：祛风活络，利水通经。主治关节痹痛，麻木拘挛，水肿胀满，乳少经闭。

用法用量　根、叶：内服，25～50 g，水煎服。外用适量。果实：内服，3～10 g，水煎服；或煅存性研末服。外用适量，研末敷；或烧烟闻。

▲ 枫香树植株　　　　　　　　▲ 枫香树腊叶标本

用药经验　鲜嫩叶适量嚼食治疗腹泻。树脂治疗跌仆损伤，牙痛，痈疽。成熟果序治疗关节疼痛，小便不利，乳汁不下。内服，煎汤3～6 g，或入丸、散。外用适量，研末撒或调敷。

檵木 *Loropetalum chinense*（R.Br.）Oliv.

异名　檵木条、檵树。

形态特征　灌木，有时为小乔木，多分枝，小枝有星毛。叶革质，卵形，先端尖锐，基部钝，不等侧，上面略有粗毛或秃净，干后暗绿色，无光泽，下面被星毛，稍带灰白色。花3～8朵簇生，有短花梗，白色；花瓣4片，带状，先端圆或钝。蒴果卵圆形，被褐色星状绒毛。种子圆卵形，黑色，发亮。花期3～4月。

生境与分布　生于向阳的丘陵及山地，亦常出现马尾松林及杉林下。分布于凯里、天柱、麻江、都匀等地。

药材名　檵木（根、叶和花）。

采收加工　根、叶全年可采，花于清明前后采，鲜用或晒干。

功能主治　叶：止血，止泻，止痛，生肌。主治子宫出血，腹泻。外用治疗烧伤，外伤出血。花：清热，止血。主治鼻出血，外伤出血。根：行血祛瘀。主治血瘀经闭，跌打损伤，慢性关节炎，外伤出血。

▲ 檵木植株　　　　　　　　　　▲ 檵木腊叶标本

用法用量　内服，花30～45g，根45～75g，叶25～50g。外用适量，捣烂或干品研粉敷患处。

用药经验　侗医治疗咳嗽，咯血，妇女崩漏等。内服，10～20g。

景天科

凹叶景天 *Sedum emarginatum* Migo

异名 马齿苋、狗牙齿、狗牙瓣、仙人指甲。

形态特征 多年生草本。茎细弱,高10～15 cm。叶对生,匙状倒卵形至宽卵形,长1～2 cm,宽5～10 mm,先端圆,有微缺,基部渐狭,有短距。花序聚伞状,顶生,有多花,常有3个分枝;花瓣5,黄色,线状披针形至披针形;鳞片5,长圆形,钝圆;心皮5,长圆形,基部合生。蓇葖略叉开,腹面有浅囊状隆起;种子细小,褐色。花期5～6月,果期6月。

生境与分布 生于海拔600～1800 m处山坡阴湿处。分布于天柱、锦屏、台江、麻江等地。

药材名 马牙半支(全草)。

采收加工 夏、秋季采收,洗净,鲜用或置沸水中稍烫,晒干。

功能主治 清热解毒,凉血止血,利湿。主治痈疖,疔疮,带状疱疹,瘰疬,咯血,吐血,衄血,便血,痢疾,淋证,黄疸,崩漏,带下。

用法用量 内服,15～30 g,水煎服;或捣汁,鲜品50～100 g。外用适量,捣敷。

▲ 凹叶景天植株

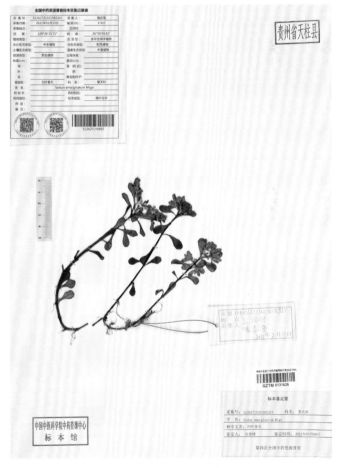

▲ 凹叶景天腊叶标本

用药经验 侗医治疗刀伤出血,咽喉肿痛,乳痈,溃疡,烫伤,疟疾等。内服,煎汤,30～60 g。外用适量,捣烂外敷,或捣汁含漱,或搅汁晒粉用。

虎耳草科

常山 *Dichroa febrifuga* Lour.

异名 土常山、互草、恒山、七叶。

形态特征 灌木,高 1～2 m;小枝圆柱状或稍具四棱,无毛或被稀疏短柔毛,常呈紫红色。叶形状大小变异大,常椭圆形、倒卵形、椭圆状长圆形或披针形,先端渐尖,基部楔形,边缘具锯齿或粗齿,两面绿色或一至两面紫色。伞房状圆锥花序顶生,有时叶腋有侧生花序,直径 3～20 cm,花蓝色或白色;花蕾倒卵形;花瓣长圆状椭圆形,稍肉质,花后反折。浆果直径 3～7 mm,蓝色,干时黑色;种子长约 1 mm,具网纹。花期 2～4 月,果期 5～8 月。

生境与分布 生于海拔 200～2 000 m 的阴湿林中。分布于凯里、天柱、锦屏、台江、麻江、都匀等地。

药材名 常山(根)。

采收加工 根秋季采挖,除去须根,洗净,晒干。枝叶夏季采集,晒干。

功能主治 祛痰,截疟。主治疟疾,胸中痰饮积聚。

用法用量 内服,5～10 g,水煎服;或入丸、散。

用药经验 侗医:治疗疟疾。少量内服,3～5 g。

苗医:治疗癫痫,瘰疬。内服,5～10 g,水煎服;或入丸、散。

使用注意 本品有毒。正气不足,久病体弱及孕妇慎服。

▲ 常山植株

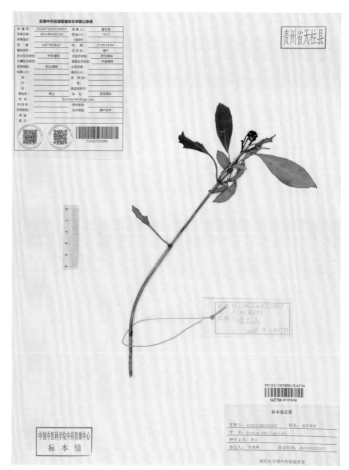

▲ 常山腊叶标本

虎耳草 *Saxifraga stolonifera* Meerb.（Curt.）

异名 猫耳朵、猪耳草、狮子草、金钱荷叶、金线莲、石丹药。

形态特征 多年生草本,高 8～45 cm。根纤细;匍匐茎细长,紫红色,有时生出叶与不定根。基生叶具长柄,叶片近心形、肾形至扁圆形,先端钝或急尖,基部近截形、圆形至心形,腹面绿色,被腺毛,背面通常红紫色,被腺毛,有斑点。聚伞花序圆锥状,长 7.3～26.0 cm,具 7～61 花;花两侧对称;花瓣白色,中上部具紫红色斑点,基部具黄色斑点,5 枚,其中 3 枚较短,卵形,基部有黄色斑点。蒴果卵圆形,先端 2 深裂,呈喙状。花期 5～8 月,果期 7～11 月。

生境与分布 生于海拔 400～4 500 m 的林下、灌丛、草甸和阴湿岩隙。分布于天柱等地。

药材名 虎耳草(全草)。

采收加工 全年可采。但以花后采者为好。

功能主治 祛风清热,凉血解毒。主治风热咳嗽,肺痈,吐血,风火牙痛,风疹瘙痒,痈肿丹毒,痔疮肿痛,毒虫咬伤,外伤出血。

用法用量 内服,10～15 g,水煎服。外用,捣汁滴,或煎水熏洗。

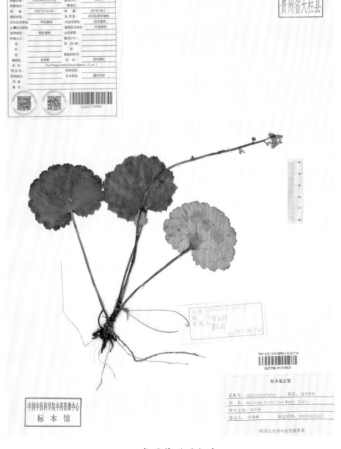

▲ 虎耳草植株　　　　　　　　　　▲ 虎耳草腊叶标本

用药经验 侗医:①治疗中耳炎,丹毒等。内服,10～15 g。外用适量。②治疗肝硬化、慢性肝炎。虎耳草根 20 g,加红糖水煎服,日服 1 剂,日服 3 次。

苗医:①全草治疗外耳道湿疹,慢性下肢溃疡。外用,鲜品适量,捣烂外敷。②治疗中耳炎或外耳道湿疹。将虎耳草捣烂,取汁滴耳。

使用注意 本品有小毒,孕妇慎服。

海桐花科

海金子　*Pittosporum illicioides* Makino

异名　崖花海桐、崖花子、狭叶海金子。

形态特征　常绿灌木,高达5m,嫩枝无毛,老枝有皮孔。叶生于枝顶,3~8片簇生呈假轮生状,薄革质,倒卵状披针形或倒披针形,先端渐尖,基部窄楔形,常向下延,上面深绿色,下面浅绿色,无毛;侧脉6~8对,网脉在下面明显。伞形花序顶生,有花2~10朵;花瓣长8~9mm。蒴果近圆形;种子8~15个,种柄短而扁平;果梗纤细,常向下弯。

生境与分布　生于半阴地,喜肥沃湿润土壤,颇耐水湿。分布于天柱、台江等地。

药材名　海金子(根、叶及种子)。

采收加工　根、叶全年可采,种子秋、冬采集,晒干。

功能主治　根:安神,活血消肿,解毒止痛。主治肾虚,体虚遗精,高血压症,胃脘痛,风湿痛,扭伤,水肿,蛇咬伤,皮肤瘙痒。叶:解毒活血。主治蛇咬伤,疮疖,外伤出血。种子:涩肠,固精。主治久泻,带下病,滑精。

用法用量　内服,25~50g,水煎服;或捣汁。外用,捣敷。

▲ 海金子植株

▲ 海金子腊叶标本

用药经验　用根或根皮治疗神经衰弱,失眠多梦,体虚遗精及高血压。内服,10~15g。

蔷薇科

龙芽草 *Agrimonia pilosa* Ledeb.

异名 狼牙草、刀口药、大毛药、地仙草、蛇倒退。

形态特征 多年生草本。根多呈块茎状,周围长出若干侧根。茎高 30～120 cm,被疏柔毛及短柔毛。叶为间断奇数羽状复叶,通常有小叶 3～4 对;小叶片倒卵形,倒卵椭圆形或倒卵披针形,顶端急尖至圆钝,基部楔形至宽楔形,边缘有急尖到圆钝锯齿。花序穗状总状顶生,花序轴被柔毛;花瓣黄色,长圆形。果实倒卵圆锥形,外面有 10 条肋,被疏柔毛,顶端有数层钩刺,幼时直立,成熟时靠合,连钩刺长 7～8 mm,最宽处直径 3～4 mm。花果期 5～12 月。

生境与分布 生于海拔 100～3 800 m 的溪边、路旁、草地、灌丛、林缘及疏林下。分布于凯里、天柱、锦屏、剑河、台江、麻江、都匀等地。

药材名 仙鹤草(地上部分)。

采收加工 夏、秋二季茎叶茂盛时采割,除去杂质,干燥。

功能主治 收敛止血,截疟,止痢,解毒,补虚。主治咯血,吐血,崩漏下血,疟疾,血痢,痈肿疮毒,阴痒带下,脱力劳伤。

用法用量 内服,10～15 g,大剂量可用 30 g,水煎服;或入散剂。外用,捣敷;或熬膏涂敷。

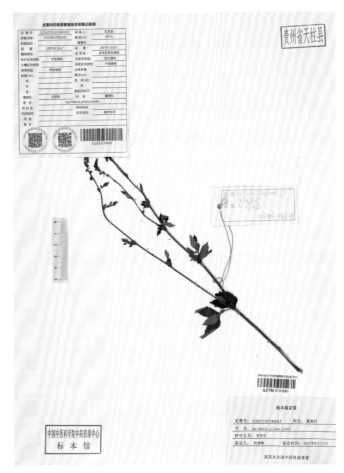

▲ 龙芽草植株　　　　　　　　▲ 龙芽草腊叶标本

用药经验 侗医:①治疗咯血、吐血、尿血、便血、痢疾、劳伤脱力、痈肿、跌打、创伤出血等。内服,10～15g。外用适量。②治疗瘰病。龙牙草、淫羊藿、玉竹根各15g,水煎服。③治疗腹泻,胀痛。仙鹤草、羊耳草、龙船乌泡(侗药名"三月泡""倒触伞")根、地枫皮、石榴皮各15g,水煎服,日服3次。

苗医:治疗腹泻,咯血,吐血,外伤出血。内服,10～15g。外用适量,捣烂敷。

使用注意 本品服后可引起心悸、颜面充血与潮红等现象。

山樱花 *Cerasus serrulata*（Lindl.）G. Don ex London

异名 樱花、野樱花。

形态特征 乔木,高3～8m,树皮灰褐色或灰黑色。小枝灰白色或淡褐色,无毛。叶片卵状椭圆形或倒卵椭圆形,先端渐尖,基部圆形,边有渐尖单锯齿及重锯齿,上面深绿色,下面淡绿色,无毛,有侧脉6～8对。花序伞房总状或近伞形,有花2～3朵;花瓣白色,稀粉红色,倒卵形,先端下凹;花柱无毛。核果球形或卵球形,紫黑色。花期4～5月,果期6～7月。

生境与分布 生于山谷林中或栽培,海拔500～1500m。分布于天柱等地。

药材名 野樱花(种仁)。

采收加工 7月果实成熟时采摘,去净果肉,洗净晒干,去种皮,取仁用。

功能主治 透发麻疹。主治麻疹不透,麻疹内陷。

用法用量 种仁20～25g,水煎服,早晚饭前各1次。

用药经验 侗医治疗中风偏瘫。内服,10～15g。

使用注意 忌食糖、葱、蒜及酒。

▲ 山樱花植株

▲ 山樱花腊叶标本

野山楂 *Crataegus cuneata* Siebold & Zucc.

异名 柯虽、猴楂、小叶山楂、红果子、毛枣子、山梨。

形态特征 落叶灌木,高达15 m,分枝密,通常具细刺,刺长5~8 mm。叶片宽倒卵形至倒卵状长圆形,先端急尖,基部楔形,下延连于叶柄,边缘有不规则重锯齿,顶端常有3或稀5~7浅裂片,上面无毛,有光泽,下面具稀疏柔毛。伞房花序,直径2.0~2.5 cm,具花5~7朵,总花梗和花梗均被柔毛。花瓣近圆形或倒卵形,白色,基部有短爪。果实近球形或扁球形,红色或黄色,常具有宿存反折萼片或1苞片;小核4~5,内面两侧平滑。花期5~6月,果期9~11月。

生境与分布 生于海拔250~2 000 m的山谷、多石湿地或山地灌木丛中。分布于凯里、天柱、锦屏、剑河、都匀等地。

药材名 野山楂(果实)。

采收加工 秋季果实成熟时采收,置沸水中略烫后干燥或直接干燥。

功能主治 消食健胃,行气散瘀。主治肉食积滞,胃脘胀满,泻痢腹痛,瘀血经闭,产后瘀阻,心腹刺痛,疝气疼痛;高脂血症。焦山楂消食导滞作用增强。主治肉食积滞,泻痢不爽。

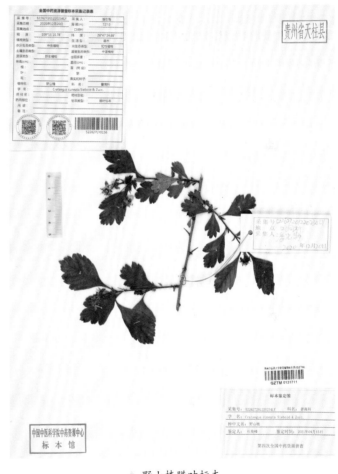

▲ 野山楂植株　　　　　　　　　　▲ 野山楂腊叶标本

用法用量 内服,3~10 g,水煎服;或入丸、散。外用适量,煎水洗或捣敷。

用药经验 侗医:治疗小儿消化不良。果实适量,泡开水当茶饮。
苗医:果实治疗痰饮,吞酸,肠风,腰痛。内服,10~15 g。

植物药资源

蛇莓 *Duchesnea indica*（Andr.）Focke

异名 蛇泡草、老蛇泡、蛇不见、金蝉草。

形态特征 多年生草本，多数被毛。根茎粗壮。有多数长而纤细的葡匐枝。小叶通常 3 枚，膜质，无柄或具短柄，倒卵形，两侧小叶较小而基部偏斜，边缘有钝齿或锯齿。花单生于叶腋；花瓣黄色，倒卵形。花托球形或长椭圆形，鲜红色，覆以无数红色的小瘦果，为宿萼所围绕。花期 4 月，果期 5 月。

生境与分布 生于海拔 1 800 m 以下的山坡、河岸、草地、潮湿的地方。分布于凯里、天柱、锦屏、剑河、台江、麻江、都匀等地。

药材名 蛇莓（全草）。

采收加工 夏秋采收，鲜用或洗净晒干。

功能主治 清热解毒，散瘀消肿，凉血止血。主治热病，惊痫，咳嗽，吐血，咽喉肿痛，痢疾，痈肿，疔疮，蛇虫咬伤，烫火伤，感冒，黄疸，目赤，口疮，痄腮，疖肿，崩漏，月经不调，跌打肿痛。

▲ 蛇莓植株

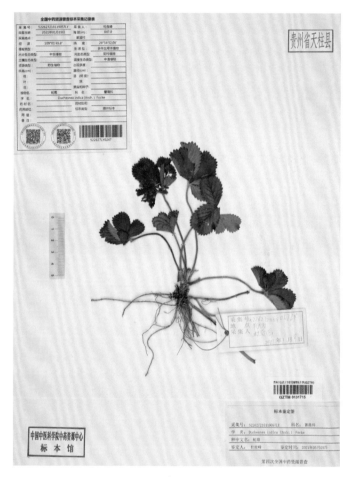

▲ 蛇莓腊叶标本

用法用量 内服，9～15 g（鲜者 30～60 g），水煎服；或捣汁。外用适量，捣敷或研末撒。

用药经验 侗医：①治疗热病，咳嗽，吐血，咽喉肿痛，痢疾，疔疮，蛇虫咬伤，火烫伤等。内服，10～15 g（鲜者 30～60 g），煎汤，或捣汁。外用，捣烂外敷或研末撒。②治疗串蛇丹症（此类丹毒症生于肚脐上下部位，横行生长，疮面性小水疱透明，状如高粱大小，边缘红色，病人感到内外刺辣痛。如此丹毒缠身生长 1 圈，危重难治）。蛇莓鲜品 100 g，米醋适量。蛇莓捶烂，调米醋涂搽患处。

苗医：治疗小儿发烧咳嗽，带状疱疹，无名肿毒。内服，10～15 g。外用，鲜品适量，捣烂敷患处。

柔毛路边青 *Geum japonicum* var. *chinense* Bolle

异名 母龙芽、蓝布正、柔毛水杨梅、头晕药、路边黄、见肿消。

形态特征 多年生草本。须根簇生。茎直立,高 25～60 cm,被黄色短柔毛及粗硬毛。基生叶为大头羽状复叶,通常有小叶 1～2 对,其余侧生小叶呈附片状,连叶柄长 5～20 cm;茎生叶托叶草质,绿色,边缘有不规则粗大锯齿。花序疏散,顶生数朵,花梗密被粗硬毛及短柔毛;花直径 1.5～1.8 cm;萼片三角卵形;花瓣黄色。聚合果卵球形或椭球形,瘦果被长硬毛。花果期 5～10 月。

生境与分布 生于海拔 200～2 300 m 的山坡草地、田边、河边、灌丛及疏林下。分布于天柱、锦屏、麻江、都匀等地。

药材名 蓝布正(全草)。

采收加工 夏秋采收,洗净晒干或阴干,鲜用四季可采。

功能主治 镇痛,降压,调经,祛风除湿。主治高血压,头晕头痛,月经不调,小腹痛,白带,小儿惊风,风湿腰腿痛。外用治疗痈疖肿毒,跌打损伤。

用法用量 15～50 g。外用适量,鲜品捣烂敷患处。

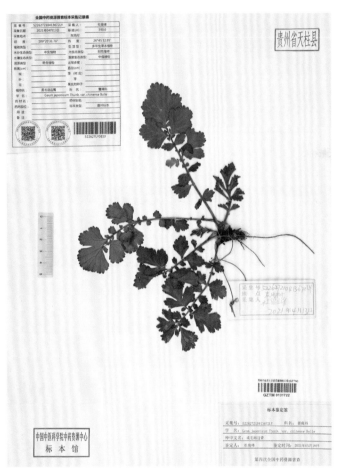

▲ 柔毛路边青植株　　　　　　　　　　▲ 柔毛路边青腊叶标本

用药经验 侗医:①治疗头痛,晕厥,跌打损伤。水煎内服或捣烂敷患处,10～20 g。②治疗感冒,头昏,头痛,高血压,贫血,慢性胃肠炎,月经不调。蓝布正 21 g,水煎服。

苗医:治疗头晕目眩,气血虚弱,头昏乏力。内服,10～15 g。

小叶石楠 *Photinia parvifolia*（Pritz.）Schneid.

异名 野木姜树、牛筋木。

形态特征 落叶灌木,高 1～3 m;枝纤细,小枝红褐色,无毛,有黄色散生皮孔。叶片草质,椭圆形、椭圆卵形或菱状卵形,先端渐尖或尾尖,基部宽楔形或近圆形,边缘有具腺尖锐锯齿,上面光亮,下面无毛,侧脉 4～6对。花 2～9 朵,成伞形花序;花瓣白色,圆形。果实椭圆形或卵形,橘红色或紫色,无毛,有直立宿存萼片,内含 2～3 卵形种子。花期 4～5 月,果期 7～8 月。

生境与分布 生于海拔 1 000 m 以下低山丘陵灌丛中。分布于凯里、天柱、锦屏等地。

▲ 小叶石楠植株

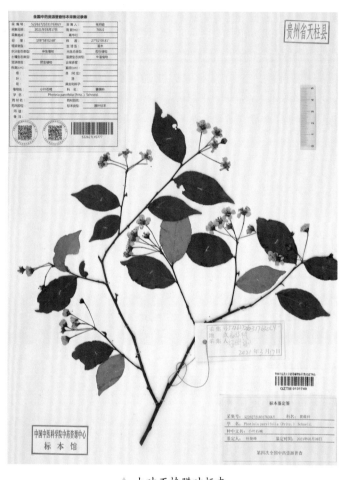

▲ 小叶石楠腊叶标本

药材名 小叶石楠(根)。

采收加工 秋、冬采挖,洗净,晒干。

功能主治 清热解毒,活血止痛。主治牙痛、黄疸、乳痈。

用法用量 内服,15～60 g,水煎服。

三叶委陵菜 *Potentilla freyniana* Bornm.

异名 三爪金、蛇泡、三叶蛇莓、地蜘蛛、三金爪、地蜂子。

形态特征 多年生草本,有纤匐枝或不明显。根分枝多,簇生。花茎纤细,直立或上升,高 8～25 cm,被平铺或开展疏柔毛。基生叶掌状 3 出复叶;小叶片卵形或椭圆形,边缘有多数急尖锯齿,两面绿色,疏生平铺柔毛。伞房状聚伞花序顶生,多花。花瓣淡黄色,长圆倒卵形,顶端微凹或圆钝。成熟瘦果卵球

▲ 三叶委陵菜植株

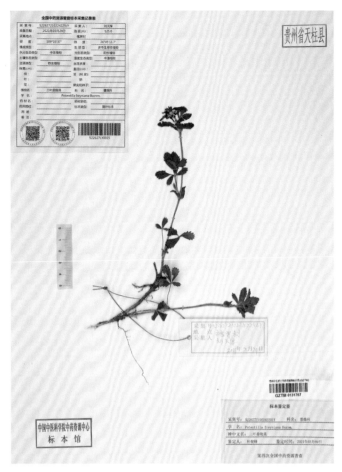

▲ 三叶委陵菜腊叶标本

形,表面有脉纹。花果期 3～6 月。

生境与分布 生于海拔 300～2 100 m 的山坡草地、溪边及疏林下阴湿处。分布于凯里、天柱、锦屏、剑河、都匀等地。

药材名 地蜂子(根及全草)。

采收加工 夏季采挖带根的全草,洗净,晒干或鲜用。

功能主治 清热解毒,敛疮止血,散瘀止痛。主治咳喘,痢疾,肠炎,痈肿疔疮,口舌生疮,骨髓炎,瘰疬,跌打损伤,外伤出血等。

用法用量 内服,10～15 g,水煎服;研末服,1～3 g;或浸酒。外用适量,捣敷;或煎水洗;或研末敷。

用药经验 侗医:治疗病毒性肠炎。根 9～15 g,研末,温开水一次吞服,每日 2～3 次,连服 3 日。
苗医:根茎及根治疗毒蛇咬伤,呕吐,骨折等。内服,10～15 g。外用,鲜品适量,捣烂外敷。

蛇含委陵菜 *Potentilla kleiniana* Wight et Arn.

异名 五爪金龙、五叶莓、地五爪、五虎下山、五爪风、五星草、五虎草。

形态特征 一年生、二年生或多年生宿根草本。多须根。花茎上升或匍匐,常于节处生根并发育出新植株,被疏柔毛或开展长柔毛。基生叶为近于鸟足状 5 小叶,连叶柄长 3～20 cm;小叶片倒卵形或长圆倒卵形,边缘有多数急尖或圆钝锯齿,两面绿色,被疏柔毛。聚伞花序密集枝顶如假伞形;花瓣黄色,倒卵形,顶端微凹,长于萼片。瘦果近圆形,一面稍平,具皱纹。花果期 4～9 月。

▲ 蛇含委陵菜植株

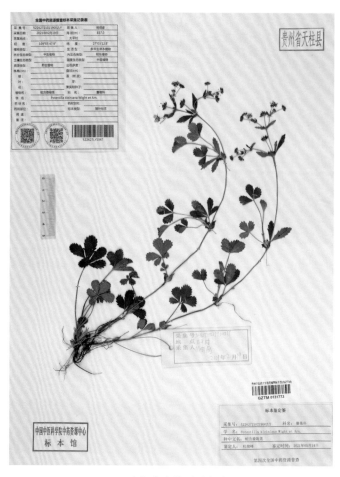

▲ 蛇含委陵菜腊叶标本

生境与分布　生于海拔 200～3 000 m 的田边、水旁、草甸及山坡草地。分布于凯里、天柱、锦屏、剑河、台江、都匀等地。

药材名　蛇含(全草)。

采收加工　夏、秋采收,鲜用或晒干。

功能主治　清热解毒,止咳化痰。主治外感咳嗽,百日咳,咽喉肿痛,小儿高热惊风,疟疾,痢疾。外用治疗腮腺炎,毒蛇咬伤,带状疱疹,疔疮,外伤出血。

用法用量　内服,9～15 g,鲜品倍量,水煎服。外用适量,煎水洗或捣敷;或捣汁涂;或煎水含漱。

用药经验　侗医:治疗咳嗽,蛇、虫咬伤等。内服,5～15 g。外用适量。

苗医:治疗寒热咳嗽,痈疽丹毒。内服,10～30 g。外用适量,捣烂敷患处。

李　*Prunus salicina* Lindl.

异名　苦李、山李子、嘉庆子、玉皇李。

形态特征　落叶乔木,高 9～12 m。树冠广圆形,树皮灰褐色,起伏不平。老枝紫褐色或红褐色,无毛;小枝黄红色,无毛。叶片长圆倒卵形、长椭圆形,稀长圆卵形,边缘有圆钝重锯齿,上面深绿色,有光

▲ 李植株

▲ 李腊叶标本

泽,侧脉6～10对,两面均无毛。花通常3朵并生;花瓣白色,长圆倒卵形。核果球形、卵球形或近圆锥形;核卵圆形或长圆形,有皱纹。花期4月,果期7～8月。

生境与分布 生于海拔400～2600 m的山坡灌丛中、山谷疏林中或水边、沟底、路旁等处。分布于天柱、锦屏、台江、麻江、都匀等地。

药材名 李(根及种仁)。

采收加工 春季采根,夏季采果,分别晒干。

功能主治 根:清热解毒,利湿,止痛。主治牙痛,消渴,痢疾,白带。种仁:活血祛瘀,滑肠,利水。主治跌打损伤,瘀血作痛,大便燥结,浮肿。

用法用量 内服,根15～25 g,种仁10～20 g,水煎服。

用药经验 侗医、苗医治疗牙痛,跌打损伤,浮肿等。内服,10～15 g。

侗医治疗气癫经筋病(病状为气郁攻心,胸闷气促,心悸心慌,失眠)。李子树根、桃子树根、杨梅树根、花椒树根各23 g,尖刀水适量。先把前几味药加水煎好,再拿杀猪刀磨水,与药水兑服,每日1剂,日服3次,连用20～30日即效。

火棘 *Pyracantha fortuneana*(Maxim.)Li

异名 救军粮、救兵粮、火把果根。

形态特征 常绿灌木,高达3 m;侧枝短,先端成刺状,嫩枝外被锈色短柔毛,老枝暗褐色,无毛;芽小,外被短柔毛。叶片倒卵形或倒卵状长圆形,先端圆钝或微凹,基部楔形,边缘有钝锯齿,齿尖向内弯,近基部全缘,两面皆无毛。花集成复伞房花序,直径3～4 cm;花瓣白色,近圆形。果实近球形,橘红色或深红色。花期3～5月,果期8～11月。

植物药资源

135

▲ 火棘植株

▲ 火棘腊叶标本

生境与分布　生于海拔 500~2 800 m 的山地、丘陵地阳坡灌丛草地及河沟路旁。分布于凯里、天柱、剑河、台江、麻江、都匀等地。

药材名　红子根（根）。

采收加工　9~10 月采挖，洗净，晒干。

功能主治　清热凉血，化瘀止痛。主治潮热盗汗，肠风下血，崩漏，疮疖痈疡，目赤肿痛，风火牙痛，跌打损伤，劳伤腰痛，外伤出血。

用法用量　内服，10~30 g，水煎服。外用适量，捣敷。

用药经验　侗医：①治疗消化不良，产后血瘀，痢疾等。内服，15~30 g。②治疗刀伤。救兵粮叶（鲜品）适量，捣烂后泡淘米水，涂搽烧伤处。

苗医：治疗泄泻，食积。内服，10~30 g，煎汤。

月季　*Rosa chinensis* Jacq.

异名　月月红、月季红、月月花。

形态特征　直立灌木，高 1~2 m；小枝粗壮，圆柱形，近无毛，有短粗的钩状皮刺或无刺。小叶 3~5，稀 7，小叶片宽卵形至卵状长圆形，边缘有锐锯齿，两面近无毛，上面暗绿色，下面颜色较浅。花几朵集生，稀单生；花瓣重瓣至半重瓣，红色、粉红色至白色，倒卵形，先端有凹缺，基部楔形。果卵球形或梨形，红色，萼片脱落。花期 4~9 月，果期 6~11 月。

生境与分布　生于山坡或路旁，多为栽培品。分布于天柱、锦屏、剑河等地。

药材名　月季花（花）。

采收加工　夏、秋季选晴天采收半开放的花朵，及时摊开晾干，或用微火烘干。

功能主治　活血调经，解毒消肿。主治月经不调，痛经，闭经，跌打损伤，瘀血肿痛，瘰疬，痈肿，烫伤。

▲ 月季植株 ▲ 月季腊叶标本

用法用量 内服,煎汤或开水泡服,3~6 g,鲜品 9~15 g。外用适量,鲜品捣敷患处,或干品研末调搽患处。

用药经验 侗医、苗医治疗妇女不孕,血瘀,肿痛等。内服,3~5 g。外用,适量,捣烂加白酒外包患处。

侗医治疗妊娠痢疾。月季花、鸡冠花、小叶珍珠花(又叫"紫薇花",侗药名"饱饭花")根皮、乌泡根各 8 g,水煎服,日服 3 次。

软条七蔷薇 *Rosa henryi* Boulenger

异名 五叶蔷薇、亨氏蔷薇、湖北蔷薇。

形态特征 灌木,高 3~5 m,有长匍枝;小枝有短扁、弯曲皮刺或无刺。小叶通常 5,近花序小叶片常为 3;小叶片长圆形、卵形、椭圆形或椭圆状卵形,先端长渐尖或尾尖,基部近圆形或宽楔形,边缘有锐锯齿,两面均无毛,下面中脉突起。花 5~15 朵,成伞形伞房状花序;花直径 3~4 cm;花瓣白色,宽倒卵形。果近球形,成熟后褐红色,有光泽,果梗有稀疏腺点;萼片脱落。

生境与分布 生于海拔 1 700~2 000 m 的山谷、林边、田边或灌丛中。分布于天柱、台江、麻江等地。

▲ 软条七蔷薇植株　　　　　　　　　　▲ 软条七蔷薇腊叶标本

药材名　软条七蔷薇（根、果实）。

采收加工　夏秋采收，洗净，晒干。

功能主治　消肿止痛，祛风除湿，止血解毒，补脾固涩。主治月经过多，带下病，阴挺，遗尿，老年尿频，慢性腹泻，跌打损伤，风湿痹痛，口腔破溃，疮疖肿痛，咳嗽痰喘。

用法用量　内服，10～15 g，水煎服。

用药经验　侗医治疗咳嗽痰喘。内服，10～15 g。

金樱子　*Rosa laevigata* Michx.

异名　蜂糖罐、刺梨子、槟榔果、金壶瓶、野石榴。

形态特征　常绿攀援灌木，高可达 5 m；小枝粗壮。小叶革质，通常 3，稀 5，连叶柄长 5～10 cm；小叶片椭圆状卵形、倒卵形或披针状卵形，先端急尖或圆钝，稀尾状渐尖，边缘有锐锯齿，上面亮绿色，下面黄绿色。花单生于叶腋，直径 5～7 cm；花瓣白色，宽倒卵形，先端微凹。果梨形、倒卵形，稀近球形，紫褐色，外面密被刺毛。花期 4～6 月，果期 7～11 月。

<table>
<tr><td>▲ 金樱子植株</td><td>▲ 金樱子腊叶标本</td></tr>
</table>

▲ 金樱子植株　　　　　　　　　　　　　　　　▲ 金樱子腊叶标本

　　生境与分布　　生于海拔 200～1 600 m 向阳的山野、田边、溪畔灌木丛中。分布于凯里、天柱、锦屏、剑河、台江、麻江、都匀等地。

　　药材名　　金樱子(果实)。

　　采收加工　　10～11 月果实成熟变红时采收,干燥,除去毛刺。

　　功能主治　　固精缩尿,涩肠止泻。主治遗精滑精,遗尿尿频,崩漏带下,久泻久痢。

　　用法用量　　内服,9～15 g,水煎服;或入丸、散,或熬膏。

　　用药经验　　侗医:①治疗疖肿。鲜嫩叶,适量嚼烂敷患处,每日换药 1 次,直至痊愈。②治疗风湿骨痛,四肢无力。松节、金樱根各 18 g,土荆芥、倒挂金钩根各 10 g,水煎服,每日 1 剂,日服 3 次,以甜酒酿送服。

　　苗医:根及果实治疗小儿腹泻,脱肛。内服,5～15 g。

野蔷薇 *Rosa multiflora* Thunb.

　　异名　　蔷薇、刺花。

　　形态特征　　攀援灌木;小枝圆柱形,通常无毛,有短、粗稍弯曲皮束。小叶 5～9,近花序的小叶有时 3;

▲ 野蔷薇植株

▲ 野蔷薇腊叶标本

小叶片倒卵形、长圆形或卵形,先端急尖或圆钝,基部近圆形或楔形,边缘有尖锐单锯齿,上面无毛,下面有柔毛。花多朵,排成圆锥状花序,花梗长 1.5～2.5 cm,无毛或有腺毛,有时基部有篦齿状小苞片;花直径 1.5～2 cm;花瓣白色,宽倒卵形,先端微凹,基部楔形。果近球形,直径 6～8 mm,红褐色或紫褐色,有光泽,无毛,萼片脱落。

生境与分布 生于路旁、田边或丘陵地的灌木丛中。分布于凯里、天柱、麻江等地。

药材名 蔷薇根(根)。

采收加工 秋季挖根,洗净,切片晒干备用。

功能主治 清热解毒,祛风除湿,活血调经,固精缩尿,消骨鲠。主治疮痈肿痛,烫伤,口疮,痔血,鼻衄,关节疼痛,月经不调,痛经,久痢不愈,遗尿,尿频,白带过多,子宫脱垂,骨鲠。

用法用量 内服,10～15 g,水煎服;研末,1.5～3.0 g;或鲜品捣,绞汁。外用适量,研粉敷;或煎水含漱。

用药经验 侗医:①根、叶治疗腰痛,水肿,妇科疾病。内服,10～15 g。②治疗小便次数及尿量多。蔷薇根 15 g,水、酒各煎服,夜间睡前服。

粉团蔷薇 *Rosa multiflora* var. *cathayensis* Rehd. et Wils.

异名 野蔷薇、七叶蔷薇。

形态特征 攀援灌木;小枝圆柱形,通常无毛,有短、粗稍弯曲皮束。小叶5～9,近花序的小叶有时3;小叶片倒卵形、长圆形或卵形,先端急尖或圆钝,基部近圆形或楔形,边缘有尖锐单锯齿,稀混有重锯齿,上面无毛,下面有柔毛;托叶篦齿状,大部贴生于叶柄,边缘有或无腺毛。花多朵,排成圆锥状花序;花直径 1.5～2.0 cm,萼片披针形,有时中部具 2 个线形裂片;花瓣粉红色,单瓣,宽倒卵形。果近球形,红褐色

粉团蔷薇植株

粉团蔷薇腊叶标本

或紫褐色,有光泽,无毛,萼片脱落。

生境与分布 多生于山坡、灌丛或河边等处。分布于天柱、都匀等地。

药材名 白残花(根、花)。

采收加工 夏秋季采收,洗净,晒干。

功能主治 根:活血通络,收敛。主治关节炎,面神经麻痹。花:清暑热、化湿浊、顺气和胃。主治暑热胸闷,口渴,呕吐,不思饮食,口疮口糜。

用法用量 根:内服,25～50 g,水煎服。外用研末可治烫伤。花:5～15 g。

用药经验 侗医、苗医治疗烫伤。外用,鲜品适量,捣烂调茶油外敷。

粗叶悬钩子 *Rubus alceifolius* Poir.

异名 牛泡、老虎泡、九月泡、八月泡、牛尾泡。

形态特征 攀援灌木,高达5 m。枝被黄灰色至锈色绒毛状长柔毛,有稀疏皮刺。单叶,近圆形或宽卵形,顶端圆钝,稀急尖,基部心形,上面疏生长柔毛,下面密被黄灰色至锈色绒毛。花成顶生狭圆锥花序或近总状,也成腋生头状花束,稀为单生;花直径1.0～1.6 cm;花瓣宽倒卵形或近圆形,白色,与萼片近等长。果实近球形,直径达1.8 cm,肉质,红色;核有皱纹。花期7～9月,果期10～11月。

生境与分布 生于海拔500～2000 m的向阳山坡、山谷杂木林内或沼泽灌丛中以及路旁岩石间。分布于天柱、锦屏、台江、麻江等地。

粗叶悬钩子植株

▲ 粗叶悬钩子腊叶标本

药材名 粗叶悬钩子(根和叶)。

采收加工 全年可采收,洗净,晒干。

功能主治 清热利湿,散瘀止血。主治肝炎,痢疾,肠炎,乳腺炎,口腔炎,外伤出血,肝脾肿大,跌打损伤,风湿骨痛。

用法用量 内服,15~30g,水煎服。外用适量,研末撒;或煎水含漱。

用药经验 侗医、苗医治疗胃痛,腹泻,疥疮等。内服,10~15g。

插田泡 *Rubus coreanus* Miq.

异名 大乌泡、菜子泡、高丽悬钩子。

形态特征 灌木,高1~3m;枝粗壮,红褐色,被白粉,具近直立或钩状扁平皮刺。小叶通常5枚,稀3枚,卵形、菱状卵形或宽卵形,顶端急尖,基部楔形至近圆形,上面无毛,下面被稀疏柔毛,边缘有不整齐粗锯齿或缺刻状粗锯齿。伞房花序生于侧枝顶端,具花数朵至30余朵,总花梗和花梗均被灰白色短柔毛;花直径7~10mm;花瓣倒卵形,淡红色至深红色,与萼片近等长或稍短。果实近球形,深红色至紫黑色,无毛或近无毛;核具皱纹。花期4~6月,果期6~8月。

▲ 插田泡植株

生境与分布 生于海拔 100～1 700 m 的山坡灌丛或山谷、河边、路旁。分布于天柱、台江、麻江等地。

药材名 倒生根（根）。

采收加工 全年可采，以 9～10 月采挖较好，洗净，切片，晒干。

功能主治 活血止血，祛风除湿。主治跌打损伤，骨折，月经不调，吐血，衄血，风湿痹痛，水肿，小便不利，瘰疬；外用治疗外伤出血。

用法用量 内服，10～25 g，水煎服。外用适量，捣烂敷患处。

用药经验 侗医治疗骨折，鼻出血等。内服，干品 5～10 g，煎汤。外用，焙干研末，调白酒外敷患处，每日换药一次。

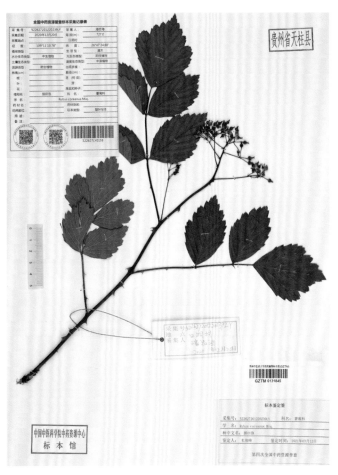

▲ 插田泡腊叶标本

戟叶悬钩子 *Rubus hastifolius* Lévl. et Vant.

异名 绵藤。

形态特征 常绿攀援灌木，长达 12 m，主干直径 4～6 cm；枝圆柱形，灰褐色，长鞭状，枝顶端落地常生不定根。单叶，近革质，长圆披针形或卵状披针形，顶端急尖至短渐尖，基部深心形，上面无毛，深绿色，下面密被红棕色绒毛，边缘不分裂或近基部有 2 浅裂片。花 3～8 朵成伞房状花序，顶生或腋生；花直径 1.5 cm；花瓣倒卵形，白色，无毛，具短爪，与萼片近等长。果实近球形，稍压扁，肉质，红色，熟透时变紫黑色，无毛；核具浅皱纹。花期 3～5 月，果期 4～6 月。

▲ 戟叶悬钩子植株

143

▲ 戟叶悬钩子腊叶标本

生境与分布 生于海拔 600～1 500 m 山坡阴湿处及沟谷土质较疏松肥沃的黄壤疏林内或溪涧两旁的灌丛中。分布于天柱等地。

药材名 红绵藤（枝、叶）。

采收加工 春、夏季采收，鲜用或晒干。

功能主治 收敛止血。主治吐血，咯血，尿血，崩漏，外伤出血，手术出血。

用法用量 内服，6～15 g，水煎服；或制成糖浆。外用适量，捣敷；或制成药液湿敷。

用药经验 侗医、苗医治疗跌打损伤，脑溢血，妇科出血等。内服，10～15 g。

灰毛泡 *Rubus irenaeus* Focke

异名 一块血、家正牛。

形态特征 常绿矮小灌木，高 0.5～2.0 m；枝灰褐至棕褐色，密被灰色绒毛状柔毛，花枝自根茎上出长，疏生细小皮刺或无刺。单叶，近革质，近圆形，直径 8～14 cm，上面无毛，下面密被灰色或黄灰色绒毛，具五出掌状脉。花数朵成顶生伞房状或近总状花序，也常单花或数朵生于叶腋；花瓣近圆形，白色，具爪。

灰毛泡植株

果实球形,直径 1～1.5 cm,红色,无毛;核具网纹。花期 5～6 月,果期 8～9 月。

生境与分布　生于海拔 500～1 300 m 的山坡疏密杂林下或树阴下腐殖质较多的地方。分布于天柱、锦屏等地。

药材名　地五泡藤(叶、根)。

采收加工　夏、秋季采收。洗净,晒干。

功能主治　理气止痛,散毒生肌。主治气痞腹痛,口角生疮。

用法用量　内服,15～30 g,水煎服。外用,适量,调菜油外敷患处。

用药经验　侗医治疗妇女崩漏,止血补血。内服,10～15 g。

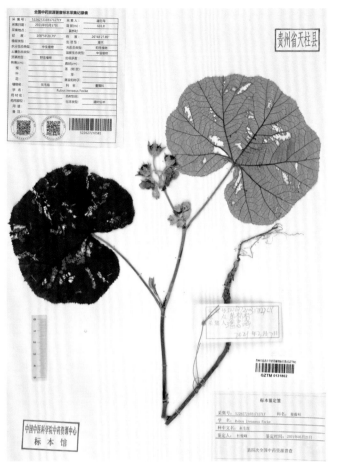

灰毛泡腊叶标本

茅莓　*Rubus parvifolius* L.

异名　秧鸡泡、三月泡、红梅消、小叶悬钩子、茅莓悬钩子。

形态特征　灌木,高 1～2 m;枝呈弓形弯曲,被柔毛和稀疏钩状皮刺;小叶 3 枚,菱状圆形或倒卵形,长 2.5～6.0 cm,宽 2～6 cm,上面伏生疏柔毛,下面密被灰白色绒毛,边缘有不整齐粗锯齿或缺刻状粗重锯齿。伞房花序顶生或腋生,稀顶生花序成短总状,具花数朵,被柔毛和细刺;花瓣卵圆形或长圆形,粉红至紫红色。果实卵球形,红色,无毛或具稀疏柔毛。花期 5～6 月,果期 7～8 月。

生境与分布　生于海拔 400～2 600 m 的山坡杂木林下、向阳山谷、路旁或荒野。分布于凯里、天柱、剑河等地。

茅莓植株

▲ 茅莓腊叶标本

药材名 茅莓(根或茎、叶)。

采收加工 秋季挖根,夏秋采茎叶,鲜用或切段晒干。

功能主治 清热凉血,散结,止痛,利尿消肿。主治感冒发热,咽喉肿痛,咯血,吐血,痢疾,肠炎,肝炎,肝脾肿大,肾炎水肿,泌尿系感染,结石,月经不调,白带,风湿骨痛,跌打肿痛。外用治疗湿疹,皮炎。

用法用量 内服,25～50 g,水煎服。外用适量,鲜叶捣烂外敷,或煎水熏洗。

用药经验 侗医、苗医治疗眼科外伤,骨折。内服,干品 5～10 g,煎汤。外用,鲜品适量,捣烂外敷。

空心泡 *Rubus rosifolius* Sm.

异名 秧泡、蔷薇莓、三月泡。

形态特征 直立或攀援灌木,高 2～3 m;小枝圆柱形,具柔毛或近无毛,常有浅黄色腺点,疏生较直立皮刺。小叶 5～7 枚,卵状披针形或披针形,顶端渐尖,基部圆形,两面疏生柔毛。花常 1～2 朵,顶生或腋生;花直径 2～3 cm;花瓣长圆形、长倒卵形或近圆形,白色。果实卵球形或长圆状卵圆形,长 1.0～1.5 cm,红色,有光泽,无毛;核有深窝孔。花期 3～5 月,果期 6～7 月。

▲ 空心泡植株

生境与分布 生于山地杂木林内阴处、草坡或高山腐殖质土壤上。分布于凯里、天柱、台江、都匀等地。

药材名 空心泡(根、嫩枝及叶)。

采收加工 夏、秋采集,鲜用或切片晒干。

功能主治 清热,止咳,止血,祛风湿。主治肺热咳嗽,百日咳咯血,盗汗,牙痛,筋骨痹痛,跌打损伤。外用治疗烧烫伤。

用法用量 内服,25~50 g,水煎服。治疗筋骨痹痛、跌打损伤可以根泡酒服。外用嫩枝尖捣烂敷患处。

用药经验 侗医治疗呕吐,小儿咳嗽,烫伤。内服,10~15 g。外用适量。

▲ 空心泡腊叶标本

红腺悬钩子 *Rubus sumatranus* Miq.

异名 猴子泡、虎泡、七月泡、灯笼泡、马泡、红刺苔。

形态特征 直立或攀援灌木;小枝、叶轴、叶柄、花梗和花序均被紫红色腺毛、柔毛和皮刺;腺毛长短不等。小叶5~7枚,稀3枚,卵状披针形至披针形,顶端渐尖,基部圆形,两面疏生柔毛,沿中脉较密;托叶披针形或线状披针形,有柔毛和腺毛。花3朵或数朵成伞房状花序,稀单生;花瓣长倒卵形或匙状,白色,基部具爪。果实长圆形,橘红色,无毛。花期4~6月,果期7~8月。

生境与分布 生于海拔500~1800 m的山地、山谷疏密林内、林缘、灌丛内、竹林下及草丛中。分布于天柱、都匀等地。

药材名 牛奶莓(根)。

▲ 红腺悬钩子植株

147

▲ 红腺悬钩子腊叶标本

采收加工 秋季采挖匍匐枝的细根及块根,洗净,晒干。

功能主治 清热解毒,开胃,利水。主治产后寒热腹痛,食欲不振,身面浮肿,中耳炎,湿疹,黄水疮。

用法用量 内服,9～15 g,水煎服。

用药经验 侗医治疗肺痈,空洞型结核。内服,10～15 g。

三花悬钩子 *Rubus trianthus* Focke

异名 三月泡、三花莓。

形态特征 藤状灌木,高 0.5～2.0 m。枝细瘦,暗紫色,无毛,疏生皮刺,有时具白粉。单叶,卵状披针形或长圆披针形,顶端渐尖,基部心脏形,稀近截形,两面无毛,上面色较浅,3 裂或不裂,顶生裂片卵状披针形,边缘有不规则或缺刻状锯齿。花常 3 朵,有时超过 3 朵而成短总状花序,常顶生;花瓣长圆形或椭圆形,白色。果实近球形,红色,无毛。花期 4～5 月,果期 5～6 月。

生境与分布 生于海拔 500～2800 m 的山坡杂木林或

▲ 三花悬钩子植株

▲ 三花悬钩子腊叶标本

草丛中,也习见于路旁、溪边及山谷等处。分布于天柱。

药材名 三花悬钩子(全株及果实)。

采收加工 夏、秋采全株,晒干。夏末果实近成熟时,摘取果实,于沸水中微浸,捞出,晒干。

功能主治 活血散瘀,凉血止血。主治吐血,痔疮出血,跌打损伤等。

用法用量 内服,15~25g,水煎服。

用药经验 侗医:治疗腹痛腹泻,痢疾等。水煎服,3~10g。

苗医:治疗妇女不育不孕等。水煎服,3~10g。

豆科

土圞儿 *Apios fortunei* auct. non Maxim. ：Matsum.& Hayata

异名 九子疡、野豆子、土鸡蛋、黄皮狗圞、九牛子。

形态特征　缠绕草本。有球状或卵状块根；茎细长，被白色稀疏短硬毛。奇数羽状复叶；小叶 3～7，卵形或菱状卵形，先端急尖，有短尖头，基部宽楔形或圆形，上面被极稀疏的短柔毛，下面近于无毛，脉上有疏毛。总状花序腋生；花带黄绿色或淡绿色。荚果长约 8 cm，宽约 6 mm。花期 6～8 月，果期 9～10 月。

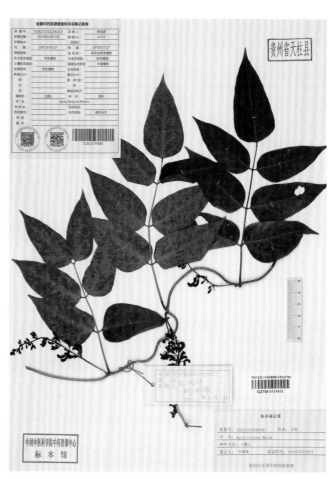

▲ 土圞儿植株　　　　　　　　　　　　　　▲ 土圞儿腊叶标本

生境与分布　生于海拔 300～1 000 m 山坡灌丛中，缠绕在树上。分布于天柱等地。

药材名　土圞儿（块根）。

采收加工　在栽后二三年冬季倒苗前采收块根，挖大留小，可连年收获。块根挖出后，晒或炕干，撞去泥土即可。亦可鲜用。

功能主治　清热解毒，止咳祛痰。主治感冒咳嗽，咽喉肿痛，百日咳，乳痈，瘰疬，无名肿痛，毒蛇咬伤，带状疱疹。

用法用量　内服，9～15 g，鲜品 30～60 g，水煎服。外用，适量鲜品，捣烂敷；或酒、醋磨汁涂。

用药经验　治疗急性乳腺炎。干块根磨水频搽患处；鲜块根适量捣烂外敷，每日换药 1 次，直至痊愈。

使用注意　本品有毒，内服宜慎。

紫云英　*Astragalus sinicus* L.

异名　摇摇花、沙蒺藜、红花草、翘摇。

形态特征　二年生草本，多分枝，匍匐，高 10～30 cm，被白色疏柔毛。奇数羽状复叶，具 7～13 片小叶，长 5～15 cm；小叶倒卵形或椭圆形，先端钝圆或微凹，基部宽楔形，上面近无毛，下面散生白色柔毛，具短柄。总状花序生 5～10 花，呈伞形；花冠紫红色或橙黄色。荚果线状长圆形，稍弯曲，具短喙，黑色，具隆起的网纹；种子肾形，栗褐色，长约 3 mm。花期 2～6 月，果期 3～7 月。

生境与分布　生于海拔 400～3 000 m 的山坡、溪边及潮湿处。分布于凯里、天柱、锦屏、台江、都匀等地。

药材名　紫云英（根、全草及种子）。

采收加工　夏秋采集，鲜用或晒干。

功能主治　祛风明目，健脾益气，解毒止痛。根：主治肝炎，营养性浮肿，白带，月经不调。全草：主治急性结膜炎，神经痛，带状疱疹，疮疖痈肿，痔疮。

用法用量　内服，鲜根 60～90 g，全草15～30 g，种子 10～15 g，水煎服。外用适量，鲜草捣烂敷，或干草研粉调敷。

▲ 紫云英植株

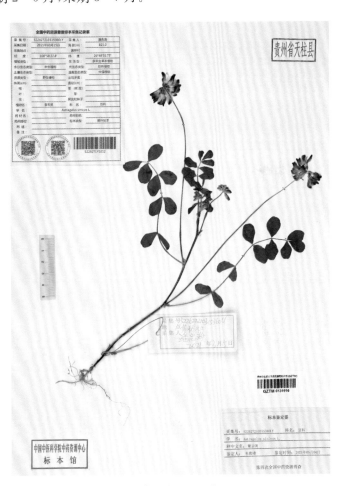

▲ 紫云英腊叶标本

用药经验　侗医治疗疔疮、烫伤等。外用，鲜品适量，捣烂外敷。

粉叶羊蹄甲　*Bauhinia glauca*（Wall. ex Benth.）Benth.

异名　猪腰子藤、大夜关门、马蹄、鄂羊蹄甲。

形态特征　木质藤本，除花序稍被锈色短柔毛外，其余无毛。叶纸质，近圆形，长 5～9 cm，2 裂达中部

▲ 粉叶羊蹄甲植株

▲ 粉叶羊蹄甲腊叶标本

或更深裂,罅口狭窄,裂片卵形,上面无毛,下面疏被柔毛,脉上较密。伞房花序式的总状花序顶生或与叶对生,具密集的花;花蕾卵形,被锈色短毛,萼片卵形,急尖,外被锈色茸毛;花瓣白色,倒卵形,各瓣近相等,具长柄。荚果带状,薄,无毛,不开裂;种子10~20颗,在荚果中央排成一纵列,卵形,极扁平,长约1 cm。花期4~6月,果期7~9月。

生境与分布 生于海拔400~2 200 m的灌木丛中、林中及山坡石缝中。分布于天柱、麻江等地。

药材名 双肾藤(根或茎叶)。

采收加工 野生的秋季挖根,于栽培3~4年后,秋季挖根,晒干;茎叶夏秋采收,鲜用或晒干。

功能主治 收敛固涩,解毒除湿。主治咳嗽咯血,吐血,便血,遗尿,尿频,白带,子宫脱垂,痢疾,痹痛,疝气,睾丸肿痛,湿疹,疮疖肿痛等。

用法用量 内服,10~30 g;大剂量可用至60 g,水煎服。外用适量,煎水洗,或捣敷。

用药经验 侗医:主治肾虚腰痛,小便淋漓。内服,10~15 g。

苗医:治疗遗精,小儿遗尿。内服,10~30 g。

云实 *Caesalpinia decapetala*（Roth）Alston

异名 阎王刺、老虎刺尖、杉刺、水皂角。

形态特征 攀援灌木。树皮暗红色,密生倒钩刺。托叶阔,半边箭头状;二回羽状复叶,长20~30 cm,羽片3~10对,对生,有柄,基部有刺1对,每羽片有小叶7~15对,膜质,长圆形,先端圆,基部钝,两边均被短柔毛。总状花序顶生;花左右对称;花瓣5,黄色,盛开时反卷。荚果近木质,短舌状,偏斜,稍膨胀,无毛,栗褐色,有光泽;种子6~9颗,长圆形,褐色。花、果期4~10月。

▲ 云实植株

▲ 云实腊叶标本

生境与分布 生于山坡灌丛、丘陵、河旁等地。分布于天柱、锦屏、剑河、麻江等地。

药材名 云实(种子)。

采收加工 秋季果实成熟时采收,剥取种子,晒干。

功能主治 解毒除湿,止咳化痰,杀虫。主治痢疾,疟疾,慢性气管炎,小儿疳积,虫积。

用法用量 内服,9～15 g,水煎服;或入丸、散。

用药经验 侗医:治疗痢疾,小儿疳积等。内服,10～15 g。

苗医:①根、种子治疗冷经引起的着凉感冒,头痛咳嗽,身寒肢冷。阎王刺根皮(云实)、蓝布正、马鞭草、生姜,水煎内服。②治疗行经小腹疼痛。阎王刺根皮(云实)水煎内服。

黄檀 *Dalbergia hupeana* Hance

异名 檀树、白檀、水檀、望水檀。

形态特征 乔木,高 10～20 m;树皮暗灰色,呈薄片状剥落。幼枝淡绿色,无毛。羽状复叶长 15～25 cm;小叶 3～5 对,近革质,椭圆形至长圆状椭圆形,先端钝。基部圆形或阔楔形,两面无毛,细脉隆起,上面有光泽。圆锥花序顶生或生于最上部的叶腋间,连总花梗长 15～20 cm,疏被锈色短柔毛;花密集,长 6～7 mm;花冠白色或淡紫色。荚果长圆形或阔舌状,顶端急尖,基部渐狭成果颈,果瓣薄革质,种子部分有网纹,有 1～3 粒种子;种子肾形。花期 5～7 月,果期 8～9 月。

▲ 黄檀植株

▲ 黄檀腊叶标本

生境与分布 生于海拔600～1400m的山地林中或灌丛中，山沟溪旁及有小树林的坡地常见。分布于天柱、锦屏等地。

药材名 檀根（根或根皮）。

采收加工 夏、秋季采挖，洗净，切碎晒干。

功能主治 清热解毒，止血消肿。主治疮疖疔毒，毒蛇咬伤，细菌性痢疾，跌打损伤。

用法用量 内服，15～30g，水煎服。外用适量，研末调敷。

用药经验 侗医治疗黄疸型肝炎，痢疾。内服，10～15g。

小槐花 *Desmodium caudatum*（Thunb.）DC.

异名 干蚂蟥。

形态特征 直立灌木或亚灌木，高1～2m。树皮灰褐色，分枝多，上部分枝略被柔毛。叶为羽状三出复叶，小叶3；托叶披针状线形，具条纹，宿存；小叶近革质或纸质，顶生小叶披针形或长圆形。总状花序顶生或腋生，花序轴密被柔毛并混生小钩状毛，每节生2花；花冠绿白或黄白色，具明显脉纹。荚果线形，扁平，被伸展的钩状毛，腹背缝线浅缢缩。花期7～9月，果期9～11月。

▲ 小槐花植株

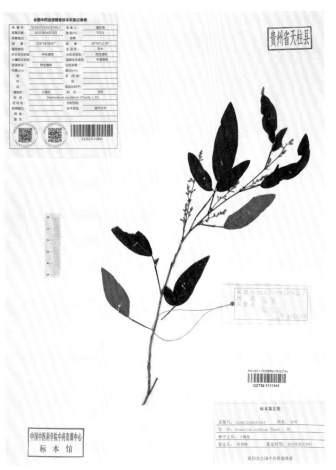

▲ 小槐花腊叶标本

生境与分布　生于海拔 150～1 000 m 的山坡、路旁草地、沟边、林缘或林下。分布于凯里、天柱、锦屏、剑河、台江、都匀等地。

药材名　清酒缸(根或全草)。

采收加工　夏、秋采集,洗净晒干,鲜用四季可采。

功能主治　清热解毒,祛风利湿。主治感冒发烧,肠胃炎,痢疾,小儿疳积,风湿关节痛。外用治疗毒蛇咬伤,痈疖疔疮,乳腺炎。

用法用量　内服,25～50 g,水煎服。外用适量,鲜根皮、全草煎水洗或捣烂敷患处。

用药经验　侗医:治疗消化不良。内服,3～10 g。

苗医:全株治疗咽喉炎,胃痛等。内服,5～10 g。

大叶胡枝子　*Lespedeza davidii* Franch.

异　名　活血丹、胡枝子、大叶乌梢、大叶马料梢。

形态特征　直立灌木,高 1～3 m。枝条较粗壮,稍曲折,有明显的条棱,密被长柔毛。托叶 2,卵状披针形;小叶宽卵圆形或宽倒卵形,两面密被黄白色绢毛。总状花序腋生或于枝顶形成圆锥花序,花稍密集,比叶长;花红紫色,子房密被毛。荚果卵形,长 8～10 mm,稍歪斜,先端具短尖,基部圆,表面具网纹和稍密的绢毛。花期 7～9 月,果期 9～10 月。

生境与分布　生于干旱山坡、路旁或灌丛中。分布于凯里、天柱、台江等地。

药材名　和血丹(带根全株)。

采收加工　夏,秋季采收,洗净,切段,晒干。

功能主治　清热解表,止咳止血,通经活络。主治外感头痛,发热,疹痧不透,痢疾,咳嗽咯血,尿血,便血,崩漏,腰痛。

▲ 大叶胡枝子植株　　　　　　　　　　▲ 大叶胡枝子腊叶标本

用法用量　内服,15～30 g,水煎服。

用药经验　侗医、苗医治疗肾虚腰痛,风湿性腰腿痛,消炎利尿等。内服,10～30 g。

使用注意　阴虚内热及疮疡、目疾患者忌服。

酢浆草科

酢浆草 *Oxalis corniculata* L.

异名　老娃酸、酸迷迷草、酸酸草。

形态特征　草本,高 10～35 cm,全株被柔毛。根茎稍肥厚。茎细弱,多分枝,直立或匍匐,匍匐茎节上生根。叶基生或茎上互生;小叶 3,无柄,倒心形,先端凹入,基部宽楔形,两面被柔毛或表面无毛。花单生或数朵集为伞形花序状,腋生,总花梗淡红色,与叶近等长;小苞片 2,披针形;萼片 5,披针形或长圆状披

▲ 酢浆草植株

针形,背面和边缘被柔毛,宿存;花瓣5,黄色,长圆状倒卵形。蒴果长圆柱形,5棱。种子长卵形,褐色或红棕色,具横向肋状网纹。花、果期2～9月。

生境与分布 生于山坡草池、河谷沿岸、路边、田边、荒地或林下阴湿处等。分布于天柱、锦屏、剑河、台江、麻江、都匀等地。

药材名 酢浆草(全草)。

采收加工 全年均可采收,尤以夏、秋季为宜,洗净,鲜用或晒干。

功能主治 清热利湿,凉血散瘀,消肿解毒。主治泄泻、痢疾、黄疸、淋证、赤白带下、麻疹、吐血、衄血、咽喉肿痛、疔疮、痈肿、疥癣、痔疾、脱肛、跌打损伤、烫火伤。

用法用量 内服,9～15g,鲜品30～60g,水煎服;或研末;或鲜品绞汁饮。外用适量,煎水洗、捣烂敷、捣汁涂或煎水漱口。

用药经验 侗医:治疗小儿哮喘。取鲜品150g,大米7粒,煎水内服,每日3次,7日为一疗程。

苗医:治疗小便不利。内服,10～30g。

▲ 酢浆草腊叶标本

红花酢浆草 *Oxalis corymbosa* DC.

异名 红老娃酸、大酸味草、大老鸦酸、紫酢浆草。

形态特征 多年生直立草本。无地上茎,地下部分有球状鳞茎,外层鳞片膜质,褐色,背具3条肋状纵脉,被长缘毛,内层鳞片呈三角形,无毛。叶基生;小叶3,扁圆状倒心形,表面绿色,背面浅绿色。总花梗基生,二歧聚伞花序,通常排列成伞形花序式;花瓣5,倒心形,淡紫色至紫红色。花、果期3～12月。

▲ 红花酢浆草植株

生境与分布　生于低海拔的山地、路旁、荒地或水田中。分布于天柱、锦屏、剑河、麻江等地。

药材名　铜锤草（全草）。

采收加工　3～6月采收全草，洗净鲜用或晒干。

功能主治　清热解毒，散瘀消肿，调经。主治肾炎，痢疾，咽炎，牙痛，月经不调，白带。外用治疗毒蛇咬伤，跌打损伤，烧烫伤。

用法用量　内服，15～30g，水煎服；或浸酒、炖肉。外用适量，捣烂敷。

用药经验　侗医：①治疗脓疱疮，风湿疼痛。内服，10～15g。②治疗扭伤，小儿夜啼等。外用适量。

▲ 红花酢浆草腊叶标本

山酢浆草 *Oxalis griffithii* Edgew. et Hook. f.

异名　三块瓦、老娃酸。

形态特征　多年生草本，高8～15cm。茎短缩不明显，基部围以残存覆瓦状排列的鳞片状叶柄基。叶基生；托叶阔卵形，被柔毛或无毛；小叶3片，小叶倒三角形或宽倒三角形，两面被毛或背面无毛，有时两面均无毛。总花梗基生，单花，与叶柄近等长或更长；花瓣5，白色或稀粉红色，倒心形。蒴果椭圆形或近球形。种子卵形，褐色或红棕色，具纵肋。花期7～8月，果期8～9月。

生境与分布　生于中海拔山地林下较阴湿的地方。分布于天柱、锦屏、剑河、台江、都匀等地。

药材名　山酢浆草（全草）。

▲ 山酢浆草植株

山酢浆草腊叶标本

采收加工 夏秋采集,晒干。

功能主治 清热解毒,消肿止痛。主治泄泻,痢疾,目赤肿痛,小儿口疮。外用治疗乳腺炎,带状疱疹。

用法用量 内服,9~15g,水煎服。外用,鲜品适量捣烂敷患处。

用药经验 侗医治疗跌打损伤,无名肿毒。内服,10~15g。

牻牛儿苗科

野老鹳草 *Geranium carolinianum* L.

异名 五叶草、老贯草、破铜钱、老鸹筋、贯筋、老鸹嘴。

形态特征 一年生草本,高 20~60 cm,根纤细,单一或分枝,茎直立或仰卧,单一或多数,具棱角,密被倒向短柔毛。叶片圆肾形,掌状5~7裂近基部,裂片楔状倒卵形或菱形,上部羽状深裂,小裂片条状矩圆形,先端急尖,表面被短伏毛,背面主要沿脉被短伏毛。花序腋生和顶生,长于叶,被倒生短柔毛和开展的长腺毛,每总花梗具2花,顶生总花梗常数个集生,花序呈伞形状;花瓣淡紫红色,倒卵形。蒴果长约2cm,被短糙毛。花期4~7月,果期5~9月。

▲ 野老鹳草植株　　　　　　　　　　▲ 野老鹳草腊叶标本

生境与分布　生于平原和低山荒坡杂草丛中。分布于凯里、天柱、锦屏、台江、都匀等地。

药材名　老鹳草(地上部分)。

采收加工　夏、秋二季果实近成熟时采割,捆成把,晒干。

功能主治　祛风湿,通经络,止泻痢。主治风湿痹痛,麻木拘挛,筋骨酸痛,泄泻痢疾。

用法用量　内服,9~15g,水煎服;或浸酒;或熬膏。外用适量,捣烂加酒炒热外敷或制成软膏涂敷。

用药经验　侗医:治疗类风湿,风湿麻木。内服,10~15g,水煎服。

苗医:全草治疗上吐下泻及钩虫病。内服,10~15g。

尼泊尔老鹳草　*Geranium nepalense* Sweet

异名　五叶草、老鹳草、破铜钱、老鸹筋。

▲ 尼泊尔老鹳草植株

形态特征 多年生草本，高 30～50 cm。根为直根，多分枝，纤维状。茎多数，细弱，多分枝，仰卧，被倒生柔毛。叶对生或偶为互生；托叶披针形，棕褐色干膜质，长 5～8 mm，外被柔毛。总花梗腋生，长于叶，被倒向柔毛，每梗 2 花，少有 1 花；花瓣紫红色或淡紫红色，倒卵形。蒴果长 15～17 mm，果瓣被长柔毛，喙被短柔毛。花期 4～9 月，果期 5～10 月。

生境与分布 生于山地阔叶林林缘、灌丛、荒山草坡，亦为山地杂草。分布于凯里、天柱、锦屏、台江、都匀等地。

药材名 尼泊尔老鹳草（全草）。

采收加工 夏、秋季果实将成熟时，割取地上部分或将全株拔起，洗净，晒干。

▲ 尼泊尔老鹳草腊叶标本

功能主治 祛风通络，活血，清热利湿。主治风湿痹痛，肌肤麻木，筋骨酸楚，跌打损伤，泄泻痢疾，疮毒。

用法用量 内服，9～15 g，水煎服；或浸酒；或熬膏。外用适量，捣烂加酒炒热外敷或制成软膏涂敷。

用药经验 侗医：治疗足癣。取 20～40 g 鲜品捣烂，每晚外敷患处，次日去掉，连敷 3～4 晚。

苗医：全草治疗扭伤，刀伤及伤口久不愈合。外用，鲜品适量，捣烂外敷患处。

大戟科

黄苞大戟 *Euphorbia sikkimensis* Boiss.

异名 大元宝草、刮金板、中尼大戟。

▲ 黄苞大戟植株

▲ 黄苞大戟腊叶标本

形态特征 多年生草本。根圆柱状,长20～40 cm,直径3～5 mm。茎单一或丛生,上部分枝或极少分枝,全株无毛。叶互生,长椭圆形,先端钝圆,基部极狭,全缘;总苞叶常为5,长椭圆形至卵状椭圆形,先端钝圆,基部近圆形或三角状圆形,黄色。花序单生分枝顶端,基部具短柄;总苞钟状,边缘4裂,裂片半圆形,内侧具白色柔毛。蒴果球状。种子卵球状,灰色或深灰色,腹面具白色纹饰;种阜盾状,黄色或淡黄色,无柄。花期4～7月,果期6～9月。

生境与分布 生于海拔600～4500 m的山坡、疏林下或灌丛中。分布于天柱、都匀等地。

药材名 黄苞大戟(根)。

采收加工 夏秋季采收,洗净,晒干或鲜用。

功能主治 清热解毒,泻水。主治肝硬化腹水。

用法用量 内服,10～15 g。外用适量,捣敷。

用药经验 侗医:治疗水臌病,肝硬化腹水。内服,10～15 g。

苗医:根治疗水肿,排毒。内服,10～15 g。

油桐 *Vernicia fordii* (Hemsl.) Airy Shaw

异名 桐子树、桐油树、荏桐。

形态特征 落叶乔木,高达10 m;树皮灰色,近光滑;枝条粗壮,无毛,具明显皮孔。叶卵圆形,顶端短尖,基部截平至浅心形,全缘,稀1～3浅裂,成长叶上面深绿色,无毛,下面灰绿色,被贴伏微柔毛。花雌雄同株,先叶或与叶同时开放;花瓣白色,有淡红色脉纹,倒卵形。核果近球状,果皮光滑;种子3～8颗,种皮木质。花期3～4月,果期8～9月。

▲ 油桐植株

▲ 油桐腊叶标本

生境与分布　栽培于海拔 1000 m 以下丘陵山地。分布于凯里、天柱、锦屏、剑河、台江、麻江、都匀等地。

药材名　油桐(根、叶、花、果壳及种子)。

采收加工　根常年可采。夏秋采叶及凋落的花,晒干备用。冬季采果,将种子取出,分别晒干备用。

功能主治　根:消积驱虫,祛风利湿。主治蛔虫病,食积腹胀,风湿筋骨痛,水肿。叶:解毒,杀虫。外用治疗癣疥。花:清热解毒,生肌。外用治疗烧烫伤。

用法用量　根 6～12 g,水煎或炖肉服;叶、花外用适量,鲜叶捣烂敷患处,花浸植物油内,备用。

用药经验　侗医:①根治疗蛔虫病,催吐,催泻;叶治疗疮疡;花治疗烧烫伤,手脚开裂。内服,10～15 g。外用,鲜果适量,油加热涂搽患处。②治疗百日咳。桐油树叶尖、毛柴胡各 18 g,水煎服,日服 3 次。

苗医:治疗疮疡,大便不通,食积腹胀。内服,1～2 枚;或磨水;或捣烂冲服。

使用注意　根:孕妇慎服。种子:孕妇禁服。

芸香科

柚　*Citrus grandis*（L.）Osbeck

异名　柚子、胡柑、臭橙、臭柚。

▲ 柚植株

▲ 柚腊叶标本

形态特征　乔木。嫩枝、叶背、花梗、花萼及子房均被柔毛,嫩叶通常暗紫红色。叶质颇厚,色浓绿,阔卵形或椭圆形。总状花序,有时兼有腋生单花;花蕾淡紫红色,稀乳白色;花萼不规则5～3浅裂;花瓣长1.5～2.0 cm。果圆球形,扁圆形,梨形或阔圆锥状,淡黄或黄绿色,杂交种有朱红色的,果皮甚厚或薄,海绵质;种子200余粒,形状不规则,近似长方形。花期4～5月,果期9～12月。

生境与分布　栽培于丘陵或低山地带。分布于天柱等地。

药材名　柚(果实)。

采收加工　10～11月果实成熟时采收,鲜用。

功能主治　消食下气,化痰,醒酒。主治饮食积滞,食欲不振,醉酒。

用法用量　内服,适量,生食。

用药经验　侗医:①治疗气滞腹痛,疝气疼痛,消化不良,食积腹胀等。内服,10～15 g。②治疗小儿抽筋。柚子壳1～2个,加水煎煮,擦洗全身,直至患儿微微汗出即可。

苗医:治疗脘腹胀痛,小儿咳喘。内服,5～10 g。

飞龙掌血　*Toddalia asiatica*（L.）Lam.

异名　见血飞、大救驾、血见愁、散血丹、飞龙斩血。

形态特征　木质蔓生藤本。枝与分枝常有向下弯曲的皮刺;老枝褐色,幼枝淡绿色或黄绿色。小叶片革质,倒卵形或长圆形,先端急尖或微尖,基部楔形,边缘有细钝锯齿,两面无毛。花单性,白色至淡黄色。核果近球形,橙黄色至朱红色,有深色腺点。种子肾形,黑色。花期10～12月,果期12月至翌年2月。

△ 飞龙掌血植株

生境与分布 生于山林、路旁、灌丛或疏林中。分布于天柱、锦屏、都匀等地。

药材名 飞龙掌血（根或根皮）。

采收加工 全年均可采收，挖根，洗净，鲜用或切段晒干。

功能主治 祛风止痛，散瘀止血，解毒消肿。主治风湿痹痛，腰痛，胃痛，痛经，经闭，跌打损伤，劳伤吐血，衄血，瘀滞崩漏，疮痈肿毒。

用法用量 内服，9～15 g，水煎服；或浸酒，或入散剂。外用适量，鲜品捣敷；干品研末撒或调敷。

用药经验 侗医：①治疗骨折。10～30 g与10 g水冬瓜鲜品，捣烂加适量白酒，外包骨折处。②治疗跌打损伤，本品和山腊梅各30 g，泡酒服。

使用注意 本品有小毒，孕妇禁服。

△ 飞龙掌血腊叶标本

竹叶花椒 *Zanthoxylum armatum* DC.

异名 野花椒、山花椒、土花椒、岩椒、白总管、万花针、臭花椒、三叶花椒。

形态特征 高3～5 m的落叶小乔木；茎枝多锐刺，刺基部宽而扁，红褐色。叶有小叶3～9，稀11片，翼叶明显，稀仅有痕迹；小叶对生，通常披针形。花序近腋生或同时生于侧枝之顶，长2～5 cm，有花30朵以内；花被片6～8片，形状与大小几相同。果紫红色，有微凸起少数油点，单个分果瓣径4～5 mm；种子径3～4 mm，褐黑色。花期4～5月，果期8～10月。

生境与分布 生于海拔2300 m以下的山坡疏林、灌

△ 竹叶花椒植株

▲ 竹叶花椒腊叶标本

丛中及路旁。分布于天柱、台江、都匀等地。

药材名 竹叶椒(果实)。

采收加工 秋季果实成熟时采收,干燥,除去种子及杂质。

功能主治 温中燥湿,散寒止痛,驱虫止痒。主治脘腹冷痛,寒湿吐泻,蛔虫腹痛,龋齿牙痛,湿疹,疥癣痒疮。

用法用量 内服,6~9g,水煎服;研末,1~3g。外用适量,煎水洗或含漱;或酒精浸泡外搽;或研末粉塞入龋齿洞中,或鲜品捣敷。

用药经验 侗医:治疗胃腹冷痛,呕吐,寒湿泻痢,蛔虫病等。内服,10~15g。

苗医:治疗胃痛。内服,6~9g。

使用注意 本品有小毒,孕妇忌用。

砚壳花椒 *Zanthoxylum dissitum* Hemsl.

异名 大叶花椒、大花椒、山枇杷。

形态特征 攀援藤本;老茎的皮灰白色,枝干上的刺多劲直,叶轴及小叶中脉上的刺向下弯钩,刺褐

▲ 砚壳花椒植株

红色。叶有小叶5～9片,稀3片;小叶互生或近对生,形状多样,长达20 cm,宽1～8 cm或更宽,全缘或叶边缘有裂齿。花序腋生,通常长不超过10 cm,花序轴有短细毛;萼片紫绿色,宽卵形;花瓣淡黄绿色,宽卵形。果密集于果序上,果梗短;果棕色,外果皮比内果皮宽大;种子径8～10 mm。

生境与分布 生于坡地杂木林或灌木丛中,石灰岩山地及土山均有生长。分布于天柱、锦屏、麻江、都匀等地。

药材名 砚壳花椒(果实)。

采收加工 8～9月果实成熟时采摘,晒干。

功能主治 散寒止痛,调经。主治疝气痛,月经过多。

用法用量 内服,3～9 g,水煎服。

用药经验 侗医治疗跌打损伤,风湿痛。内服,10～15 g。外用,鲜品适量,捣烂敷患处。

▲ 砚壳花椒腊叶标本

异叶花椒 *Zanthoxylum ovalifolium* Wight

异名 野花椒。

形态特征 高达10 m的落叶乔木;枝灰黑色,嫩枝及芽常有红锈色短柔毛,枝很少有刺。单小叶,指状3小叶,2～5小叶或7～11小叶;小叶卵形、椭圆形,有时倒卵形。花序顶生;花被片6～8、稀5片,大小不相等,形状略不相同。分果瓣紫红色,幼嫩时常被疏短毛,径6～8 mm;基部有甚短的狭柄,油点稀少,顶侧有短芒尖;种子径5～7 mm。花期4～6月,果期9～11月。

生境与分布 生于海拔300～2 400 m的山地林中,喜湿润地方,石灰岩山地也常见。分布于天柱等地。

药材名 羊三刺(枝叶)。

采收加工 夏、秋季采收枝叶,晒干。

▲ 异叶花椒植株

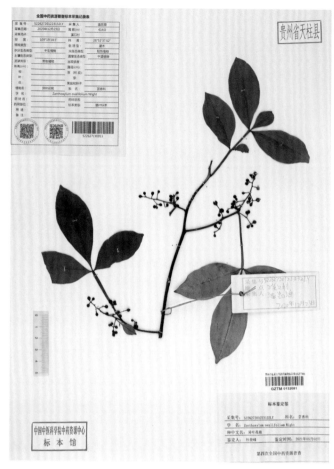

▲ 异叶花椒腊叶标本

功能主治 散寒燥湿。主治寒湿脚气疼痛。

用法用量 外用适量,煎水熏洗。

用药经验 侗医治疗胸膜炎积水,前列腺炎疼痛,小便不畅,四肢不温等。内服,10～15 g。外用适量,熏洗。

狭叶花椒 *Zanthoxylum stenophyllum* Hemsl.

异名 野花椒、见血飞、蛇总管。

形态特征 小乔木或灌木;茎枝灰白色,当年生枝淡紫红色,小枝纤细,多刺,刺劲直且长。叶有小叶9～23 片,稀较少;小叶互生,披针形或狭长披针形,顶部长渐尖或短尖,基部楔尖至近于圆,油点不显,叶缘有锯齿状裂齿,齿缝处有油点。伞房状聚伞花序顶生,有花稀超过 30 朵;萼片及花瓣均 4 片。果梗长1～3 cm,与分果瓣同色;分果瓣淡紫红色或鲜红色,稀较大,顶端的芒尖长达 2.5 mm,油点干后常凹陷;种子径约 4 mm。花期 5～6 月,果期 8～9 月。

生境与分布 生于海拔 1000～2 200 m 山地灌木丛中。分布于天柱等地。

药材名 狭叶花椒(果实)。

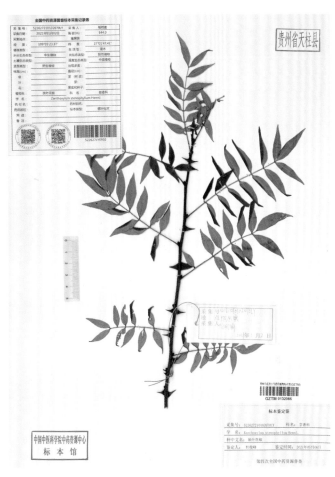

狭叶花椒植株　　　　　　　　　　　狭叶花椒腊叶标本

采收加工　秋季采收,晒干。

功能主治　温胃,杀虫。主治脘腹冷痛,蛔虫病。

用法用量　内服,2～3 g,水煎服。

用药经验　侗医治疗风湿痛,脘腹冷痛,牙痛。内服,10～15 g。

楝科

楝　*Melia azedarach* L.

异名　苦楝树、苦楝、楝皮、楝根木皮。

形态特征　落叶乔木,高达 10 m;树皮灰褐色,纵裂。叶为 2～3 回奇数羽状复叶;小叶对生,卵形、椭圆形至披针形,顶生一片通常略大,先端短渐尖,基部楔形或宽楔形,边缘有钝锯齿,幼时被星状毛,后两

植物药资源

169

▲ 楝植株

面均无毛。圆锥花序约与叶等长,无毛或幼时被鳞片状短柔毛;花芳香;花瓣淡紫色,倒卵状匙形,两面均被微柔毛,通常外面较密。核果球形至椭圆形,内果皮木质,4～5室,每室有种子1颗;种子椭圆形。花期4～5月,果期10～12月。

生境与分布 生于低海拔旷野、路旁或疏林中,常栽培于屋前房后。分布于凯里、天柱、锦屏、剑河、台江、都匀等地。

药材名 苦楝皮(树皮及根皮)。

采收加工 全年或春、秋季采收,剥取干皮或根皮,除去泥沙,晒干。

▲ 楝腊叶标本

功能主治 杀虫,疗癣。主治蛔虫病,钩虫病,蛲虫病,阴道滴虫病,疥疮,头癣。

用法用量 内服,6～15g,鲜品15～30g,水煎服;或入丸、散。外用适量,煎水洗;或研末调敷。

用药经验 侗医:①治疗疥疮,蛔虫症。80g煎水洗澡,每日1～2次,连洗7日治疥疮;白皮50～70g煎水早晚各服1次,驱蛔虫。②治疗蛔虫引起的腹痛。苦楝根皮、羊齿各13g,黑牵牛5g,水煎服,日服3次,服时调配适量生蜂蜜。

苗医:果实和茎皮治疗虫积腹痛。内服,6～9g。

使用注意 本品有毒。体弱及肝肾功能障碍者、孕妇及脾胃虚寒者均慎服。不亦宜持续和过量服用。

远志科

瓜子金 *Polygala japonica* Houtt.

异名 小远志、瓜子草、银不换、竹叶地丁、瓜子莲。

形态特征 多年生草本,高15～20 cm;茎、枝直立或外倾,绿褐色或绿色,具纵棱,被卷曲短柔毛。单叶互生,叶片厚纸质或亚革质,卵形或卵状披针形,叶面绿色,背面淡绿色,两面无毛或被短柔毛。总状花序与叶对生,或腋外生,最上1个花序低于茎顶。花瓣3,白色至紫色。蒴果圆形,顶端凹陷,具喙状突尖。种子2粒,卵形,黑色,密被白色短柔毛。花期4～5月,果期5～8月。

▲ 瓜子金植株

▲ 瓜子金腊叶标本

生境与分布 生于海拔800～2 100 m的山坡草地或田埂上。分布于天柱、锦屏、剑河、台江、都匀等地。

药材名 瓜子金(全草)。

采收加工 春末花开时采挖,除去泥沙,晒干。

功能主治 祛痰止咳,活血消肿,解毒止痛。主治咳嗽痰多,咽喉肿痛。外用治疗跌打损伤,疔疮疖肿,蛇虫咬伤。

用法用量 内服,6～15 g,鲜品30～60 g,水煎服;或研末;或浸酒。外用适量,捣敷或研末调敷。

用药经验 侗医:治疗失眠,痈疽疮毒。内服,10～15 g。外用适量。

苗医:①治疗头痛。内服,3～10 g。②治疗喉水肿。瓜子金、徐长卿、八爪金龙、白前、骨碎补,水煎内服。③治疗胃气痛。瓜子金、青木香、鸡矢藤、辣蓼,水煎内服。

马桑科

马桑 *Coriaria nepalensis* Wall.

异名 死鸡树、野马桑、马桑柴、乌龙须、黑龙须、黑虎大王。

形态特征 灌木，高 1.5～2.5 m，分枝水平开展，小枝四棱形或成四狭翅，幼枝疏被微柔毛，后变无毛，常带紫色，老枝紫褐色，具显著圆形突起的皮孔。叶对生，纸质至薄革质，椭圆形或阔椭圆形。总状花序生于二年生的枝条上，雄花序先叶开放。果球形，果期花瓣肉质增大包于果外，成熟时由红色变紫黑色，径 4～6 mm；种子卵状长圆形。花期 4～5 月，果期 7～8 月。

生境与分布 生于海拔 400～3 200 m 的灌丛中。分布于凯里、天柱、锦屏、剑河、台江、麻江、都匀等地。

药材名 马桑（根、叶）。

采收加工 根冬季采挖，刮去外皮，晒干；叶夏季采，晒干。

功能主治 祛风除湿，镇痛，杀虫。根：主治淋巴结结核，跌打损伤，狂犬咬伤，风湿关节痛。叶：外用治疗烧烫伤，头癣，湿疹，疮疡肿毒。

用法用量 5 g；外用适量，水煎或外洗、外敷。因有大毒，一般只作外用。

▲ 马桑植株

▲ 马桑腊叶标本

用药经验 侗医：①治疗痈疽肿毒，黄水疮，烫伤等。外用，捣烂外敷，或煎水洗，或研末擦抹，或调敷。②治疗各种脓疱烂疮，久治效果不好。马桑果适量，焙干，研成细粉，撒于患处。③治疗蜈蚣咬伤。马桑叶（鲜品）、倒柳叶各 100 g，共捶烂后敷患处。

苗医：根及叶治疗头癣，疥癣，癫痫。外用，鲜品适量，水煎洗或捣烂外敷。

使用注意 本品有剧毒，孕妇、小儿、体虚者禁内服。

漆树科

盐肤木 *Rhus chinensis* Mill.

异名 五倍子树、盐霜柏、盐酸木、老公担盐、五倍子树。

形态特征 落叶小乔木或灌木，高 2～10 m；小枝棕褐色，被锈色柔毛，具圆形小皮孔。小叶卵形或椭圆状卵形，长 6～12 cm，宽 3～7 cm，先端急尖，基部圆形，叶面暗绿色，叶背粉绿色，被白粉。圆锥花序宽大，多分枝，雄花序长 30～40 cm，雌花序短，密被锈色柔毛；花白色，花梗长约 1 mm，被微柔毛。核果球形，略压扁，被具节柔毛和腺毛，成熟时红色。花期 8～9 月，果期 10 月。

生境与分布 生于海拔 170～2 700 m 的向阳山坡、沟谷、溪边的疏林或灌丛中。分布于凯里、天柱、锦屏、剑河、台江、麻江、都匀等地。

药材名 盐肤木（根、叶）。

采收加工 根全年可采，夏秋采叶，晒干。

功能主治 清热解毒，散瘀止血。根：主治感冒发热，支气管炎，咳嗽咯血，肠炎，痢疾，痔疮出血；根、叶外用治疗跌打损伤，毒蛇咬伤，漆疮。

用法用量 内服，9～15 g；鲜品 30～60 g，水煎服。外用适量，研末调敷；或煎水洗；或鲜品捣敷。

▲ 盐肤木植株　　　　　　　　▲ 盐肤木腊叶标本

用药经验 侗医:①治疗痔疮。10～20 g,水煎,趁温热外洗坐浴 15～20 分钟后,用干粉末外涂肛门处,每日 1～2 次,连续 7～10 日。②治疗少腹偏气痛(疝气痛)症。取五倍子(寄生的虫瘿)25 g,放入食盐少许,用火纸包好,水浸泡后,放进炭火热灰(侗药名"子母灰")内煨成(存)性,研为细粉,用酒调服,每次服 6 g。

苗医:①虫瘿治疗体虚多汗,痔疮便血;根、叶治疗感冒发热,吐血。内服,10～15 g。②治疗体虚盗汗。五倍子(寄生的虫瘿)、土党参、山药,水煎内服。③治疗痔疮便血。五倍子(寄生的虫瘿)、苦参、野菊花、夏枯草、旱莲草,水煎坐浴。

凤仙花科

凤仙花 *Impatiens balsamina* L.

异名 指甲花、灯盏花、金童花。

形态特征 一年生草本,高 60～100 cm。茎粗壮,肉质,直立,不分枝或有分枝,无毛或幼时被疏柔毛,具多数纤维状根,下部节常膨大。叶互生,最下部叶有时对生;叶片披针形、狭椭圆形或倒披针形,两面无毛或被疏柔毛。花单生或 2～3 朵簇生于叶腋,白色、粉红色或紫色,单瓣或重瓣。蒴果宽纺锤形,两端尖,密被柔毛。种子多数,圆球形,黑褐色。花期 7～10 月。

生境与分布 多为栽培。分布于凯里、天柱、锦屏、剑河、麻江、都匀等地。

药材名 凤仙花(花或全草)。

采收加工 夏、秋季开花时采收,鲜用或阴、烘干。

▲ 凤仙花植株　　　　　　▲ 凤仙花腊叶标本

功能主治 活血通经，祛风止痛，解毒。主治闭经，跌打损伤，瘀血肿痛，风湿性关节炎，痈疖疔疮，蛇咬伤，手癣。

用法用量 内服，1.5～3.0 g，鲜品可用至 3～9 g，水煎服；或研末；或浸酒。外用适量，鲜品研烂涂；或煎水洗。

用药经验 侗医：①治疗小儿惊风。取花指甲籽 30～40 g，煮水内服外搽，一日 2～3 次，直至痊愈。②治疗哮喘。风仙花（全草）适量。把风仙花切细，加水熬成浓汁，趁热擦洗全身，药水冷后加热再洗，直到全身感觉很热或出汗为止。每日 1 次，连用数次。如无风仙花，亦可将生姜捶烂，煮水擦洗。

苗医：治疗风湿痹痛，骨折。内服，5～10 g。外用适量，捣烂外包。

卫矛科

卫矛 *Euonymus alatus*（Thunb.）Sieb.

异名 鬼见羽、六月凌、风枪林。

▲ 卫矛植株

▲ 卫矛腊叶标本

形态特征 灌木,高1～3m;小枝常具2～4列宽阔木栓翅;冬芽圆形,长约2mm,芽鳞边缘具不整齐细坚齿。叶卵状椭圆形、窄长椭圆形,偶为倒卵形,边缘具细锯齿,两面光滑无毛。聚伞花序1～3花;花白绿色。蒴果1～4深裂,裂瓣椭圆状;种子椭圆状或阔椭圆状,种皮褐色或浅棕色,假种皮橙红色,全包种子。花期5～6月,果期7～10月。

生境与分布 生于山坡、沟地边沿。分布于天柱、锦屏、都匀等地。

药材名 鬼箭羽(根、带翅的枝及叶)。

采收加工 全年采根,夏秋采带翅的枝及叶,晒干。

功能主治 行血通经,散瘀止痛。主治月经不调,产后淤血腹痛,跌打损伤肿痛。

用法用量 内服,4.5～15.0g,水煎服;或入丸、散。

用药经验 侗医:治疗月经不调,产后瘀血腹痛,跌打损伤肿痛。内服,5～10g。
苗医:治疗痛经。内服,5～10g,煎汤。

扶芳藤 *Euonymus fortunei*(Turcz.)Hand.-Mazz.

异名 岩青藤、爬山虎、土杜仲、藤卫矛、换骨筋、千斤藤。

形态特征 常绿藤本灌木,高1至数米;小枝方棱不明显。叶薄革质,椭圆形、长方椭圆形或长倒卵形,先端钝或急尖,基部楔形,边缘齿浅不明显。聚伞花序3～4次分枝;花白绿色,4数,直径约6mm。蒴果粉红色,果皮光滑,近球状;种子长方椭圆状,棕褐色,假种皮鲜红色,全包种子。花期6月,果期10月。

生境与分布 生于山坡丛林中。分布于天柱、锦屏、剑河、麻江等地。

药材名 扶芳藤(带叶茎枝)。

采收加工 茎、叶全年均可采,清除杂质,切碎,晒干。

▲ 扶芳藤植株

▲ 扶芳藤腊叶标本

功能主治 舒筋活络,益肾壮腰,止血消瘀。主治肾虚腰膝酸痛,半身不遂,风湿痹痛,小儿惊风,咯血,吐血,月经不调,子宫脱垂,跌打骨折,创伤出血。

用法用量 内服,15～30 g,水煎服;或浸酒,或入丸、散。外用适量,研粉调敷,或捣敷,或煎水熏洗。

用药经验 侗医治疗风湿痛,外用治疗骨折,跌打损伤。外用,鲜品适量,捣烂敷。

冬青卫矛 *Euonymus japonicus* Thunb.

异名 四季青、万年青。

形态特征 灌木,高可达3 m;小枝四棱,具细微皱突。叶革质,有光泽,倒卵形或椭圆形,先端圆阔或急尖,基部楔形,边缘具有浅细钝齿。聚伞花序5～12;花白绿色;花瓣近卵圆形。蒴果近球状,淡红色;种子每室1,顶生,椭圆状,假种皮橘红色,全包种子。花期6～7月,果期9～10月。

生境与分布 生于土壤湿润的向阳地或庭园栽培。分布于天柱、锦屏等地。

药材名 大叶黄杨(茎皮及枝)。

采收加工 全年均可采,切段或树皮晒干。

功能主治 祛风湿,强筋骨,活血止血。主治风湿痹痛,腰膝酸软,跌打伤肿,骨折,吐血。

用法用量 内服,15～30 g,水煎服;或浸酒。

用药经验 侗医、苗医治疗月经不调,痛经等。内服,15～30 g。

▲ 冬青卫矛植株　　　　　　▲ 冬青卫矛腊叶标本

省沽油科

野鸦椿　*Euscaphis japonica*（Thunb.）Dippel

异名　鸡肾果、鸡眼睛。

形态特征　落叶小乔木或灌木,高 2～8 m,树皮灰褐色,具纵条纹。叶对生,奇数羽状复叶,叶轴淡绿色,小叶 5～9,厚纸质,长卵形或椭圆形,先端渐尖,基部钝圆,边缘具疏短锯齿,两面除背面沿脉有白色小柔毛外余无毛。圆锥花序顶生,花梗长达 21 cm,花多,较密集,黄白色,萼片与花瓣均 5,椭圆形。蓇葖果长 1～2 cm,每一花发育为 1～3 个蓇葖,果皮软革质,紫红色,有纵脉纹,种子近圆形,假种皮肉质,黑色,有光泽。花期 5～6 月,果期 8～9 月。

生境与分布　生于山坡、山谷、河边的丛林或灌丛中,亦有栽培。分布于凯里、天柱、锦屏、剑河、都匀等地。

药材名　野鸦椿(根或果实)。

采收加工　秋季采收,分别洗净,鲜用或晒干。

功能主治　根:祛风解表,清热利湿。主治感冒头痛,痢疾,肠炎,风湿腰痛,跌打损伤。果实:祛风散寒,行气止痛,消肿散结。主治胃痛,疝痛,月经不调,偏头痛,痢疾,脱肛,子宫下垂,睾丸肿痛。

用法用量　内服,9～15 g,鲜品 30～60 g,水煎服;或浸酒。外用适量,捣敷,或煎汤熏洗。

▲ 野鸦椿植株　　　　　　　　　▲ 野鸦椿腊叶标本

用药经验　侗医:治疗消化不良,关节疼痛。水煎或研末冲服,15～30 g。

苗医：根治疗咳嗽，果实治疗疝气。内服，10～15g。

黄杨科

野扇花 *Sarcococca ruscifolia* Stapf

异名　羊不提、叶上花、清香桂、万年青、野樱桃。

形态特征　常绿灌木，高1～4m，分枝较密，有一主轴及发达的纤维状根系；小枝被密或疏的短柔毛。叶阔椭圆状卵形、卵形、椭圆状披针形、披针形或狭披针形，先端急尖或渐尖，兹部急尖或渐狭或圆，叶面亮绿，叶背淡绿。花序短总状，长1～2cm，花序轴被微细毛；花白色，芳香。果实球形，直径7～8mm，熟时猩红至暗红色，宿存花柱3或2，长2mm。花、果期10月至翌年2月。

生境与分布　生于海拔200～2600m的山坡、林下或沟谷中，亦有栽培。分布于凯里、天柱、锦屏、都匀等地。

药材名　胃友（根）。

采收加工　全年均可采挖，洗净，鲜用或晒干。

功能主治　行气活血，祛风止痛。主治胃脘疼痛，风寒湿痹，跌打损伤。

用法用量　内服，9～15g，鲜品30～60g，水煎服；或研末，0.9～1.5g。

用药经验　侗医：治疗胃病。内服，10～15g。

▲ 野扇花腊叶标本

▲ 野扇花植株

苗医：治疗偏头痛。内服，10～15g。

勾儿茶 *Berchemia sinica* Schneid.

异名 牛鼻圈、牛鼻足秧、枪子柴、牛窝子、铁包金。

形态特征 藤状或攀援灌木，高达 5 m；幼枝无毛，老枝黄褐色，平滑无毛。叶纸质至厚纸质，卵状椭圆形或卵状矩圆形，上面绿色，无毛，下面灰白色，仅脉腋被疏微毛。花芽卵球形，顶端短锐尖或钝；花黄色或淡绿色，单生或数个簇生，在侧枝顶端排成具短分枝的窄聚伞状圆锥花序。核果圆柱形，基部稍宽，有皿状的宿存花盘，成熟时紫红色或黑色。花期 6～8 月，果期翌年 5～6 月。

生境与分布 生于海拔 1 000～2 500 m 的山坡、沟谷灌丛或杂木林中。分布于凯里、天柱、麻江、都匀等地。

药材名 勾儿茶（根、根皮和叶）。

采收加工 夏、秋采，鲜用或晒干。

功能主治 补脾利湿，舒筋活络，调经止痛。根、根皮：主治风湿性关节炎，黄疸型肝炎，胃脘痛，脾胃虚弱，食欲不振，小儿疳积，痛经。外用治疗跌打损伤，急性结膜炎，多发性疖肿。

用法用量 内服，根 50～100 g，水煎服。根、叶外用适量，鲜品捣烂敷患处或贴敷患处。

▲ 勾儿茶植株

▲ 勾儿茶腊叶标本

长叶冻绿 *Rhamnus crenata* Sieb et Zucc.

异名 苦李根、黄药、钝齿鼠李。

形态特征 落叶灌木或小乔木,高达7m;幼枝带红色,被毛,后脱落,小枝被疏柔毛。叶纸质,倒卵状椭圆形、椭圆形或倒卵形,稀倒披针状椭圆形或长圆形,边缘具圆齿状齿或细锯齿,上面无毛,下面被柔毛或沿脉多少被柔毛。花数个或10余个密集成腋生聚伞花序;花瓣近圆形,顶端2裂。核果球形或倒卵状球形,绿色或红色,成熟时黑色或紫黑色。花期5~8月,果期8~10月。

生境与分布 生于海拔2000m以下的山地林下或灌丛中。分布于天柱、锦屏、台江、麻江、都匀等地。

药材名 黎罗根(根)。

采收加工 全年可采,洗净切片,晒干或鲜用。

功能主治 清热利湿,杀虫止痒。外用治疗疗疮,顽癣,湿疹,脓疱疮。

用法用量 水煎洗患处,或根研末加猪油调敷,也可用根磨醋或浸酒精搽患处。

用药经验 侗医:治疗疮疱疗癣。根50g研末备用,用时取适量调茶油外搽,一日2~3次,直至痊愈。

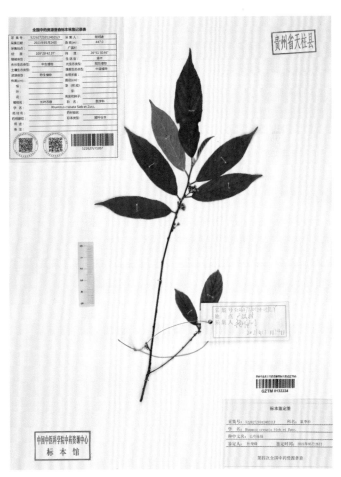

▲ 长叶冻绿植株　　　　　▲ 长叶冻绿腊叶标本

苗医:全株或根治疗疗疮,各种疮毒,肿痛,癣,小儿蛔虫等。外用,鲜品适量,捣烂调茶油外搽。

使用注意 本品有毒,不可内服。

葡萄科

蛇葡萄 *Ampelopsis glandulosa*（Wallich）Momiyama

异名 假葡萄、野葡萄、山葡萄、爬山虎、蛇白蔹、野葡萄。

形态特征 木质藤本，叶为单叶，心形或卵形，3～5中裂，常混生有不分裂者，顶端急尖，基部心形，聚伞花序，花蕾卵圆形，花瓣5，卵椭圆形，浆果近球形或肾形，由深绿色变蓝黑色，有种子2～4颗。花期6～8月，果期9月至翌年1月。

生境与分布 生于海拔300～1200 m的山谷疏林或灌丛中。分布于天柱、台江、麻江等地。

药材名 蛇葡萄（根皮）。

采收加工 春秋采，去木心，切段晒干或鲜用。

功能主治 清热解毒，祛风活络，止血止痛。主治风湿性关节炎，呕吐，腹泻，溃疡病；外用治疗跌打损伤，肿痛，疮疡肿毒，外伤出血，烧烫伤。

用法用量 内服，5～15 g，水煎或研末冲服。外用适量，鲜品捣烂敷患处。

▲ 蛇葡萄植株

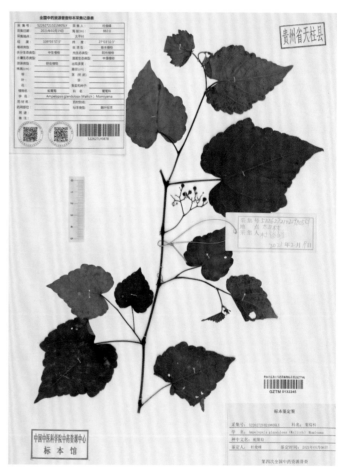

▲ 蛇葡萄腊叶标本

显齿蛇葡萄 *Ampelopsis grossedentata*（Hand.-Mazz.）W. T. Wang

异名　神仙草、藤茶。

形态特征　木质藤本。小枝圆柱形，有显著纵棱纹，无毛。叶为1～2回羽状复叶，2回羽状复叶者基部一对为3小叶，小叶卵圆形，卵椭圆形或长椭圆形，顶端急尖或渐尖，基部阔楔形或近圆形，边缘每侧有2～5个锯齿，上面绿色，下面浅绿色，两面均无毛。花序为伞房状多歧聚伞花序，与叶对生；花瓣5，卵椭圆形。果近球形，有种子2～4颗；种子倒卵圆形，种脐在种子背面中部呈椭圆形。花期5～8月，果期8～12月。

生境与分布　生于海拔400～1300 m的山地灌丛、林中、石上、沟边。分布于天柱、锦屏、都匀等地。

药材名　甜茶藤（茎叶或根）。

采收加工　夏、秋季采收，洗净，鲜用或切片，晒干。

功能主治　清热解毒，利湿消肿。主治风热感冒，咽喉肿痛，黄疸型肝炎，目赤肿痛，痈肿疮疖。

用法用量　内服，15～30 g，鲜品倍量，水煎服。外用适量，煎水洗。

▲ 显齿蛇葡萄植株

▲ 显齿蛇葡萄腊叶标本

用药经验　侗医：治疗风湿骨痛。25 g煎汁兑酒服。一日3次，连服7～10日。

三叶崖爬藤 *Tetrastigma hemsleyanum* Diels et Gilg

异名　石老鼠、三叶青、三叶对、三叶扁藤、拦山虎。

▲ 三叶崖爬藤植株

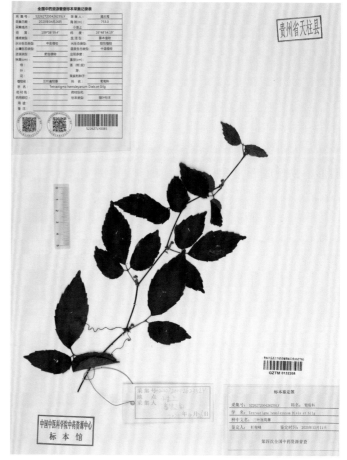

▲ 三叶崖爬藤腊叶标本

形态特征 草质藤本。小枝纤细,有纵棱纹,无毛或被疏柔毛。叶为3小叶,小叶披针形、长椭圆披针形或卵披针形,顶端渐尖,稀急尖,基部楔形或圆形,边缘每侧有4～6个锯齿,上面绿色,下面浅绿色,两面均无毛。花序腋生;花蕾卵圆形;花瓣4,卵圆形。果实近球形或倒卵球形,有种子1颗;种子倒卵椭圆形,顶端微凹,基部圆钝,表面光滑。花期4～6月,果期8～11月。

生境与分布 生于海拔600～1000 m的阴湿山坡、山沟、溪谷两旁树林下或灌丛中。分布于天柱、麻江、都匀等地。

药材名 蛇附子(块根)。

采收加工 冬季挖根部,除去泥土,洗净,切片,鲜用或晒干。

功能主治 清热解毒,祛风活血。主治高热惊厥,肺炎,咳喘,肝炎,肾炎,风湿痹痛,跌打损伤,痈疔疮疖,湿疹,蛇伤。

用法用量 内服,5～12 g,水煎服;或捣汁。外用适量,磨汁涂;或捣烂敷;或研末撒。

用药经验 侗医治疗发热咳嗽,乳腺炎等。水煎服或研末调水服,3～10 g。

崖爬藤 *Tetrastigma obtectum*（Wall.）Planch.

异名 岩五加、五叶崖爬藤、藤五甲、小走游草、小红藤。

形态特征 常绿或半常绿木质藤本。小枝稍有棱,被柔毛。掌状复叶互生;小叶通常5,有时3,中间小叶菱状倒卵形,长1.5～4.5 cm,宽1.0～3.5 cm,先端渐尖,基部楔形;侧生小叶常偏斜,基部常不对称,两面无毛,边缘有稀疏的具尖头的小锯齿,上面绿色,下面带粉白色或锈色。花单性,伞形花序长约2 cm;花小,黄绿色;花瓣4,卵形,长约3 mm,顶端具极短的角。果序长达6 cm,浆果球形或倒卵形,长5～7 mm,熟时黑紫色。花期5～6月,果期8～9月。

▲ 崖爬藤植株

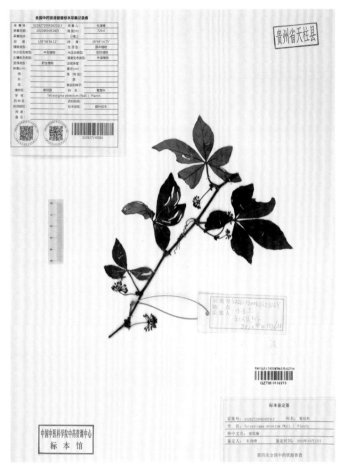

▲ 崖爬藤腊叶标本

生境与分布 生于海拔 800～1400 m 的林下阴湿处或岩石壁上。分布于天柱、麻江、都匀等地。

药材名 走游草(根或全株)。

采收加工 秋季挖取全株,去净泥沙及杂质,切碎,晒干;冬季挖取根部,洗净,切片,晒干。

功能主治 祛风除湿,活血通络,解毒消肿。主治风湿痹痛,跌打损伤,痰核流注,痈疮肿毒,毒蛇咬伤。

用法用量 内服,10～15 g,水煎服;或浸酒。外用适量,煎水洗,或捣敷;或研末撒、麻油调涂。

用药经验 侗医治疗骨折,关节脱位,刀伤血肿。内服,10～15 g,或浸酒服。外用适量,捣烂敷患处。

使用注意 本品有小毒,孕妇忌服。

瑞香科

白瑞香 *Daphne papyracea* Wall. ex Steud.

异名 野解梦花。

形态特征 常绿灌木,高达 1.5 m。当年生枝被粗绒毛,小枝纤细,灰褐或灰黑色,渐无毛,老枝灰色。叶互生,膜质或纸质,长椭圆形或长圆状披针形,先端钝尖长渐尖至尾尖,基部楔形,两面无毛,侧脉 7～15

对。多花簇生小枝顶端成头状花序,花白色。花萼筒外面被淡黄色丝状柔毛,裂片 4,卵状披针形或卵状长圆形,先端渐尖,外面中部至顶部被柔毛。果卵形或倒梨形,成熟时红色。花期 11 月至翌年 1 月,果期 4～5 月。

▲ 白瑞香植株　　　　　　　　　　　　▲ 白瑞香腊叶标本

生境与分布　生于海拔 700～2 000 m 的密林下或灌丛中,肥沃湿润的山地。分布于凯里、天柱、台江等地。

药材名　白瑞香(根皮、茎皮或全株)。

采收加工　夏季挖取全株,分别剥取根皮和茎皮,洗净,晒干。

功能主治　祛风除湿,活血调经,止痛。主治风湿麻木,筋骨疼痛,跌打损伤,癫痫,月经不调,痛经,经期手脚冷痛。

用法用量　内服,3～6 g,水煎服。

用药经验　侗医主治小儿夜啼。外用加野叶烟、小马蹄、土柴胡、三片老茶叶、七粒米等制成香囊。

胡颓子科

胡颓子 *Elaeagnus pungens* Thunb.

异名 羊奶奶、蒲颓子、雀儿酥。

形态特征 常绿直立灌木,高 3~4 m,具刺,刺顶生或腋生,深褐色。叶革质,椭圆形或阔椭圆形,稀矩圆形,两端钝形或基部圆形,边缘微反卷或皱波状。花白色或淡白色,下垂,密被鳞片,1~3 花生于叶腋锈色短小枝上。果实椭圆形,幼时被褐色鳞片,成熟时红色。花期 9~12 月,果期翌年 4~6 月。

生境与分布 生于海拔 1000 m 以下的向阳山坡或路旁。分布于凯里、天柱、剑河、麻江、都匀等地。

药材名 胡颓子(根、叶及果实)。

采收加工 夏季采叶,四季采根,立夏果实成熟时采果。分别晒干。

功能主治 根:祛风利湿,散瘀止血。主治传染性肝炎,小儿疳积,风湿关节痛,咯血、吐血,便血,崩漏,白带,跌打损伤。叶:止咳平喘。主治支气管炎,咳嗽,哮喘。果:消食止痢。主治肠炎,痢疾,食欲不振。

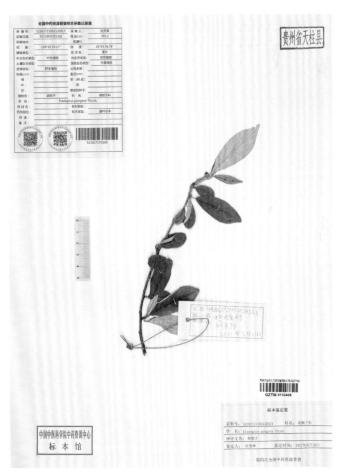

▲ 胡颓子植株

▲ 胡颓子腊叶标本

用法用量 内服,根 50~100 g,叶、果 15~25 g,水煎服。

用药经验 侗医:治疗便血。根 30 g 煎水内服,每日 2 次,连服 5~7 日。
苗医:治疗咳嗽,气喘,咯血,跌打肿痛。内服,10~15 g。

堇菜科

心叶堇菜 *Viola concordifolia* C.J. Wang

异名 三角草、紫花地丁。

形态特征 多年生草本,无地上茎和匍匐枝。根状茎粗短,节密生,粗4～5 mm;支根多条,较粗壮而伸长,褐色。叶多数,基生;叶片卵形、宽卵形或三角状卵形,稀肾状,先端尖或稍钝,基部深心形或宽心形,边缘具多数圆钝齿,两面无毛或疏生短毛。花淡紫色;上方花瓣与侧方花瓣倒卵形,下方花瓣长倒心形,顶端微缺。蒴果椭圆形,长约1 cm。

生境与分布 生于林缘、林下开阔草地间、山地草丛、溪谷旁。分布于天柱等地。

药材名 犁头草(全草)。

采收加工 4～5月果实成熟期,采收全草,去净泥土,鲜用或晒干。

功能主治 清热解毒,化瘀排脓,凉血清肝。主治痈疽肿毒,乳痈,肠痈下血,化脓性骨髓炎,黄疸,目赤肿痛,瘰疬,外伤出血,蛇伤。

用法用量 内服,9～15 g,鲜品30～60 g,水煎服;或捣汁服。外用适量,捣敷。

用药经验 侗医:①治疗疔疮,无名肿毒。内服,10～15 g。外用捣烂外敷。②治疗妇女不孕。紫花地丁、益母草、枣树根、生扯拢、当归各9 g,水煎服,日服3次。

▲ 心叶堇菜植株

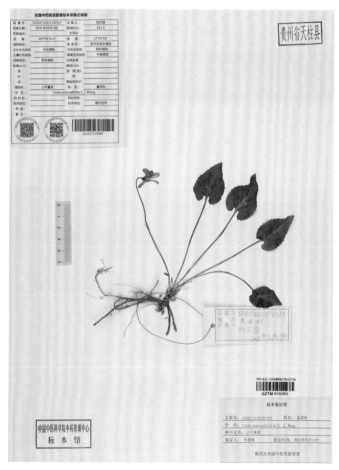

▲ 心叶堇菜腊叶标本

七星莲 *Viola diffusa* Ging.

异名 灯塔草、黄瓜草、白地黄瓜、黄瓜菜、野白菜。

形态特征 一年生草本,全体被糙毛或白色柔毛。根状茎短,具多条白色细根及纤维状根。基生叶多数,丛生呈莲座状,或于匍匐枝上互生;叶片卵形或卵状长圆形,长1.5～3.5 cm,宽1～2 cm,先端钝或稍尖,基部宽楔形或截形,稀浅心形,边缘具钝齿及缘毛,幼叶两面密被白色柔毛,后渐变稀疏,但叶脉上及两侧边缘仍被较密的毛。花较小,淡紫色或浅黄色,具长梗。蒴果长圆形,直径约3 mm,长约1 cm,无毛,顶端常具宿存的花柱。花期3～5月,果期5～8月。

生境与分布 生于山地林下、林缘、草坡、溪谷旁、岩石缝隙中。分布于凯里、天柱、锦屏、台江、都匀等地。

药材名 地白草(全草)。

采收加工 夏、秋季挖取全草,洗净,除去杂质,晒干或鲜用。

功能主治 清热解毒,散瘀消肿,清肺止咳。主治疮疡肿毒,眼结膜炎,肺热咳嗽,百日咳,黄疸型肝炎,带状疱疹,水火烫伤,跌打损伤,骨折,毒蛇咬伤。

用法用量 内服,9～15 g,鲜品30～60 g,水煎服;或捣汁。外用适量,捣敷。

▲ 七星莲植株　　　　　　　　▲ 七星莲腊叶标本

用药经验 侗医治疗急性眼结膜炎,带状疱疹。全草捣烂敷患眼治疗急性结膜炎;捣烂调洗米水搽或敷患处治疗带状疱疹。

紫花堇菜 *Viola grypoceras* A. Gray

异名 犁头草、白蒂黄瓜、铧嘴菜、曲角堇、黄瓜香。

植物药资源

189

形态特征　多年生草本,具发达主根。根状茎短粗,垂直,节密生,褐色;地上茎数条,直立或斜升,通常无毛。基生叶叶片心形或宽心形,先端钝或微尖,基部弯缺狭,边缘具钝锯齿,两面无毛或近无毛,密布褐色腺点;茎生叶三角状心形或狭卵状心形,基部弯缺浅或宽三角形。花淡紫色,无芳香;花瓣倒卵状长圆形,有褐色腺点,边缘呈波状。蒴果椭圆形,密生褐色腺点,先端短尖。花期4~5月,果期6~8月。

　　生境与分布　生于水边草丛或林下湿地。分布于天柱、台江等地。

　　药材名　地黄瓜(全草)。

　　采收加工　夏、秋季采收,洗净,鲜用或晒干。

　　功能主治　清热解毒,散瘀消肿,凉血止血。主治疮疡肿毒,咽喉肿痛,乳痈,急性结膜炎,跌打伤痛,便血,刀伤出血,蛇咬伤。

　　用法用量　内服,9~15g,水煎服。外用适量,捣敷。

　　用药经验　侗医治疗败血症,跌打损伤。内服,10~15g。

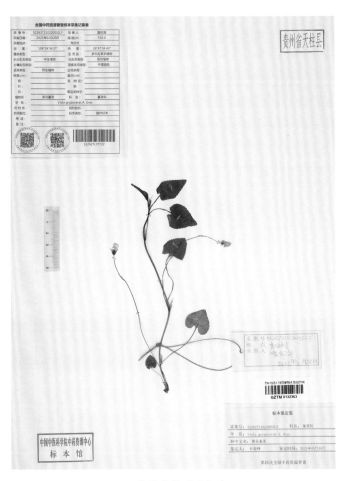

▲ 紫花堇菜植株

▲ 紫花堇菜腊叶标本

柔毛堇菜 *Viola principis* H. Boiss.

　　异名　堇菜、雪山堇菜、岩生堇菜。

　　形态特征　多年生草本,全体被开展的白色柔毛。根状茎较粗壮。匍匐枝较长,延伸,有柔毛。叶近基生或互生于匍匐枝上;叶片卵形或宽卵形,有时近圆形,先端圆,稀具短尖,基部宽心形,有时较狭,边缘密生浅钝齿,下面尤其沿叶脉毛较密。花白色;花梗通常高出于叶丛,密被开展的白色柔毛;花瓣长圆状倒卵形。蒴果长圆形,长约8mm。花期3~6月,果期6~9月。

▲ 柔毛堇菜植株

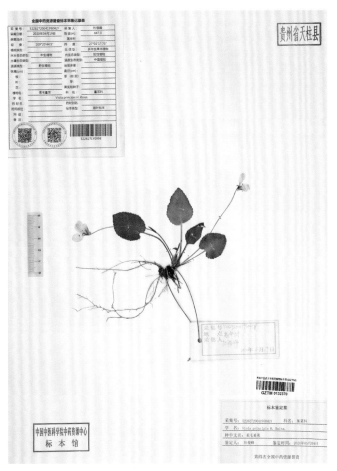

柔毛堇菜腊叶标本

生境与分布 生于山地林下、林缘、草地、溪谷、沟边及路旁等处。分布于天柱、台江等地。

药材名 柔毛堇菜（全草）。

采收加工 2～7月采收，洗净，晒干。

功能主治 清热解毒，散结。主治乳痈。

用法用量 内服，10～20g，水煎服。

用药经验 侗医治疗疔疮，黄疸，眼结膜炎等。内服，10～15g。外用适量。

紫花地丁 *Viola yedoensis* Makino

异名 地丁草、犁头草、辽堇菜、光瓣堇菜、犁口菜。

形态特征 多年生草本，无地上茎，高4～14cm，果期高超过20cm。根状茎短，垂直，淡褐色。叶多数，基生，莲座状；托叶膜质，苍白色或淡绿色，离生部分线状披针形，边缘疏生具腺体的流苏状细齿或近全缘。花中等大，紫堇色或淡紫色，稀呈白色，喉部色较淡并带有紫色条纹；花瓣倒卵形或长圆状倒卵形。蒴果长圆形，无毛；种子卵球形，淡黄色。花果期4月中下旬至9月。

▲ 紫花地丁植株

生境与分布 生于田间、荒地、山坡草丛、林缘或灌丛中。分布于凯里、天柱、锦屏、剑河、台江、麻江等地。

药材名 紫花地丁(全草)。

采收加工 春、秋二季采收,除去杂质,晒干。

功能主治 清热解毒,凉血消肿。主治疔疮肿毒,痈疽发背,丹毒,毒蛇咬伤。

用法用量 内服,15～30 g,水煎服。外用鲜品适量,捣烂敷患处。

用药经验 侗医:①治疗痈肿,黄疸,痢疾,腹泻,目赤等。内服,煎汤,30～50 g(鲜

▲ 紫花地丁腊叶标本

品)。外用适量,捣烂敷或敷贴。②治疗肠痈下血。紫花地丁、红枣尖、地枇杷各 18 g,水煎服,每日服 3 次。

苗医:①治疗热经头痛,发烧,大汗。紫花地丁、野菊花叶、牛蒡子,水煎内服。②治疗无名肿毒。紫花地丁、蒲公英,水煎内服。③治疗毒蛇咬伤。紫花地丁、青木香、徐长卿、一口血、青蒿,水煎内服。

旌节花科

西域旌节花 *Stachyurus himalaicus* Hook. f. et Thoms

异名 小木通、喜马山旌节花、通条树、空藤杆。

形态特征 落叶灌木或小乔木,高 3～5 m;树皮平滑,棕色或深棕色,小枝褐色,具浅色皮孔。叶片坚纸质至薄革质,披针形至长圆状披针形,先端渐尖至长渐尖,基部钝圆,边缘具细而密的锐锯齿。穗状花

▲ 西域旌节花植株

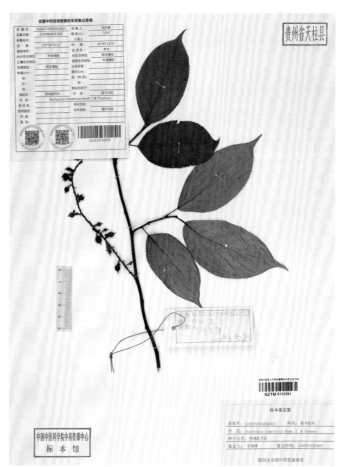

▲ 西域旌节花腊叶标本

序腋生,长 5~13 cm,无总梗;花黄色,长约 6 mm,几无梗;花瓣 4 枚,倒卵形。果实近球形,具宿存花柱。花期 3~4 月,果期 5~8 月。

生境与分布 生于海拔 400~3 000 m 的山坡阔叶林下或灌丛中。分布于天柱、台江、都匀等地。

药材名 小通草(茎髓)。

采收加工 秋季割取茎,截成段,趁鲜取出髓部,理直,晒干。

功能主治 清热,利尿,下乳。主治小便不利,乳汁不下,尿路感染。

用法用量 内服,3~6 g,水煎服。

用药经验 侗医:治疗尿路结石,小便困难、疼痛。小通草 6 g,桐油树叶尖、厚朴树叶尖各 10 g,地龙 9 条(约 20 g)。将地龙腹泥洗净、捣烂,水煎服 3 味药,取药液冲地龙服,日服 3 次。

苗医:用茎髓治疗小便不利,风湿麻木,缺乳等。内服,10~20 g。

葫芦科

绞股蓝 *Gynostemma pentaphyllum*(Thunb.)Makino

异名 绞股兰。

形态特征 草质攀援植物;茎细弱,具分枝,具纵棱及槽,无毛或疏被短柔毛。叶膜质或纸质,鸟足状,具 3~9 小叶,通常 5~7 小叶,叶柄长 3~7 cm,被短柔毛或无毛;小叶片卵状长圆形或披针形。中央小叶长 3~12 cm,宽 1.5~4.0 cm,侧生小叶较小,先端急尖或短渐尖,基部渐狭,边缘具波状齿或圆齿状牙齿,上面深绿色,背面淡绿色,两面均疏被短硬毛。卷须纤细,2歧,稀单一,无毛或基部被短柔毛。花萼筒极短,5裂,裂片三角形。花冠淡绿色或白色,5深裂,裂片卵状披针形。雄蕊花丝短,联合成柱。果实肉质不裂,球形,成熟后黑色,光滑无毛,内含倒垂种子2粒。花期3~11月,果期4~12月。

▲ 绞股蓝植株

▲ 绞股蓝腊叶标本

生境与分布 生于海拔300~3 200 m的沟边丛林中。分布天柱、都匀等地。

药材名 绞股蓝(根、全株)。

采收加工 秋季采收,除去杂质,洗净,晒干。

功能主治 清热,补虚,解毒。主治体虚乏力,虚劳失精,白细胞减少症,高脂血症,病毒性肝炎,慢性胃肠炎,慢性气管炎。

用法用量 内服,15~30 g煎汤,3~6 g研末;或泡茶饮。外用适量,捣烂涂擦。

用药经验 侗医:治疗风湿疼痛。内服,10~15 g。

苗医:治疗慢性支气管炎,传染性肝炎,肾盂肾炎。内服,10~20 g。

葫芦 *Lagenaria siceraria*(Molina)Standl.

异名 大葫芦、嘎贝哲布。

形态特征 一年生攀援草本;茎、枝具沟纹,被黏质长柔毛,老后渐脱落,变近无毛。叶片卵状心形或肾状卵形,不分裂或3~5裂,具5~7掌状脉,先端锐尖,边缘有不规则的齿,两面均被微柔毛,叶背及脉上较密。雌雄同株,雌、雄花均单生。雄花:花冠黄色,裂片皱波状,先端微缺而顶端有小尖头,5脉。雌花花梗比叶柄稍短或近等长;花萼和花冠似雄花。果实初为绿色,后变白色至带黄色。种子白色,倒卵形或三角形,顶端截形或2齿裂,稀圆。花期夏季,果期秋季。

生境与分布 多为栽培。分布于天柱等地。

药材名 葫芦(果皮及种子)。

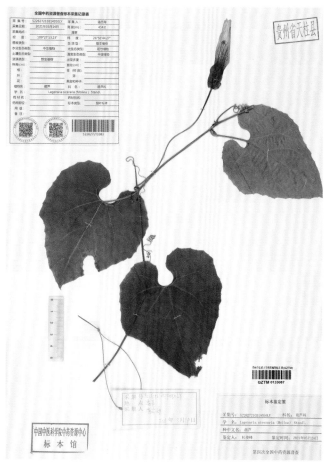

▲ 葫芦植株　　　　　　　　　　　▲ 葫芦腊叶标本

采收加工　立冬前后，摘下果实，剖开，掏出种子，分别晒干。

功能主治　利尿，消肿，散结。主治水肿，腹水，瘰疬。

用法用量　内服，6～9 g，水煎服。治疗重症水肿及腹水，15～30 g，水煎服。

千屈菜科

紫薇　*Lagerstroemia indica* L.

异名　百日红、饱饭花、紫荆皮、紫金标。

形态特征　落叶灌木或小乔木，高可达 7 m；树皮平滑，灰色或灰褐色；小枝纤细，具 4 棱，略成翅状。叶互生或对生，纸质，椭圆形、阔矩圆形或倒卵形，顶端短尖或钝形，基部阔楔形或近圆形。花淡红色或紫色、白色，常组成 7～20 cm 的顶生圆锥花序；花瓣 6，皱缩。蒴果椭圆状球形或阔椭圆形，幼时绿色至黄色，成熟时或干燥时呈紫黑色，室背开裂；种子有翅。花期 6～9 月，果期 9～12 月。

▲ 紫薇植株

▲ 紫薇腊叶标本

生境与分布　半阴生,喜生于肥沃湿润的土壤上。现已广泛栽培为庭园观赏树。分布于天柱、麻江等地。

药材名　紫薇(根、树皮)。

采收加工　夏秋采剥落的树皮,晒干;根随时可采。

功能主治　活血,止血,解毒,消肿。主治各种出血,骨折,乳腺炎,湿疹,肝炎,肝硬化腹水。

用法用量　内服:煎汤,10～15 g。外用适量,研末调敷,或煎水洗。

用药经验　侗医:治疗脾胃虚弱。内服,10～15 g。

苗医:叶治疗跌打刀伤,产后崩漏;花祛风消热,活血止血,安胎止痛,解毒利尿;根治疗头晕腹痛,内出血,黄疸水肿,关节结核。内服,10～15 g。外用适量。

石榴　*Punica granatum* L.

异名　花石榴、石榴壳、酸石榴皮、酸榴皮、西榴皮。

形态特征　落叶灌木或乔木,高 3～5 m,稀达 10 m;幼枝具棱角,老枝近圆形,顶端常具锐尖长刺。叶对生或近簇生,纸质,长圆形或倒卵形,叶面亮绿色,背面淡绿色,无毛。花两性,1 至数朵生于小枝顶端或叶腋,具短梗。浆果近球形,直径 5～12 cm,通常淡黄褐色、淡黄绿色或带红色,果皮肥厚,先端有宿存花萼裂片。种子多数,钝角形,红色至乳白色。花期 5～6 月,果期 7～8 月。

生境与分布　生于山坡向阳处或栽培于庭园。分布于凯里、天柱、锦屏、剑河、麻江等地。

▲ 石榴植株

▲ 石榴腊叶标本

药材名　石榴皮（果皮）。

采收加工　秋季果实成熟，顶端开裂时采摘，除去种子及隔瓤，切瓣晒干，或微火烘干。

功能主治　涩肠止泻，止血，驱虫。主治久泻，久痢，便血，脱肛，崩漏，白带，虫积腹痛。

用法用量　内服，3～10 g，水煎服；或入丸、散。外用适量，煎水熏洗，研末撒或调敷。

用药经验　侗医：①治疗腹泻，便血，脱肛，疥癣，蛔虫等。内服，10～15 g；外用，适量。②治疗脱肛。石榴皮、茜草根各 10 g，烧酒 160 g，2 味药与烧酒共煎至 100 g，日服 3 次。

苗医：治疗久泻，久痢，蛔虫。取石榴根皮 20 g，水煎服。

使用注意　本品有一定毒性，用量不宜过大，以免中毒。

野牡丹科

地菍　*Melastoma dodecandrum* Lour.

异名　火炭泡、铺地稔、野落苏、红地茄、地稔藤。

▲ 地菍植株

形态特征　矮小灌木,高10～30 cm。茎匍匐上升,逐节生根,分枝多,披散,幼时被糙伏毛,以后无毛。叶片坚纸质,卵形或椭圆形,顶端急尖,基部广楔形,全缘或具密浅细锯齿,叶面通常仅边缘被糙伏毛。聚伞花序,顶生,有花1～3朵,基部有叶状总苞2;花瓣淡紫红色至紫红色,菱状倒卵形。果坛状球状,平截,近顶端略缢缩,肉质,不开裂。花期5～7月,果期7～9月。

▲ 地菍腊叶标本

生境与分布　生于海拔1250 m以下的山坡矮草丛中,为酸性土壤常见的植物。分布于凯里、天柱、锦屏、剑河、台江、麻江、都匀等地。

药材名　地菍(全草)。

采收加工　5～6月采收,洗净,除去杂质,晒干或烘干。

功能主治　清热解毒,活血止血。主治高热,肺痈,咽肿,牙痛,赤白痢疾,黄疸,水肿,痛经,崩漏,带下,产后腹痛,瘰疬,痈肿,疔疮,痔疮,毒蛇咬伤。

用法用量　内服,15～30 g,鲜品用量加倍,水煎服;或鲜品捣汁。外用适量,捣敷或煎汤洗。

用药经验　侗医:①治疗跌打损伤,止血。内服,10～20 g。外用适量。②治疗肾盂肾炎,水肿。地菍(鲜品)250 g,车前草10 g,海金沙、马兰根各30 g,水煎服,日服3次。

苗医:全株治疗习惯性流产。内服,10～20 g。

使用注意　孕妇慎服。不宜与麦冬、硫黄、雄黄同用。

山茱萸科

有齿鞘柄木　*Toricellia angulata* var. *intermedia*（Harms.）Hu

异名　水冬瓜、过江龙、水五加、接骨草树、清明花。

形态特征　小乔木，高3～5 m。枝圆柱形，灰褐色，具皮孔，节膨大。芽大而明显，常带红色。单叶互生；叶片掌状7浅裂，长10～15 cm，宽10～18 cm，基部心形；裂片阔三角形，边缘粗锯齿。花单性，雌雄异株，为开展向密的圆锥花序，花淡黄色；花瓣5，内向镊合状排列。有种子3～4枚。花期初夏。

生境与分布　栽培于村边路旁或林缘。分布于天柱等地。

药材名　大接骨丹（根皮、叶及花）。

采收加工　根及叶全年可采，剥取根皮，洗净晒干或鲜用。鲜用最佳。夏季采花，阴干。

功能主治　活血祛瘀，祛风利湿。根皮、叶：主治风湿关节痛，产后腰痛，慢性肠炎，腹泻。外用治疗骨折，跌打损伤。花：主治血瘀经闭。

用法用量　内服，6～15 g，水煎服。外用适量，捣敷；或研末调敷。

用药经验　侗医：治疗骨折，扁桃体炎，哮喘等。内服，9～15 g。

▲ 有齿鞘柄木植株　　　　　　　　▲ 有齿鞘柄木腊叶标本

五加科

刺五加 *Acanthopanax senticosus*（Rupr. et Maxim.）Harms.

异名 刺拐棒、五加皮、坎拐棒子、一百针、老虎潦。

形态特征 灌木，高1～6 m；分枝多，一、二年生的通常密生刺，稀仅节上生刺或无刺。掌状复叶，互生；叶有小叶5，稀3；小叶片纸质，椭圆状倒卵形或长圆形，上面粗糙，深绿色，脉上有粗毛，下面淡绿色，脉上有短柔毛，边缘有锐利重锯齿。伞形花序单个顶生，或2～6个组成稀疏的圆锥花序，有花多数；花紫黄色；花瓣5，卵形，长1～2 mm。果实球形或卵球形，有5棱，黑色。花期6～7月，果期8～10月。

生境与分布 生于海拔500～2 000 m的落叶阔叶林、针阔混交林的林下或林缘。分布于天柱、锦屏、剑河等地。

药材名 刺五加（根和根茎或茎）。

采收加工 春、秋二季采收，洗净，干燥。

功能主治 益气健脾，补肾安神。主治脾肺气虚，体虚乏力，食欲不振，肺肾两虚，久咳虚喘，肾虚腰膝酸痛，心脾不足，失眠多梦。

用法用量 内服，6～15 g，水煎服；或入丸、散；泡酒。外用适量，研末调敷；或鲜品捣敷。

▲ 刺五加植株

▲ 刺五加腊叶标本

用药经验 侗医治疗风湿痹痛，腰膝酸软，四肢无力。内服，10～15 g。

白簕 *Acanthopanax trifoliatus*（L.）Merr.

异名 刺五加、禾掌簕、三叶五加。

形态特征 灌木，高 1～7 m；枝软弱铺散，老枝灰白色，新枝黄棕色，疏生下向刺。叶有小叶 3，稀 4～5；小叶片纸质，椭圆状卵形至椭圆状长圆形，先端尖至渐尖，基部楔形，两面无毛，边缘有细锯齿或钝齿，侧脉 5～6 对。伞形花序 3～10 个、稀多至 20 个组成顶生复伞形花序或圆锥花序，有花多数；花黄绿色；花瓣 5，三角状卵形。果实扁球形，黑色。花期 8～11 月，果期 9～12 月。

生境与分布 生于海拔 3 200 m 以下的山坡路旁、林缘或灌丛中。分布于天柱等地。

药材名 三加皮（根或根皮）。

采收加工 9～10 月间挖取，鲜用，或趁鲜时剥取根皮，晒干。

功能主治 清热解毒，祛风除湿，活血舒筋。主治感冒发热，咽痛，头痛，咳嗽胸痛，胃脘疼痛，泄泻，痢疾，黄疸，石淋，带下，风湿痹痛，腰腿酸痛，跌打骨折，乳痈，蛇虫咬伤等。

用法用量 内服，15～30 g，大剂量可用至 60 g，水煎服；或浸酒。外用适量，研末调敷，捣敷或煎水洗。

▲ 白簕植株

▲ 白簕腊叶标本

用药经验 侗医：治疗劳伤风湿，咳嗽及哮喘，咳嗽痰中带血，疔疮等。内服，15～30 g。
苗医：根治疗肠炎，尿路结石，骨折，乳腺炎，疖肿疮疡。内服，15～30 g。外用，鲜品适量。

楤木 *Aralia chinensis* var. *chinensis*

异名 骂高古、百鸟不沾、刺老包、鸟不停、刺老包根、山通花根。

形态特征 灌木或乔木,高2～5m。树皮灰色,疏生粗壮直刺。叶为二回或三回羽状复叶,长60～110cm;托叶与叶柄基部合生,纸质,耳廓形;羽片有小叶5～11,基部有小叶1对;小叶片纸质至薄革质,卵形、阔卵形或长卵形,先端渐尖或短渐尖,基部圆形,上面粗糙,下面有淡黄色或灰色短柔毛。圆锥花序大;伞形花序直径1.0～1.5cm,有花多数;花白色,芳香;花瓣5,卵状三角形。果实球形,黑色,有5棱。花期7～9月,果期9～12月。

▲ 楤木植林

▲ 楤木腊叶标本

生境与分布 生于海拔2600m以下的森林、灌丛或林缘路边。分布于天柱等地。

药材名 鸟不宿(根皮和茎皮)。

采收加工 全年可采,切段,晒干。

功能主治 祛风除湿,利尿消肿,活血止痛。主治肝炎,淋巴结肿大,肾炎水肿,糖尿病,白带,胃痛,风湿关节痛,腰腿痛,跌打损伤。

用法用量 内服,15～25g,水煎服。外用适量,煎水洗。

用药经验 侗医:①治疗风眼。鲜品适量,捣烂取汁,等量蜂蜜调匀滴眼,1日2～3次。②治疗惊恐。平地木、小血藤、楤木(侗药名"刺老包""刺棒头""打神棒")嫩尖各10g,地骨皮、老虎刺各12g,通草8g。上药水煎服,每日1剂,每日服3次,连用2～5日即效。

苗医:治疗风湿性关节炎,骨折,内痔,冷经所致畏寒发烧,头痛,咳嗽,肢冷。内服,10～30g。

常春藤 *Hedera nepalensis* var. *sinensis*（Tobler）Rehder

异名 三角风、钻天风。

形态特征 常绿攀援灌木；茎长 3～20 m，灰棕色或黑棕色，有气生根。叶片革质，在不育枝上通常为三角状卵形或三角状长圆形，稀三角形或箭形，先端短渐尖，边缘全缘或 3 裂。伞形花序单个顶生，或 2～7 个总状排列或伞房状排列成圆锥花序，有花 5～40 朵；花淡黄白色或淡绿白色，芳香；花瓣 5，三角状卵形，外面有鳞片。果实球形，红色或黄色。花期 9～11 月，果期翌年 3～5 月。

生境与分布 常攀援于林缘树木、林下路旁、岩石和房屋墙壁上，庭园中也常栽培。分布于凯里、天柱、锦屏、台江、都匀等地。

药材名 常春藤（茎、叶）。

采收加工 茎叶干用在生长茂盛季节采收，切段晒干；鲜用时可随采随用。

功能主治 祛风利湿，活血消肿。主治风湿关节痛，腰痛，跌打损伤，急性结膜炎，肾炎水肿，闭经。外用治疗痈疖肿毒，荨麻疹，湿疹。

用法用量 内服，6～15 g，水煎服，或研末；或浸酒，捣汁。外用适量，捣敷或煎汤洗。

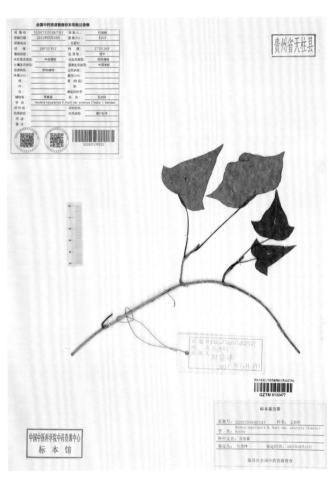

▲ 常春藤植株　　　　　　　▲ 常春藤腊叶标本

用药经验 侗医：①治疗风湿痛，跌打损伤等。内服，3～10 g。外用适量。②治疗伤风感冒，怕冷发热，头痛。常春藤（侗药名"常青藤""三角风"）、土荆芥、黄荆条各 11 g，杜仲 10 g，生姜 11 片，葱白 18 g，水煎服，日服 3 次，连用 1～3 日即效。

苗医：茎、叶治疗各种风湿病，皮肤瘙痒、毒蛇咬伤。内服，3～10 g。外用适量。

刺楸 *Kalopanax septemlobus*（Thunb.）Koidz.

异名 刺桐木、刺五加、钉皮。

形态特征 落叶乔木，高约 10 m，树皮暗灰棕色；小枝淡黄棕色或灰棕色，散生粗刺。叶片纸质，圆形或近圆形，掌状 5～7 浅裂，裂片阔三角状卵形至长圆状卵形，上面深绿色，下面淡绿色，边缘有细锯齿。圆锥花序大，长 15～25 cm，直径 20～30 cm；伞形花序直径 1.0～2.5 cm，花多数；花白色或淡绿黄色；花瓣5，三角状卵形，长约 1.5 mm。果实球形，蓝黑色。花期 7～10 月，果期 9～12 月。

生境与分布 生于阳面森林、灌木林中和林缘，水湿丰富、腐殖质较多的密林、向阳山坡，甚至岩质山地也能生长。分布于凯里、天柱、锦屏、台江、麻江、都匀等地。

药材名 川桐皮（根、根皮或树皮）。

采收加工 全年可采，洗净切段，晒干。

功能主治 祛风利湿，活血止痛。主治风湿腰膝酸痛，肾炎水肿，跌打损伤，内痔便血。

用法用量 内服，9～15 g，水煎服；或泡酒。外用适量，煎水洗；或捣敷；或研末调敷。

▲ 刺楸腊叶标本

▲ 刺楸植株

用药经验 侗医：①治疗乳腺肿块，痔疮。内服，10～15 g。外用，鲜品适量，捣烂外敷。②治疗风湿麻木，腰腿痛，胃痛。刺楸 15 g，水煎服，每日服 3 次。③治疗荨麻疹（"鬼烧火症"）。刺楸树皮、三角枫、大风藤各 15 g。水煎服，每日 1 剂，日服 3 次。服药期间忌食辛辣食品和饮酒。

苗医：治疗水肿，骨折，跌打损伤。内服，10～15 g。外用，适量，捣烂敷患处。

穗序鹅掌柴 *Schefflera delavayi*（Franch.）Harms ex Diels

异名 坝蒿、大通塔、柴厚朴、野巴戟、隔子通。

形态特征 乔木或灌木，高3～8 m；小枝粗壮，幼时密生黄棕色星状绒毛；髓白色，薄片状。叶有小叶4～7；小叶片纸质至薄革质，形状变化很大，椭圆状长圆形、卵状长圆形、卵状披针形或长圆状披针形，先端急尖至短渐尖，基部钝形至圆形，有时截形，上面无毛，下面密生灰白色或黄棕色星状绒毛。花无梗，密集成穗状花序，再组成长40 cm以上的大圆锥花序；花白色；花瓣5，三角状卵形，无毛。果实球形，紫黑色，几无毛。花期10～11月，果期翌年1月。

生境与分布 生于海拔600～3100 m山谷溪边的常绿阔叶林中，阴湿的林缘或疏林也能生长。分布于天柱、锦屏、剑河、台江、都匀等地。

药材名 大泡通（根或根皮）。

采收加工 早春或秋后采挖，洗净，晒干。

功能主治 祛风活络，强筋健骨，行气活血。主治风湿痹痛，腰膝酸痛，跌打肿痛，胸胁脘腹胀痛。

用法用量 内服，9～30 g，水煎服；或浸酒。外用适量，煎汤洗；或捣敷。

用药经验 侗医、苗医治疗骨折，扭伤，腰肌劳损。内服，10～15 g。

▲ 穗序鹅掌柴植株

▲ 穗序鹅掌柴腊叶标本

通脱木 *Tetrapanax papyrifer*（Hook.）K. Koch

异名 大通草、白通草、方通。

形态特征 常绿灌木或小乔木，高1.0～3.5 m；树皮深棕色，略有皱裂。叶片纸质或薄革质，掌状5～

▲ 通脱木植株

▲ 通脱木腊叶标本

11 裂,裂片通常为叶片全长的 1/3 或 1/2,倒卵状长圆形或卵状长圆形,上面深绿色,无毛,下面密生白色厚绒毛,边缘全缘或疏生粗齿。圆锥花序长 50 cm 或更长;分枝多,长 15～25 cm;伞形花序直径 1.0～1.5 cm,有花多数;花淡黄白色;花瓣 4,稀 5,三角状卵形,外面密生星状厚绒毛。果实球形,紫黑色。花期 10～12 月,果期翌年 1～2 月。

生境与分布　生于海拔数十米至 2 800 m 向阳肥厚的土壤上,有时栽培于庭园中。分布于凯里、天柱、锦屏、剑河、麻江等地。

药材名　通草(茎髓)。

采收加工　秋季割取地上茎,切段,捅出髓心,理直,晒干。

功能主治　清热利尿,通气下乳。主治湿热尿赤,淋证涩痛,水肿尿少,乳汁不下。

用法用量　内服,3～5 g,水煎服。

用药经验　侗医、苗医用茎髓或根治疗乳汁不通,小便不通等。内服,10～15 g。

伞形科

芫荽　*Coriandrum sativum* L.

异名　香菜、香荽、胡荽。

形态特征　一年生或二年生,有强烈气味的草本,高 20～100 cm。根纺锤形,有多数纤细的支根。茎圆柱形,多分枝。叶片 1 或 2 回羽状全裂,羽片广卵形或扇形半裂,长 1～2 cm,宽 1.0～1.5 cm,边缘有钝

▲ 芫荽植株

锯齿、缺刻或深裂。伞形花序顶生或与叶对生;小伞形花序有孕花 3～9,花白色或带淡紫色;花瓣倒卵形,顶端有内凹的小舌片。果实圆球形,背面主棱及相邻的次棱明显。花果期4～11 月。

生境与分布 多为栽培。分布于天柱等地。

药材名 胡荽(全草)。

采收加工 3～5 月采收,晒干。

功能主治 发表透疹,健胃。主治麻疹初期不易透发,食滞胃痛,痞闭。

用法用量 内服,5～15 g,水煎服;外用全草适量,煎水熏洗。

用药经验 侗医:治疗小儿麻疹不透,感冒发热不退。治疗小儿麻疹不透:取鲜品 40 g,煎水内服;治疗感冒发热不退:取干品 20 g,煎水内服,一日 1 剂。

苗医:全草治疗麻疹不出,治疗半边经引起的肢体麻木。内服,10～15 g;外用,鲜品适量,水煎搓洗患处。

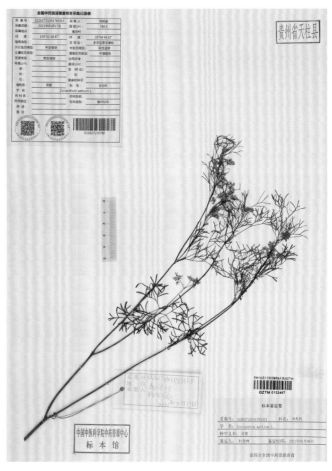

▲ 芫荽腊叶标本

鸭儿芹 *Cryptotaenia japonica* Hassk.

异名 鸭脚板、鸭脚芹、鹅脚。

形态特征 多年生草本,高 20～100 cm。主根短,侧根多数,细长。茎直立,光滑,有分枝。基生叶或上部叶有柄;叶片轮廓三角形至广卵形,通常为 3 小叶;中间小叶片呈菱状倒卵形或心形;两侧小叶片斜倒卵形至长卵形。复伞形花序呈圆锥状,花序梗不等长,总苞片 1,呈线形或钻形。小伞形花序有花 2～4;花柄极不等长;花瓣白色,倒卵形;花丝短于花瓣,花药卵圆形。分生果线状长圆形,每棱槽内有油管 1～3,合生面油管 4。花期 4～5 月,果期 6～10 月。

▲ 鸭儿芹植株

▲ 鸭儿芹腊叶标本

生境与分布 生于海拔 200～2 400 m 的山地、山沟及林下较阴湿的地区。分布于凯里、天柱、锦屏、台江、麻江等地。

药材名 鸭儿芹（全草）。

采收加工 夏秋采收，洗净晒干。

功能主治 祛风止咳，活血祛瘀。主治感冒咳嗽，跌打损伤。外用治疗皮肤瘙痒。

用法用量 内服，10～25 g，水煎服；外用适量，煎水洗患处。

用药经验 侗医：①治疗虫、蛇咬伤。鸭儿芹（鲜品）、大辣蓼草、土一枝蒿各 100 g，上药捣烂，加淘米水调匀敷伤口周围。②治疗尿道结石，腰酸胀痛。鸭儿芹 10～15 g，穿破石、海金沙各 15 g，上药水煎服，每日服 3 次。③治疗肾盂肾炎。鸭儿芹 9～15 g，水煎服，代茶饮，时时服用。

苗医：用根治疗月经不调，久泻脱肛，感冒寒咳，尿闭等。内服，10～15 g。

天胡荽 *Hydrocotyle sibthorpioides* Lam.

异名 金钱草、破铜钱、落地金钱、花边灯盏、地星宿。

形态特征 多年生草本。茎细长而匍匐，平铺地上成片，节上生根。叶片膜质至草质，圆形或肾圆

贵州清水江流域药用资源图志

▲ 天胡荽植株

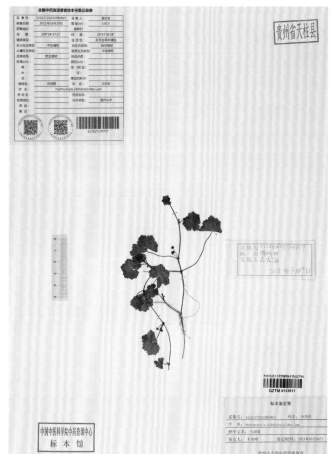

▲ 天胡荽腊叶标本

形,基部心形,不分裂或 5～7 裂,裂片阔倒卵形,边缘有钝齿,表面光滑,背面脉上疏被粗伏毛。伞形花序与叶对生,单生于节上;小伞形花序有花 5～18,花瓣卵形,绿白色。果实略呈心形,两侧扁压,中棱在果熟时极为隆起,幼时表面草黄色,成熟时有紫色斑点。花果期 4～9 月。

生境与分布 生于海拔 475～3 000 m 湿润的草地、河沟边、林下。分布于凯里、天柱、锦屏、台江、麻江等地。

药材名 天胡荽(全草)。

采收加工 夏秋间采收全草,洗净,晒干。

功能主治 清热利湿,解毒消肿。主治黄疸,痢疾,水肿,淋证,目翳,喉肿,痈肿疮毒,带状疱疹,跌打损伤。

用法用量 内服,9～15 g,鲜品 30～60 g,水煎服;或捣汁。外用适量,捣烂敷;或捣取汁涂。

用药经验 侗医:①治疗赤白痢疾,小便不利。内服,10～20 g。②治疗喉咙鹅口疮肿痛。天胡荽(鲜品)、积雪草各 30 g,黄珠子 10 g。上药共煎水,洗漱口。

苗医:治疗小儿疳积,中暑后不思饮食,急性黄疸型肝炎。内服,10～30 g。

短辐水芹 *Oenanthe benghalensis* Benth. et Hook. f.

异名 水芹、少花水芹。

形态特征 多年生草本,高 17～60 cm,全体无毛。有较多须根。茎自基部多分枝,有棱。叶片轮廓三角形,1～2 回羽状分裂,末回裂片卵形至菱状披针形,边缘有钝齿。复伞形花序顶生和侧生,花序梗通常与叶对生,长 1～2 cm;无总苞片;小伞形花序有花 10 余朵,花柄长 1.5～2.0 mm;花瓣白色,倒卵形,顶端有一内折的小舌片。果实椭圆形或筒状长圆形,侧棱较背棱和中棱隆起,木栓质,分生果的横剖面半圆形,棱槽内有油管 1,合生面油管 2。花期 5 月,果期 5～6 月。

▲ 短辐水芹植株

生境与分布　生于海拔 500～1 500 m 的山坡林下溪边、沟旁及水旱田中。分布于天柱等地。

药材名　水芹菜(全草)。

采收加工　春,夏季采收,洗净,切段晒干或鲜用。

功能主治　清热透疹,平肝安神。主治麻疹初期,肝阳上亢,失眠多梦。

用法用量　内服,10～30 g,水煎服;或捣汁。

用药经验　侗医:①治疗感冒发热,呕吐腹泻,高血压。内服,10 g。②治疗流行性脑膜炎。水芹菜(鲜品)适量,洗净,捣烂,取汁半碗内服,药渣捣烂敷天庭穴。③治疗高血压,麻疹,失眠。水芹菜(鲜品)120 g,水煎服。

▲ 短辐水芹腊叶标本

川滇变豆菜　*Sanicula astrantiifolia* Wolff ex Kretsch.

异名　叶三七、五匹风、小黑药。

形态特征　多年生草本,高 20～70 cm。根短而粗,直立或斜生,有许多细长的小根。茎直立,细弱或较粗壮,下部不分枝,上部 2～4 回叉状分枝。基生叶纸质或近革质,圆肾形或宽卵状心形,掌状 3 深裂,所有裂片表面绿色,背面淡绿色,无毛,边缘间有不规则的复锯齿,齿端有短刺毛。花序呈二歧叉状分枝,中枝较侧枝略短;花瓣绿白色或粉红色。果实倒圆锥形,下部皮刺短,上部的皮刺呈钩状、金黄色或紫红色。花果期 7～10 月。

生境与分布　生于海拔 1 932～3 000 m 的河边杂木林下及山坡草地。分布于天柱等地。

药材名　小黑药(根)。

▲ 川滇变豆菜植株

川滇变豆菜腊叶标本

采收加工　夏、秋季采挖，除去茎叶，洗净，晒干。

功能主治　补肺止咳，滋肾养心。主治劳嗽，虚咳，乏力，肾虚腰痛，心悸，头昏等。

用法用量　内服，6～15 g，水煎服。

用药经验　侗医治疗跌打损伤，风湿疼痛。内服，10～15 g。

薄片变豆菜　*Sanicula lamelligera* Hance

异名　野芹菜、山芹菜、反背红、血经草、乌兜、乌豆草、一支箭。

形态特征　多年生矮小草本，高 13～30 cm。根茎短，有结节，侧根多数，细长、棕褐色。茎 2～7，直立，细弱，上部有少数分枝。基生叶圆心形或近五角形，掌状 3 裂，中间裂片楔状倒卵形或椭圆状倒卵形至菱形，上部 3 浅裂，基部楔形。花序通常 2～4 回二歧分枝或 2～3 叉，分叉间的小伞形花序短缩；小伞形花序有花 5～6，通常 6；花瓣白色、粉红色或淡蓝紫色，倒卵形，基部渐窄，顶端内凹。果实长卵形或卵形，幼果表面有啮蚀状或微波状的薄层，成熟后成短而直的皮刺，基部连成薄片。花果期 4～11 月。

薄片变豆菜植株

△ 薄片变豆菜腊叶标本

生境与分布　生于海拔510～2 000 m的山坡林下、沟谷、溪边及湿润的沙质土壤。分布于天柱、都匀等地。

药材名　大肺筋草（全草）。

采收加工　夏、秋季采收，洗净，鲜用或晒干。

功能主治　祛风发表，化痰止咳，活血调经。主治感冒，咳嗽，哮喘，月经不调，经闭，痛经，疮肿，跌打肿痛，外伤出血。

用法用量　内服，6～15 g，水煎服；或泡酒。外用适量，捣敷。

杜鹃花科

滇白珠　*Gaultheria leucocarpa* var. *crenulata*（Kurz）T. Z. Hsu

异名　老娃泡、满山香。

▲ 滇白珠植株

▲ 滇白珠腊叶标本

形态特征 常绿灌木,高 1～3 m,稀达 5 m,树皮灰黑色。叶卵状长圆形,稀卵形、长卵形,革质,有香味,先端尾状渐尖,尖尾长达 2 cm,基部钝圆或心形,边缘具锯齿,表面绿色,有光泽,背面色较淡,两面无毛,背面密被褐色斑点。总状花序腋生,序轴长 5～11 cm,纤细,被柔毛,花 10～15 朵;花萼裂片 5,卵状三角形,钝头,具缘毛;花冠白绿色,钟形,口部 5 裂,裂片长宽各 2 mm。浆果状,蒴果球形,黑色,5 裂;种子多数。花期 5～6 月,果期 7～11 月。

生境与分布 生于山野草坡及林边。分布于天柱等地。

药材名 透骨香(全株或根)。

采收加工 全年可采,洗净,切段晒干或鲜用。

功能主治 祛风除湿,解毒止痛。主治风湿性关节痛,牙痛,胃痛等。外用治疗疮疡肿毒。

用法用量 内服,15～25 g(鲜者 50 g),水煎服,或浸酒。外用:煎水洗。

用药经验 侗医:①治疗风湿性关节痛,牙痛,胃痛等。内服,10～15 g。外用适量。②治疗风寒、冷湿毒气引起的肢体麻木,活动不灵活,筋骨疼痛。透骨香、生甘草、威灵仙各 500 g,加水 2 L,煎煮五六滚后,倒入大木桶内,坐浴其中,周围用布围好,露出头部,趁热蒸之,待药水稍温、稍出汗后即起身,擦干药水,用被盖好,谨避风寒冷气侵犯,每 2 日蒸 1 次。

苗医:根治疗风湿,跌打疼痛,水臌病,无名肿毒。内服,10～20 g。外用适量。

珍珠花 *Lyonia ovalifolia*(Wall.)Drude

异名 米饭花、南烛枝叶。

形态特征 常绿或落叶灌木或小乔木,高 8～16 m;枝淡灰褐色,无毛。叶革质,卵形或椭圆形,长 8～10 cm,宽 4.0～5.8 cm,表面深绿色,无毛,背面淡绿色,近于无毛。总状花序长 5～10 cm,着生叶腋;花序

▲ 珍珠花植株

▲ 珍珠花腊叶标本

轴上微被柔毛；花冠圆筒状，长约 8 mm，径约 4.5 mm，外面疏被柔毛，上部浅 5 裂。蒴果球形，直径 4～5 mm，缝线增厚；种子短线形，无翅。花期 5～6 月，果期 7～9 月。

生境与分布　生于海拔 700～2 800 m 的林中。分布于天柱等地。

药材名　南烛（茎、叶、果实）。

采收加工　茎、叶全年可采，秋季采果，晒干。

功能主治　茎、叶：主治皮肤疮毒，麻风。果实：活血，祛瘀，止痛。主治跌打损伤，闭合性骨折。

用法用量　外用适量，捣烂敷患处。

用药经验　侗医治疗银屑病。外用，鲜品适量，捣烂调茶油敷患处。

紫金牛科

朱砂根　*Ardisia crenata* Sims

异名　天青地红、大风硝、小罗伞、土丹皮、金鸡凉伞。

形态特征　灌木，高 1～2 m；茎粗壮，无毛。叶片革质或坚纸质，椭圆形、椭圆状披针形至倒披针形，顶端急尖或渐尖，基部楔形，边缘具皱波状或波状齿，两面无毛。伞形花序或聚伞花序，着生于侧生特殊花枝顶端；花枝近顶端常具 2～3 片叶或更多；花瓣白色，稀略带粉红色，盛开时反卷，卵形。果球形，鲜红色，具腺点。花期 5～6 月，果期 10～12 月，有时 2～4 月。

▲ 朱砂根植株

▲ 朱砂根腊叶标本

生境与分布 生于海拔 90～2 400 m 的疏、密林下荫湿的灌木丛中。分布于天柱、锦屏、剑河、台江、都匀等地。

药材名 朱砂根(根)。

采收加工 秋季采挖,切碎,晒干或鲜用。

功能主治 清热解毒,活血止痛。主治咽喉肿痛,风湿热痹,黄疸,痢疾,跌打损伤,乳腺炎,睾丸炎。

用法用量 内服,15～30 g,水煎服。外用适量,捣敷。

用药经验 侗医:治疗骨折。内服,15～25 g。外用,鲜品适量。

苗医:根治疗风湿疼痛,咽喉炎。内服,10～15 g。外用,鲜品适量,捣烂外敷。

百两金 *Ardisia crispa* (Thunb.) A. DC.

异名 大风消、八爪金龙、山豆根、珍珠伞。

形态特征 灌木,高 60～100 cm,具匍匐生根的根茎,直立茎除侧生特殊花枝外,无分枝,花枝多,幼嫩时具细微柔毛或疏鳞片。叶片膜质或近坚纸质,椭圆状披针形或狭长圆状披针形,顶端长渐尖,稀急尖,基部楔形,两面无毛。亚伞形花序,着生于侧生特殊花枝顶端;花长 4～5 mm,花萼仅基部连合;花瓣白色或粉红色,卵形。果球形,鲜红色,具腺点。花期 5～6 月,果期 10～12 月。

生境与分布 生于海拔 100～2 400 m 的山谷、山坡,疏、密林下或竹林下。分布于天柱、都匀等地。

药材名 八爪金龙(根及根茎)。

采收加工 全年可采,以秋冬季较好,采后洗净鲜用或晒干。

功能主治 清热利咽,祛痰利湿,散瘀消肿。主治咽喉痛,咳嗽,咳痰不畅,湿热黄疸,小便淋痛,风湿痹痛,跌打损伤,疔疮肿毒,毒蛇咬伤。

▲ 百两金植株　　　　　　　　　　　　　　▲ 百两金腊叶标本

用法用量　内服,9～15 g,水煎服;或煎水含咽。外用适量,鲜品捣敷。

用药经验　侗医:治疗肺炎,肾炎水肿,痢疾,牙痛等。内服,15～25 g。
苗医:根、叶治疗咽喉痛,扁桃体炎,肝炎,闭经。内服,15～25 g。

紫金牛　*Ardisia japonica*（Thunb.）Blume

异名　平地木、千年矮、千年不大、叶下珍珠、老不大、矮地茶。

形态特征　小灌木或亚灌木,近蔓生,具匍匐生根的根茎。叶对生或近轮生,叶片坚纸质或近革质,椭圆形至椭圆状倒卵形,顶端急尖,基部楔形,边缘具细锯齿。亚伞形花序,腋生或生于近茎顶端的叶腋,有花3～5朵;花长4～5 mm,有时6数,花萼基部连合,萼片卵形,顶端急尖或钝,两面无毛,具缘毛,有时具腺点;花瓣粉红色或白色,广卵形,无毛,具密腺点。果球形,鲜红色转黑色,多少具腺点。花期5～6月,果期11～12月,有时5～6月仍有果。

生境与分布　生于海拔约1200 m以下的山间林下或竹林下,荫湿的地方。分布于天柱、锦屏、剑河、台江、都匀等地。

药材名　矮地茶(全株)。

▲ 紫金牛植株

▲ 紫金牛腊叶标本

采收加工　夏、秋二季茎叶茂盛时采挖，除去泥沙，干燥。

功能主治　化痰止咳，清利湿热，活血化瘀。主治新久咳嗽，喘满痰多，湿热黄疸，经闭瘀阻，风湿痹痛，跌打损伤。

用法用量　内服，15～20 g，大剂量 50～100 g，水煎服；或捣汁。外用捣敷。

用药经验　侗医：①治疗慢性气管炎，肺结核咳血，肝炎，痢疾，肾炎，高血压，疝气等。内服，煎汤，10～15 g；外用适量。②治疗睾丸肿痛。紫金牛、黄珠子根各 15 g，黄独根、板栗树根各 10 g，绿壳鸭蛋 2 个。上药共切细，与鸭蛋同煮，吃蛋喝汤，每日服 2 次。

苗医：全株治疗咽喉痛，白喉，小儿哮喘。内服，6～15 g。

使用注意　体质虚寒者慎用。有消化道疾患者不宜用。孕妇、儿童慎用。

杜茎山　*Maesa japonica*（Thunb.）Moritzi. ex Zoll.

异名　野胡椒、土恒山、水麻叶、山茄子。

形态特征　灌木，直立，有时外倾或攀援，高 1～5 m；小枝无毛，具细条纹，疏生皮孔。叶片革质，有时较薄，椭圆形至披针状椭圆形，或倒卵形至长圆状倒卵形，顶端渐尖、急尖或钝，有时尾状渐尖，基部楔形、钝或圆形，两面无毛。总状花序或圆锥花序，单 1 或 2～3 个腋生；花冠白色，长钟形，管长 3.5～4.0 mm，具明显的脉状腺条纹。果球形，肉质，具脉状腺条纹，宿存萼包果顶端，常冠宿存花柱。花期 1～3 月，果期 10 月或 5 月。

生境与分布　生于海拔 300～2000 m 的山坡或石灰

▲ 杜茎山植株

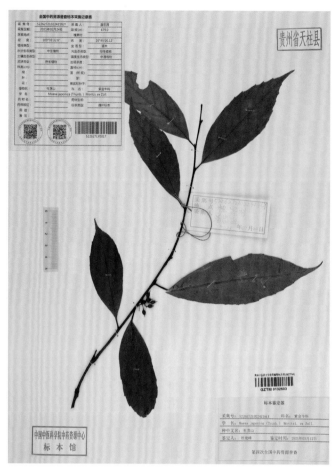

▲ 杜茎山腊叶标本

山杂木林下阳处，或路旁灌木丛中。分布于凯里、天柱、锦屏、台江、麻江、都匀等地。

药材名　杜茎山（根或茎叶）。

采收加工　全年均可采，洗净，切段晒干或鲜用。

功能主治　祛风邪，解疫毒，消肿胀。主治热性传染病，寒热发歇不定，身疼，烦躁，口渴，水肿，跌打肿痛，外伤出血。

用法用量　内服，15～30 g，水煎服。外用适量，煎水洗或捣敷。

用药经验　侗医治疗疔疮。外用捣烂外敷。

报春花科

虎尾草　*Lysimachia barystachys* Bunge

异名　狼尾花、酸溜子、重穗排草。

贵州清水江流域药用资源图志

形态特征　多年生草本,具横走的根茎,全株密被卷曲柔毛。茎直立,高30～100 cm。叶互生或近对生,长圆状披针形、倒披针形以至线形,长4～10 cm,宽6～22 mm,先端钝或锐尖,基部楔形,近于无柄。总状花序顶生,花密集,常转向一侧;花冠白色。蒴果球形,直径2.5～4.0 mm。花期5～8月,果期8～10月。

生境与分布　生于垂直分布上限可达海拔2 000 m的草甸、山坡路旁灌丛间。分布于天柱等地。

药材名　狼尾巴花(全草)。

采收加工　花期采收,阴干或鲜用。

功能主治　活血利水,解毒消肿。主治月经不调,痛经,崩漏,感冒风热,咽喉肿痛,乳痈,跌打损伤。

用法用量　内服,15～25 g,水煎服;或泡酒。外用适量,捣敷或研粉撒。

用药经验　侗医治疗肿痛,腰痛,月经不调,崩漏。内服,10～15 g。

▲ 虎尾草植株

▲ 虎尾草腊叶标本

过路黄　*Lysimachia christinae* Hance

异名　铺地莲、团经药、风草、肺风草、金钱薄荷、十八块草、江苏金钱草。

形态特征　茎柔弱,平卧延伸,长20～60 cm,无毛、被疏毛以无密被铁锈色多细胞柔毛。叶对生,卵圆形、近圆形以至肾圆形,先端锐尖或圆钝以至圆形,基部截形至浅心形,两面无毛或密被糙伏毛。花单生叶腋;花冠黄色。蒴果球形,直径4～5 mm,无毛,有稀疏黑色腺条。花期5～7月,果期7～10月。

生境与分布　生于土坡路边、沟边及林缘较阴湿处,垂直分布可达海拔2 300 m处。分布于天柱、锦屏

▲ 过路黄植株

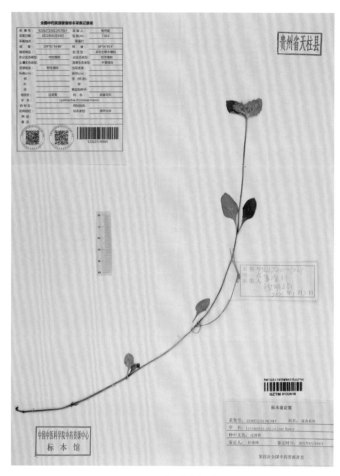

▲ 过路黄腊叶标本

等地。

药材名　金钱草（全草）。

采收加工　夏、秋二季采收，除去杂质，晒干。

功能主治　利湿退黄，利尿通淋，解毒消肿。主治湿热黄疸，胆胀胁痛，石淋，热淋，小便涩痛，痈肿疔疮，蛇虫咬伤。

用法用量　内服，15～60 g，鲜品加倍，水煎服；或捣汁饮。外用适量，鲜品捣敷。

用药经验　侗医治疗胆结石，肾结石。内服，15～30 g，治疗跌打损伤，内服外用均可。

苗医：①治疗肾盂肾炎。内服，10～15 g。②治疗膀胱结石。金钱草、海金沙、凤尾草、石韦，水煎内服。③治疗黄疸。金钱草、茵陈、白茅根、车前草、扁蓄，水煎内服。④治疗腹泻。金钱草、海蚌含珠，水煎内服。

落地梅　*Lysimachia paridiformis* Franch.

异名　四匹瓦、四大天王、四儿风。

形态特征　根茎粗短或成块状；根簇生，纤维状，直径约 1 mm，密被黄褐色绒毛。茎通常 2 至数条簇

▲ 落地梅植株

生,直立,高 10～45 cm,无毛,不分枝,节部稍
膨大。叶 4～6 片在茎端轮生,叶片倒卵形以
至椭圆形,先端短渐尖,基部楔形,干时坚纸
质,无毛,两面散生黑色腺条,有时腺条颜色不
显现。花集生茎端成伞形花序,有时亦有少数
花生于近茎端的 1 对鳞片状叶腋;花冠黄色。
蒴果近球形,直径 3.5～4.0 mm。花期 5～6
月,果期 7～9 月。

▲ 落地梅腊叶标本

生境与分布 生于垂直分布上限可达海
拔 1400 m 的山谷林下湿润处。分布于天柱、
锦屏、台江等地。

药材名 四块瓦(全草)。

采收加工 全年均可采收,晒干。

功能主治 祛风除湿,活血止痛,止咳,解毒。主治风湿疼痛,脘腹疼痛,咳嗽,跌打损伤,疮肿疔疮,
毒蛇咬伤。

用法用量 内服,15～30 g,水煎服。外用适量,煎水洗;或捣敷。

用药经验 侗医:治疗半身不遂,小儿惊风等。内服,10～30 g。
苗医:治疗痨咳。内服,10～15 g。

柿科

柿 *Diospyros kaki* Thunb.

异名 野柿子、狐柿子根皮、柿子根。

形态特征 落叶大乔木,通常高达 10～14 m 以上;树皮深灰色至灰黑色,或者黄灰褐色至褐色,沟纹

▲ 柿植株

较密,裂成长方块状。枝开展,带绿色至褐色,无毛,散生纵裂的长圆形或狭长圆形皮孔。叶纸质,卵状椭圆形至倒卵形或近圆形,通常较大,先端渐尖或钝,基部楔形。花雌雄异株,花序腋生,为聚伞花序。果形种种,有球形、扁球形、卵形等;种子褐色,椭圆状。花期5~6月,果期9~10月。

生境与分布 多为栽培种。分布于天柱、都匀等地。

药材名 柿(果、根、叶)。

采收加工 秋冬采果;根随时可采;霜降后采叶。分别晒干。

▲ 柿腊叶标本

功能主治 果:润肺生津,降压止血。主治肺燥咳嗽,咽喉干痛,胃肠出血,高血压。根:清热凉血。主治吐血,痔疮出血,血痢。叶:降压。主治高血压。

用法用量 果1~2个;根10~15g;叶研粉,每服5g。

用药经验 侗医:①治疗气嗝反胃,胃溃疡,先兆流产,保胎。内服,10~15g。②治疗吐泻而肚痛。柿蒂、杨梅根皮各18g,青藤香15g,十一月泡根40g,鸡内金21g,三步跳10g,水煎服,日服3次,连用1~3日即效。

苗医:果实或花萼治疗气隔反胃,内服,10~15g;叶治疗高血压,柿叶、鬼针草各10g,水煎代茶饮。

木樨科

女贞 *Ligustrum lucidum* Ait.

异名 白蜡树、冬青子、鼠梓子。

形态特征　灌木或乔木,高可达25m;树皮灰褐色。枝黄褐色、灰色或紫红色,圆柱形,疏生圆形或长圆形皮孔。叶片常绿,革质,卵形、长卵形或椭圆形至宽椭圆形,先端锐尖至渐尖或钝,基部圆形或近圆形,叶缘平坦,上面光亮,两面无毛,侧脉4~9对。圆锥花序顶生,长8~20cm,宽8~25cm;花序轴及分枝轴无毛,紫色或黄棕色,果时具棱。果肾形或近肾形,深蓝黑色,成熟时呈红黑色,被白粉。花期5~7月,果期7月至翌年5月。

生境与分布　生于海拔2900m以下的疏、密林中。分布于凯里、天柱、剑河、台江、麻江、都匀等地。

药材名　女贞子(果实)。

采收加工　冬季果实成熟时采收,除去枝叶,稍蒸或置沸水中略烫后,干燥;或直接干燥。

功能主治　滋补肝肾,明目乌发。主治肝肾阴虚,眩晕耳鸣,腰膝酸软,须发早白,目暗不明,内热消渴,骨蒸潮热。

用法用量　内服,6~15g,水煎服;或入丸剂。外用适量,敷膏点眼。清虚热宜生用,补肝肾宜熟用。

▲ 女贞植株

▲ 女贞腊叶标本

用药经验　侗医治疗外伤出血。鲜品适量,嚼烂外敷。

使用注意　低血压患者、糖尿病患者不宜长期服用。

小蜡　*Ligustrum sinense* Lour.

异名　苦白蜡、黄心柳、水黄杨、千张树。

形态特征　落叶灌木或小乔木,高2~7m。小枝圆柱形,幼时被淡黄色短柔毛或柔毛,老时近无毛。叶片纸质或薄革质,卵形、椭圆状卵形、长圆形、长圆状椭圆形至披针形,或近圆形,先端短渐尖至渐尖,基部宽楔形至近圆形,上面深绿色,下面淡绿色,侧脉4~8对。圆锥花序顶生或腋生,塔形。果近球形。花期3~6月,果期9~12月。

▲ 小蜡植株

▲ 小蜡腊叶标本

生境与分布 生于海拔 200~2 600 m 的山坡、山谷、溪边、河旁、路边的密林、疏林或混交林中。分布于天柱等地。

药材名 小蜡树（树皮及枝叶）。

采收加工 夏、秋季采树皮及枝叶，鲜用或晒干。

功能主治 清热利湿，解毒消肿。主治感冒发热，肺热咳嗽，咽喉肿痛，口舌生疮，湿热黄疸，痢疾，痈肿疮毒，湿疹，皮炎，跌打损伤，烫伤。

用法用量 内服，10~15 g，鲜者加倍，水煎服。外用适量，煎水含漱；或熬膏涂；捣烂或绞汁涂敷。

用药经验 侗医：治疗烧、烫伤，杀虫止痒。外用，煎水外洗。

苗医：叶治疗黄疸型肝炎，产后会阴水肿。外用，鲜品适量，煎水外洗或捣烂外敷。

马钱科

大叶醉鱼草 *Buddleja davidii* Franch.

异名 白壶子、大蒙花。

形态特征 灌木，高 1~5 m。小枝外展而下弯，略呈四棱形；幼枝、叶片下面、叶柄和花序均密被灰白色星状短绒毛。叶对生，叶片膜质至薄纸质，狭椭圆形至卵状披针形，稀宽卵形，边缘具细锯齿，上面深绿色，被疏星状短柔毛。总状或圆锥状聚伞花序，顶生；花冠淡紫色，后变黄白色至白色，喉部橙黄色，芳香。蒴果狭椭圆形或狭卵形，2 瓣裂，淡褐色，无毛；种子长椭圆形，两端具尖翅。花期 5~10 月，果期 9~12 月。

△ 大叶醉鱼草植株　　　　　　　　　　△ 大叶醉鱼草腊叶标本

生境与分布　生于山坡、沟边、灌木丛中。分布于天柱、锦屏、台江等地。

药材名　酒药花(根皮、枝叶)。

采收加工　春秋采根皮,夏秋采枝叶,均晒干。

功能主治　祛风散寒,活血止痛,解毒杀虫。主治风寒咳嗽,风湿关节疼痛,跌打损伤,痈肿疮疖,妇女阴痒,麻风;外用治疗脚癣。

用法用量　内服,2.5～5.0 g,水煎服。外用适量,研粉调服或煎水洗。

用药经验　侗医治疗咳嗽,风湿麻木,跌打损伤,湿疹,烧烫伤等。内服,10～15 g。

密蒙花　*Buddleja officinalis* Maxim.

异名　染饭花、白荆条、蒙花、黄饭花、鸡骨头花。

形态特征　灌木,高1～4 m。小枝略呈四棱形,灰褐色;小枝、叶下面、叶柄和花序均密被灰白色星状短绒毛。叶对生,叶片纸质,狭椭圆形、长卵形、卵状披针形或长圆状披针形,顶端渐尖、急尖或钝,叶上面深绿色,被星状毛,下面浅绿色。花多而密集,组成顶生聚伞圆锥花序;花冠紫堇色,后变白色或淡黄白色,喉部橘黄色。蒴果椭圆状,2瓣裂,外果皮被星状毛,基部有宿存花被;种子多颗,狭椭圆形,两端具翅。花期3～4月,果期5～8月。

▲ 密蒙花植株　　　　　　　　　▲ 密蒙花腊叶标本

生境与分布　　生于海拔 200～2 800 m 向阳山坡、河边、村旁的灌木丛中或林缘。分布于凯里、天柱、锦屏、剑河、台江、麻江、都匀等地。

药材名　　密蒙花(花蕾及其花序)。

采收加工　　春季花未开放时采收,除去杂质,干燥。

功能主治　　清热养肝,明目退翳。主治目赤肿痛,多泪羞明,眼生翳膜,肝虚目暗,视物昏花。

用法用量　　内服,3～9 g,水煎服。

用药经验　　侗医:治疗咳嗽。内服,10～15 g。

苗医:花蕾治疗头晕,肝炎。内服,6～15 g。

龙胆科

双蝴蝶 *Tripterospermum chinense*（Migo）H. Smith

异名　　天青地红、花蝴蝶、铁板青、胡地莲。

形态特征　多年生缠绕草本。具短根茎,根黄褐色或深褐色,细圆柱形。茎绿色或紫红色,近圆形具细条棱。基生叶通常 2 对,着生于茎基部,紧贴地面,密集呈双蝴蝶状,卵形、倒卵形或椭圆形,上面绿色,有白色或黄绿色斑纹或否,下面淡绿色或紫红色。具多花,2～4 朵呈聚伞花序,少单花,腋生;花冠蓝紫色或淡紫色,褶色较淡或呈乳白色,钟形。蒴果内藏或先端外露,淡褐色,椭圆形,扁平;种子淡褐色,近圆形,具盘状双翅。花果期 10～12 月。

生境与分布　生于海拔 300～1 100 m 的山坡林下、林缘、灌木丛或草丛中。分布于天柱等地。

药材名　肺形草(幼嫩全草)。

采收加工　夏、秋季采收,晒干或鲜用。

功能主治　清肺止咳,凉血止血,利尿解毒。主治肺热咳嗽,肺痨咯血,肺痈,肾炎,乳痈,疮痈疔肿,创伤出血,毒蛇咬伤。

用法用量　内服,9～15 g,鲜品 30～60 g,水煎服。外用适量,鲜品捣敷;或研末撒。

用药经验　治疗妇女崩漏,本品 50 g 炖鸡食;治疗急性乳腺炎,鲜品适量,捣烂敷患处。

▲ 双蝴蝶植株

▲ 双蝴蝶腊叶标本

夹竹桃科

络石　*Trachelospermum jasminoides*（Lindl.）Lem.

异名　络丝藤、耐冬、白花藤。

形态特征　常绿木质藤本,长达 10 m,具乳汁;茎赤褐色,圆柱形,有皮孔,小枝被黄色柔毛,老时渐无毛。叶革质或近革质,椭圆形至卵状椭圆形或宽倒卵形,顶端锐尖至渐尖或钝,基部渐狭至钝,叶面无毛,叶背被疏短柔毛,老渐无毛。二歧聚伞花序腋生或顶生,花多朵组成圆锥状;花白色,芳香;花萼5深裂,裂片线状披针形,顶部反卷。蓇葖双生,叉开,无毛,线状披针形;种子多颗,褐色,线形,顶端具白色绢质种毛。花期3~7月,果期7~12月。

生境与分布　生于山野、溪边、路旁、林缘或杂木林中,常缠绕于树上或攀援于墙壁上、岩石上,亦有移栽于园圃,供观赏。分布于凯里、天柱、锦屏、剑河、台江、麻江、都匀等地。

药材名　络石藤(带叶藤茎)。

采收加工　冬季至次春采割,除去杂质,晒干。

功能主治　祛风通络,凉血消肿。主治风湿热痹,筋脉拘挛,腰膝酸痛,喉痹,痈肿,跌仆损伤。

用法用量　内服,6~12 g,水煎服。

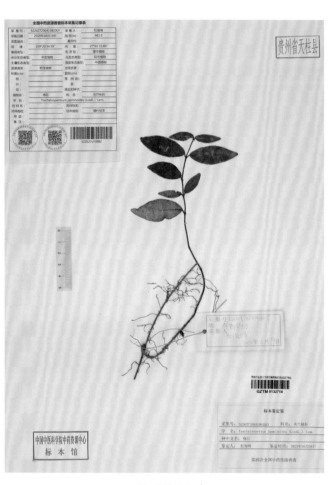

▲ 络石植株　　　　　　　　　▲ 络石腊叶标本

用药经验　侗医治疗跌打损伤等。内服,6~9 g。
使用注意　本品苦寒。阳虚畏寒,大便溏薄者禁服。

茜草科

虎刺　*Damnacanthus indicus* Gaertn. f.

异名　老鼠刺、细花针、小黄连。

形态特征　具刺灌木,高 0.3～1.0 m,具肉质链珠状根;茎下部少分枝,上部密集多回二叉分枝。叶常大小叶对相间,大叶长 1～3 cm,宽 1.0～1.5 cm,小叶长可小于 0.4 cm,卵形、心形或圆形,顶端锐尖,边全缘,基部常歪斜。花两性,1～2 朵生于叶腋,2 朵者花柄基部常合生,有时在顶部叶腋可 6 朵排成具短总梗的聚伞花序;花冠白色,管状漏斗形。核果红色,近球形,具分核 1～4。花期 3～5 月,果期冬季至翌年春季。

▲ 虎刺植株

▲ 虎刺腊叶标本

生境与分布　生于山地、石岩灌丛中和丘陵的疏、密林下。分布于天柱等地。

药材名　虎刺(根或全株)。

采收加工　全年可采,洗净,切碎,鲜用或晒干。

功能主治　祛风利湿,活血消肿。主治痛风,风湿痹痛,痰饮咳嗽,肺痈,水肿,痞块,黄疸,妇女经闭,小儿疳积,荨麻疹,跌打损伤。

用法用量　内服,9～15 g(鲜用 30～60 g),水煎服;或入散剂。外用,捣敷、捣汁搽或研末撒。

用药经验　①治疗肝炎,肝硬化腹水。内服,10～15 g。②全株治疗腰痛。内服,10～15 g。③治疗百日咳。虎刺、米槁、毛柴胡各 10 g,千年矮、桑白皮各 18 g,水煎服,日服 3～6 次。

猪殃殃 *Galium aparine* var. *tenerum*（Gren. et Godr.）Reichb.

异名 锯子草、小禾镰草、小锯藤、锯子草。

形态特征 蔓生或攀援状草本。茎四棱形，棱上和叶背中脉及叶缘均有倒生细刺，触之粗糙。叶6~8片轮生，线状倒披针形，长1~3 cm，宽2~4 mm，顶端有刺尖，表面疏生细刺毛，无柄。花3~10朵组成顶生或腋生的聚伞花序；花萼有钩毛；花冠辐射状。果球形，密生钩毛，果柄直生。花果期4~6月。

生境与分布 生于海拔350~4 300 m的山坡、旷野、沟边、湖边、林缘、草地。分布于天柱等地。

药材名 猪殃殃（全草）。

采收加工 夏季采收，鲜用或晒干。

功能主治 清热解毒，利尿消肿。主治感冒，急、慢性阑尾炎，泌尿系统感染，水肿，痛经，癌症，白血病。外用治疗乳腺炎初起，痈疖肿毒，跌打损伤。

用法用量 内服，50~100 g，水煎服。外用适量，鲜品捣烂敷或绞汁涂患处。

用药经验 侗医治疗跌打损伤，崩漏，白带，妇科疾病等。内服，30~60 g。

▲ 猪殃殃植株

▲ 猪殃殃腊叶标本

栀子 *Gardenia jasminoides* Ellis

异名 黄栀子、黄果子、山黄枝。

形态特征 灌木，高0.3~3.0 m；枝圆柱形，灰色。叶对生，革质，叶形多样，通常为倒卵状长圆形或椭圆形，顶端渐尖、骤然长渐尖或短尖而钝，基部楔形或短尖，两面常无毛，上面亮绿，下面色较暗。花芳香，通常单朵生于枝顶；花冠白色或乳黄色。果卵形、椭圆形或长圆形，黄色或橙红色，有翅状纵棱5~9条；

▲ 栀子植株

种子多数,扁,近圆形而稍有棱角。花期3～7月,果期5月至翌年2月。

生境与分布 生于海拔10～1500 m处的旷野、丘陵、山谷、山坡、溪边的灌丛或林中。分布于凯里、天柱、锦屏、剑河、台江、麻江、都匀等地。

药材名 栀子(果实)。

采收加工 于10月中、下旬,果皮由绿转为黄绿时采收,除去果柄杂物,置蒸笼内微蒸或放入明矾水中微煮,取出晒干或烘干。亦可直接将果实晒干或烘干。

功能主治 泻火除烦,清热利湿,凉血解毒。外用消肿止痛。主治热病心烦,湿热黄疸,淋证涩痛,血热吐衄,目赤肿痛,火毒疮疡。外用治疗扭挫伤痛。

用法用量 内服,6～10 g,水煎服。外用生品适量,研末调敷。

用药经验 侗医:治疗口腔溃疡,咽喉炎。果实10 g,捣烂,泡淘米水含漱,一日3～5次,连续2～3日。

苗医:治疗扭伤血肿,果实打粉加鸡蛋清外敷,内服治疗热经引的全身发黄,鼻血不止。叶治疗水火烫伤。内服,10～15 g。

▲ 栀子腊叶标本

金毛耳草 *Hedyotis chrysotricha*(Palib.)Merr.

异名 石打穿、山蜈蚣、铺地蜈蚣。

形态特征 多年生披散草本,高约30 cm,基部木质,被金黄色硬毛。叶对生,具短柄,薄纸质,阔披针形、椭圆形或卵形,顶端短尖或凸尖,基部楔形或阔楔形,上面疏被短硬毛,下面被浓密黄色绒毛,脉上被毛更密。聚伞花序腋生,有花1～3朵,被金黄色疏柔毛,近无梗;花冠白或紫色,漏斗形。果近球形,被扩展硬毛,宿存萼檐裂片,成熟时不开裂,内有种子数粒。花期几乎全年。

▲ 金毛耳草植株

生境与分布 生于山谷杂木林下或山坡灌木丛中,极常见。分布于天柱、锦屏、都匀等地。

药材名 黄毛耳草(全草)。

采收加工 7～10月采收,鲜用或晒干。

功能主治 清热利湿,消肿解毒,舒筋活血。主治外感风热,吐泻,痢疾,黄疸,急性肾炎,中耳炎,咽喉肿痛,小便淋痛,崩漏,便血。外用治疗毒蛇、蜈蚣咬伤,跌打损伤,外伤出血,疔疮肿毒,骨折,刀伤。

用法用量 内服,25～100 g,水煎服。外用适量,鲜品捣烂敷患处。

用药经验 侗医:治疗小儿走胎症,蛇咬伤,瘰疬。内服,5～10 g。外用,鲜品适量。

苗医:全草治小儿高热,妇女崩漏,黄疸。内服,10～30 g。

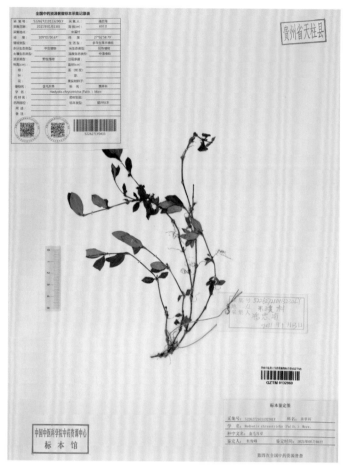

▲ 金毛耳草腊叶标本

茜草 *Rubia cordifolia* L.

异名 四方草、血见愁、地苏木。

形态特征 草质攀援藤木,长通常 1.5～3.5 m;根状茎和其节上的须根均红色。叶通常 4 片轮生,纸质,披针形或长圆状披针形,顶端渐尖,有时钝尖,基部心形,边缘有齿状皮刺,两面粗糙,脉上有微小皮刺。聚伞花序腋生和顶生,多回分枝,有花 10 余朵至数十朵,花序和分枝均细瘦,有微小皮刺。果球形,直径通常 4～5 mm,成熟时橘黄色。花期 8～9 月,果期 10～11 月。

生境与分布 生于山坡路旁、沟沿、田边、灌丛及林缘。分布于凯里、天柱、锦屏、剑河、台江、麻江、都匀

▲ 茜草植株

△ 茜草腊叶标本

等地。

药材名 茜草(根和根茎)。

采收加工 春、秋采挖,除去茎筋,去净泥土及细须根,晒干。

功能主治 凉血,祛瘀,止血,通经。主治吐血,衄血,崩漏,外伤出血,瘀阻经闭,关节痹痛,跌仆肿痛。

用法用量 内服,6～10 g,水煎服。止血炒炭用,活血通经生用或酒炒用。

用药经验 侗医:①治疗吐血,跌打损伤,慢性气管炎等。内服,10～20 g。②治疗脱肛。茜草、石榴皮各21 g,阳雀花根15 g,当归10 g。水煎服,每日1剂,每日服3次,连用半个月。③治疗遗尿,小便失禁。四方草根5 g,菟丝子30 g,核桃肉3个(约15 g),水煎服,每日服3次。

苗医:①治疗红崩症,血流不止,月经不调。内服,10～20 g。②治疗月经不调。茜草、月季花根,泡酒1500 g,每日3次,每次10～15 g。③治疗体虚血少。茜草加入其他药物泡酒或炖猪脚内服。

白马骨 *Serissa serissoides*（DC.）Druce

异名 野千年矮、硬骨柴、鸡骨柴。

形态特征 小灌木,通常高达1m;枝粗壮,灰色,被短毛,后毛脱落变无毛,嫩枝被微柔毛。叶通常丛生,薄纸质,倒卵形或倒披针形,顶端短尖或近短尖,基部收狭成一短柄,除下面被疏毛外,其余无毛。花无梗,生于小枝顶部,有苞片;苞片膜质,斜方状椭圆形,长渐尖;花托无毛;花药内藏,长1.3mm;花柱柔弱,长约7mm。花期4～6月。

▲ 白马骨植株

▲ 白马骨腊叶标本

生境与分布 生于山坡、路边、溪旁、灌木丛中。分布于凯里、天柱等地。

药材名 白马骨(全草)。

采收加工 4～6月采收茎叶,秋季挖根。洗净,切段,鲜用或晒干。

功能主治 祛风利湿,清热解毒。主治风湿腰腿痛,痢疾,水肿,目赤肿痛,喉痛,齿痛,妇女白带,痈疽,瘰疬。

用法用量 内服,10～15g(鲜者30～60g),水煎服。外用适量,烧灰淋汁涂,煎水洗或捣敷。

用药经验 侗医:治疗肝炎,小儿疳积等。内服,15～25g。

苗医:治疗小儿惊风,偏头痛,头痛。内服,15～25g。

华钩藤 *Uncaria sinensis*（Oliv.）Havil

异名　鹰爪风、吊风勾、倒挂刺。

形态特征　藤本,嫩枝较纤细,方柱形或有4棱角,无毛。叶薄纸质,椭圆形,顶端渐尖,基部圆或钝,两面均无毛。头状花序单生叶腋,总花梗具一节,节上苞片微小,或成单聚伞状排列,总花梗腋生,长3～6 cm。果序直径20～30 mm;小蒴果长8～10 mm,有短柔毛。花、果期6～10月。

生境与分布　生于中等海拔的山地疏林中或湿润次生林下。分布于凯里、天柱、麻江等地。

药材名　钩藤(带钩茎枝)。

采收加工　秋、冬二季采收,去叶,切段,晒干。

功能主治　息风定惊,清热平肝。主治肝风内动,惊痫抽搐,高热惊厥,感冒夹惊,小儿惊啼,妊娠子痫,头痛眩晕。

用法用量　3～12 g,煎服,后下。

▲ 华钩藤植株　　　　　　　　　　　　▲ 华钩藤腊叶标本

用药经验　侗医:①钩、枝叶治疗小儿惊厥,高血压,头晕、目眩,妇人子痫等。根治疗风湿痛。内服,9～15 g。外用适量。②治疗温病发热,困倦昏睡不醒,醒后即呕吐。蜣虫郎7个,钩藤20 g,锈铁1块。先将蜣虫郎焙干,研成细粉,再用钩藤水煎,把锈铁烧红,放入碗中,用药水冲阴阳水服,每日1剂,每日服3次。③治疗风湿性关节炎,坐骨神经痛,跌打损伤。钩藤根21 g,水煎服(不能久煎)。

苗医:根、叶、茎治疗热经、半边经引起的突然不省人事,颜面潮红,大汗。内服,10～15 g。

紫草科

琉璃草 *Cynoglossum zeylanicum*（Vahl）Thunb. ex Lehm.

异名　倒提壶、大赖毛子、展枝倒提壶。

形态特征　直立草本，高 40～60 cm，稀达 80 cm。茎单一或数条丛生，密被伏黄褐色糙伏毛。基生叶及茎下部叶具柄，长圆形或长圆状披针形，先端钝，基部渐狭，上下两面密生贴伏的伏毛；茎上部叶无柄，狭小，被密伏的伏毛。花序顶生及腋生，分枝钝角叉状分开；花冠蓝色，漏斗状，裂片长圆形，先端圆钝，喉部有 5 个梯形附属物。小坚果卵球形，背面突，密生锚状刺，边缘无翅边或稀中部以下具翅边。花果期 5～10 月。

生境与分布　生于林间草地、向阳山坡及路边。分布于天柱、台江、麻江等地。

药材名　贴骨散（根、叶）。

采收加工　四季采叶；春秋采根，分别晒干。

功能主治　清热利湿，活血调经。主治疮疖痈肿，毒蛇咬伤，跌打损伤，骨折，月经不调。

用法用量　内服，9～15 g，水煎服。外用适量，捣烂。

用药经验　侗医治疗骨折疼痛，痈肿，生肌。内服，10～15 g。外用，鲜品适量，捣烂外敷。

▲ 琉璃草植株

▲ 琉璃草腊叶标本

马鞭草科

臭牡丹 *Clerodendrum bungei* Steud.

异名　大红花、大红袍、大红花。

形态特征　灌木,高 1～2 m,有臭味;花序轴、叶柄密被褐色、黄褐色或紫色脱落性的柔毛。叶片纸质,宽卵形或卵形,顶端尖或渐尖,基部宽楔形、截形或心形,边缘具粗或细锯齿,侧脉 4～6 对,表面散生短柔毛,背面疏生短柔毛和散生腺点或无毛。伞房状聚伞花序顶生,密集;苞片叶状,披针形或卵状披针形;花冠淡红色、红色或紫红色。核果近球形,成熟时蓝黑色。花果期 5～11 月。

生境与分布　生于海拔 2 500 m 以下的山坡、林缘、沟谷、路旁、灌丛润湿处。分布于天柱、凯里、天柱、锦屏、剑河、麻江、都匀等地。

药材名　臭牡丹(茎、叶)。

采收加工　夏季采集茎叶,鲜用或切段晒干。

功能主治　祛风除湿,解毒散瘀。根:主治风湿关节痛,跌打损伤,高血压,头晕头痛,肺脓疡。叶:外用治疗痈疖疮疡,痔疮发炎,湿疹,还可作灭蛆用。

用法用量　根 25～50 g;鲜叶外用适量,捣烂敷患处。

▲ 臭牡丹植株　　　　　　　　　　　▲ 臭牡丹腊叶标本

用药经验　侗医:①治疗疟疾。臭牡丹根、毛一支箭、鸡矢藤、凤凰壳(即刚孵出小鸡的蛋壳)各 11 g,水煎服,每日 1 剂,日服 3 次。②治疗产后无乳。臭牡丹根 15 g,仔鸡 1 只(重约 1000 g)。先将仔鸡杀死,去毛和内脏,把臭牡丹根放入鸡腹中一起炖熟,每日分 2 次服完。

苗医：根、茎叶治疗病后体虚，水肿。内服，10～30 g。

豆腐柴 *Premna microphylla* Turcz.

异名 豆腐草、土常山、臭娘子、臭常山。

形态特征 直立灌木；幼枝有柔毛，老枝变无毛。叶揉之有臭味，卵状披针形、椭圆形、卵形或倒卵形，顶端急尖至长渐尖，基部渐狭窄下延至叶柄两侧，全缘至有不规则粗齿，无毛至有短柔毛。聚伞花序组成顶生塔形的圆锥花序；花萼杯状，绿色，有时带紫色，密被毛至几无毛；花冠淡黄色，外有柔毛和腺点。核果紫色，球形至倒卵形。花期5～6月，果期6～10月。

生境与分布 生于山坡林下或林缘。分布于天柱、锦屏、剑河等地。

药材名 腐婢（茎、叶）。

采收加工 春、夏、秋均可采收，鲜用或晒干。

功能主治 清热解毒。主治疟疾，泄泻，痢疾，醉酒头痛，痈肿，疔疮，丹毒，蛇虫咬伤，创伤出血。

用法用量 内服，10～15 g，水煎服。或研末。外用适量；捣敷；或研末调敷；或煎水洗。

用药经验 侗医用树皮、叶治疗小儿发烧，小儿疳积等。内服，5～10 g。

▲ 豆腐柴植株

▲ 豆腐柴腊叶标本

马鞭草 *Verbena officinalis* L.

异名 土马鞭、铁马鞭、疟马鞭、土荆芥、野荆芥、红藤草。

形态特征 多年生草本,高 30～120 cm。茎四方形,节和棱上有硬毛。叶片卵圆形至倒卵形或长圆状披针形,基生叶边缘常有粗锯齿和缺刻,茎生叶多数 3 深裂,裂片边缘有不整齐锯齿,两面均有硬毛。穗状花序顶生和腋生,细弱;花小,无柄。果长圆形,外果皮薄,成熟时 4 瓣裂。花期 6～8 月,果期 7～10 月。

生境与分布 生于低至高海拔的路边、山坡、溪边或林旁。分布于凯里、天柱、锦屏、剑河、台江、麻江、都匀等地。

药材名 马鞭草(地上部分)。

采收加工 6～8 月花开时采割,除去杂质,晒干。

功能主治 活血散瘀,截疟,解毒,利水消肿。主治癥瘕积聚,经闭痛经,疟疾,喉痹,痈肿,水肿,热淋。

用法用量 内服,15～30 g,鲜品 30～60 g,水煎服;或入丸、散。外用适量,捣敷;或煎水洗。

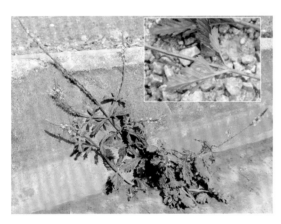

▲ 马鞭草植株

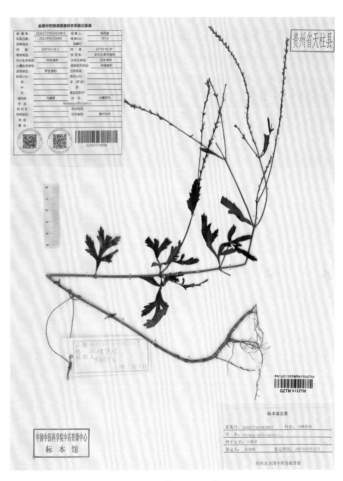

▲ 马鞭草腊叶标本

用药经验 侗医:①治疗黄疸,痢疾,白喉,牙疳等。内服,15～30 g。外用适量。②治疗鼻塞、不通气,嗅觉消失,不流涕的鼻炎。马鞭草、野菊络、土荆皮、马兰根各 10 g,杜衡 5 g。水煎服,日服 3 次。③治疗赤白痢。马鞭草、鸭舌草、石榴皮各 10 g,水煎服,日服 3 次。

苗医:全草治疗感冒发热,腰痛,黄水疮。内服,15～30 g。外用适量。

黄荆 *Vitex negundo* L.

异名 黄荆条、黄荆子、布荆。

形态特征 灌木或小乔木;小枝四棱形,密生灰白色绒毛。掌状复叶,小叶 5,少有 3;小叶片长圆状披针形至披针形,顶端渐尖,基部楔形,全缘或每边有少数粗锯齿,表面绿色,背面密生灰白色绒毛。聚伞花序排成圆锥花序式,顶生,长 10～27 cm,花序梗密生灰白色绒毛;花冠淡紫色,外有微柔毛,顶端 5 裂,二

▲ 黄荆植株

▲ 黄荆腊叶标本

唇形。核果近球形；宿萼接近果实的长度。花期4~6月，果期7~10月。

生境与分布 生于山坡路旁或灌木丛中。分布于天柱、锦屏、剑河、台江等地。

药材名 黄荆（根、茎、叶、果实）。

采收加工 四季可采，根、茎洗净切段晒干，叶、果阴干备用，叶亦可鲜用。

功能主治 根、茎：清热止咳，化痰截疟。主治支气管炎，疟疾，肝炎。叶：化湿截疟。主治感冒，肠炎，疟疾；外用治疗湿疹，皮炎。果实：止咳平喘，理气止痛。主治咳嗽哮喘，胃痛，消化不良。鲜叶：捣烂敷，治疗虫、蛇咬伤，灭蚊。

用法用量 内服，根、茎25~50g；叶15g~50g；果实5~15g，水煎服。

用药经验 侗医：①治疗风湿头痛。鲜叶适量外敷太阳穴。②治疗胸腹膨胀。种子10g煎水内服，一日1剂。③治疗虫、蛇咬伤。黄荆条皮（以7片叶的为佳）、蛇倒退、野花椒根皮、铧口菜（鲜品）各150g。上药共捣烂，敷伤口周围。

苗医：治疗烂脚丫，各种痧症。外用适量。

唇形科

金疮小草 *Ajuga decumbens* Thunb.

异名 散血草、地龙胆、活血草、白夏枯草。

形态特征 一或二年生草本，平卧或上升，具匍匐茎，被白色长柔毛或绵状长柔毛。叶片薄纸质，匙形或倒卵状披针形,边缘具不整齐的波状圆齿,两面被疏糙伏毛或疏柔毛。轮伞花序多花,排列成间断长7～12 cm的穗状花序。花冠淡蓝色或淡红紫色,稀白色。小坚果倒卵状三棱形,背部具网状皱纹,腹部有果脐,果脐约占腹面2/3。花期3～7月,果期5～11月。

生境与分布 生于海拔360～1 400 m的溪边、路旁及湿润的草坡上。分布于天柱等地。

药材名 白毛夏枯草(全草)。

采收加工 3～4月或9～10月,采取全株,晒干,或鲜用。

功能主治 清热解毒,化痰止咳,凉血散血。主治咽喉肿痛,肺热咳嗽,肺痈,目赤肿痛,痢疾,痈肿疔疮,毒蛇咬伤,跌打损伤。

用法用量 内服,10～30 g;鲜品30～60 g,水煎服;或捣汁。外用适量,捣敷;或煎水洗。

▲ 金疮小草植株

▲ 金疮小草腊叶标本

用药经验 侗医:治疗肝炎,肝癌。内服,5～10 g。
苗医:治疗急慢性支气管炎,咽炎,扁桃体炎,关节疼痛,外伤出血。内服,5～10 g。外用适量。

细风轮菜 *Clinopodium gracile*（Benth.）Matsum.

异名 野薄荷、并头草、假仙菜、剪刀草、箭头草。

形态特征 纤细草本。茎多数,自匍匐茎生出,不分枝或基部具分枝,被倒向的短柔毛。最下部的叶圆卵形,细小,边缘具疏圆齿,较下部或全部叶均为卵形,薄纸质,上面榄绿色,近无毛,下面较淡。轮伞花序分离,或密集于茎端成短总状花序,疏花。花冠白至紫红色,超过花萼长约1/2倍,外面被微柔毛。小坚果卵球形,褐色,光滑。花期6～8月,果期8～10月。

生境与分布 生于海拔2 400 m的路旁、沟边、空旷草地、林缘和灌丛中。分布于天柱、锦屏、台江、麻江等地。

▲ 细风轮菜植株

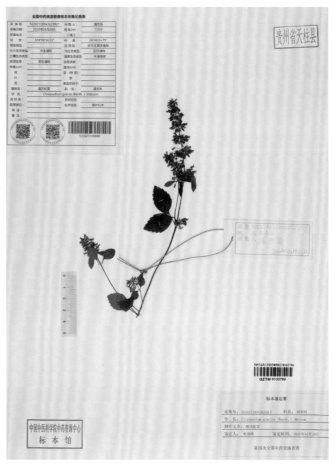

▲ 细风轮菜腊叶标本

药材名　瘦风轮（全草）。

采收加工　6～8 月采收全草，晒干或鲜用。

功能主治　清热解毒，消肿止痛。主治白喉，咽喉肿痛，泄泻，痢疾，乳痈，感冒，产后咳嗽及雷公藤中毒。外用治疗过敏性皮炎。

用法用量　内服，25～100 g，水煎服。外用适量，捣烂敷患处。

用药经验　侗医：①治疗肠炎，疔疮，跌打损伤。内服，10～15 g。外用，鲜品适量。②治疗白喉鲜品适量，捣烂兑淘米水含服。

苗医：治疗感冒头痛，菌痢。内服，10～15 g。外用，鲜品适量。

活血丹　*Glechoma longituba*（Nakai）Kupr.

异名　穿墙草、金钱草、金钱薄荷、透骨消。

形态特征　多年生草本，具匍匐茎，上升，逐节生根。茎高 10～30 cm，四棱形，基部通常呈淡紫红色。叶草质，叶片心形或近肾形。轮伞花序通常 2 花，稀具 4～6 花。花冠淡蓝、蓝至紫色，下唇具深色斑点。成熟小坚果深褐色，长圆状卵形，顶端圆，基部略呈三棱形，无毛，果脐不明显。花期 4～5 月，果期 5～6 月。

生境与分布　生于海拔 50～2 000 m 的林缘、疏林下、草地中、溪边等阴湿处。多分布于凯里、天柱、锦屏、剑河、麻江、都匀等地。

药材名　连钱草（地上部分）。

▲ 活血丹植株

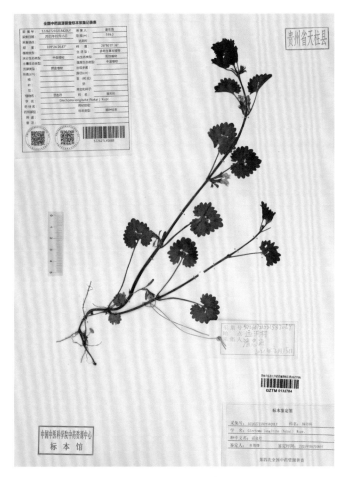

△ 活血丹腊叶标本

采收加工　春至秋季采收,除去杂质,晒干。

功能主治　利湿通淋,清热解毒,散瘀消肿。主治热淋,石淋,湿热黄疸,疮痈肿痛,跌仆损伤。

用法用量　内服,15～30 g,水煎服;外用适量,煎汤洗或取鲜品捣烂敷患处。

用药经验　侗医:治疗水肿,膀胱结石,疟疾,咳嗽,风湿痹痛,小儿疳积等。内服,煎汤,鲜品 30～50 g,或浸酒服用适量;外用适量。

　　苗医:治疗月经不调,实热胃痛,红白淋证。内服,15～30 g。

野芝麻　*Lamium barbatum* Sieb. et Zucc.

异名　野藿香、包团草、泡花草、野油麻。

形态特征　多年生植物;根茎有长地下匍匐枝。茎高达 1 m,单生,直立,四棱形,具浅槽,中空,无毛。茎下部的叶卵圆形或心脏形,先端尾状渐尖,基部心形,茎上部叶卵圆状披针形。轮伞花序 4～14 花,着生于茎端。花冠白或浅黄色。小坚果倒卵圆形,先端截形,基部渐狭,淡褐色。花期 4～6 月,果期 7～8 月。

▲ 野芝麻植株

生境与分布 生于海拔 2 600 m 的路边、溪旁、田埂及荒坡上。分布于天柱、剑河等地。

药材名 野芝麻(全草)。

采收加工 5～6 月采收全草,阴干或鲜用。

功能主治 凉血止血,活血止痛,利湿消肿。主治肺热咳血,血淋,月经不调,崩漏,水肿,白带,胃痛,小儿疳积,跌打损伤,肿毒。

用法用量 内服,9～15 g,水煎服;或研末。外用适量,鲜品捣敷;或研末调敷。

用药经验 苗医:花或全草治疗小儿虚热。内服,10～15 g。外用适量。

▲ 野芝麻腊叶标本

益母草 *Leonurus japonicus* Houtt.

异名 益母艾、益母蒿、坤草。

形态特征 一年生或二年生草本。茎直立,通常高 30～120 cm,钝四棱形,微具槽。茎下部叶轮廓为卵形,掌状 3 裂,裂片呈长圆状菱形至卵圆形,裂片上再分裂,上面绿色,有糙伏毛,下面淡绿色,被疏柔毛及腺点。轮伞花序腋生,具 8～15 花,轮廓为圆球形,多数远离而组成长穗状花序。花冠粉红至淡紫红色。小坚果长圆状三棱形,淡褐色,光滑。花期 6～9 月,果期 9～10 月。

生境与分布 生于海拔 3 400 m 的多种生境,尤以阳处为多。分布于天柱、锦屏、剑河、台江、都匀等地。

药材名 益母草(地上部分)。

采收加工 鲜品春季幼苗期至初夏花前期采割;干品夏季茎叶茂盛、花未开或初开时采割,晒干,或切段晒干。

功能主治 活血调经,利尿消肿,清热解毒。主治月经不调,痛经经闭,恶露不尽,水肿尿少,疮疡肿毒。

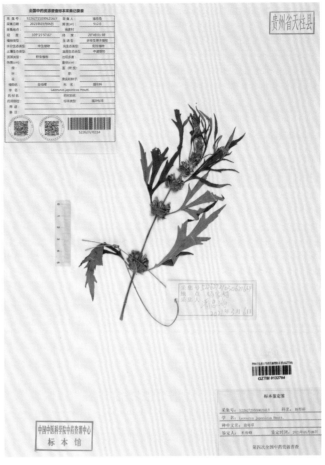

▲ 益母草植株　　　　　　　　　　　　▲ 益母草腊叶标本

用法用量　内服,9～30 g;鲜品 12～40 g,水煎服。

用药经验　侗医:①治疗月经不调,胎漏难产,胞衣不下,产后血晕,崩中漏下等。内服,煎汤,10～20 g,熬膏或入丸、散。外用,煎水洗或捣烂外敷。②治疗手足关节痛。益母草适量,捣烂敷之。

苗医:治疗月经不调,白带过多,痛经。内服,10～30 g。

紫苏　*Perilla frutescens*（L.）Britt.

异名　鱼香菜、赤苏、苏叶。

形态特征　一年生、直立草本。茎高 0.3～2.0 m,绿色或紫色,钝四棱形,具四槽,密被长柔毛。叶阔卵形或圆形,先端短尖或突尖,基部圆形或阔楔形,边缘在基部以上有粗锯齿,膜质或草质,两面绿色或紫色,或仅下面紫色,上面被疏柔毛,下面被贴生柔毛。轮伞花序 2 花,密被长柔毛,偏向一侧的顶生及腋生总状花序。花冠白色至紫红色,外面略被微柔毛,内面在下唇片基部略被微柔毛,冠筒短。小坚果近球形,灰褐色,具网纹。花期 8～11 月,果期 8～12 月。

生境与分布　生于山地、路旁、村边或荒地,亦有栽培。分布于天柱、锦屏、剑河、台江、麻江、都匀等地。

▲ 紫苏植株

药材名 紫苏叶(叶或带枝嫩叶)。

采收加工 9月上旬花序将长出时,割下全株,倒挂通风处阴干备用。

功能主治 解表散寒,行气和胃。主治风寒感冒,咳嗽呕恶,妊娠呕吐,鱼蟹中毒。

用法用量 内服,5~10 g,水煎服。外用适量,捣敷、研末掺或煎汤洗。

用药经验 侗医:①治疗风寒感冒。10~15 g煎水兑酒服,一日3次,连服2~3日。②治疗麻疹初出(普及方)。紫苏、夏枯草、满山香、五香草、水硼砂各8 g。水煎服,每日1剂,每日服3次。

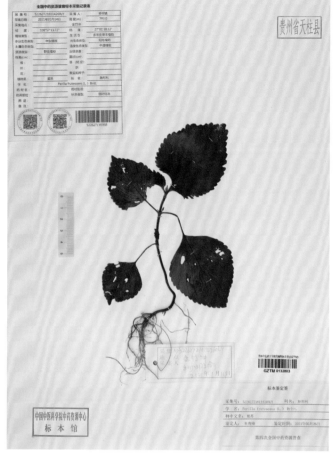

▲ 紫苏腊叶标本

苗医:①治疗感冒,小儿麻疹,肌肉红肿。内服,10~15 g。外用适量,捣烂敷。②治疗腰痛。紫苏鲜品全草30 g,鸭蛋或鸡蛋4个,煮汤分3次服。③治疗肌肉红肿。紫苏、野菊花各等分,捣烂外敷红肿处。

夏枯草 *Prunella vulgaris* L.

异名 百口朝天、干叶叶、大头花、灯笼头、榔头草、白花草。

形态特征 多年生草本;根茎匍匐,在节上生须根。茎高20~30 cm,上升,下部伏地。茎叶卵状长圆形或卵圆形,大小不等,先端钝,基部圆形、截形至宽楔形,下延至叶柄成狭翅,草质,上面橄榄绿色,下面淡绿色,几无毛。轮伞花序密集组成顶生长2~4 cm穗状花序,每一轮伞花序下承以苞片。花冠蓝紫或红紫色。小坚果黄褐色,长圆状卵珠形,微具沟纹。花期4~6月,果期7~10月。

▲ 夏枯草植株

▲ 夏枯草腊叶标本

生境与分布 生于海拔 3 000 m 的荒坡、草地、溪边及路旁等湿润地上。分布于凯里、天柱、锦屏、剑河、台江、麻江、都匀等地。

药材名 夏枯草(果穗)。

采收加工 夏季果穗呈棕红色时采收,除去杂质,晒干。

功能主治 清肝泻火,明目,散结消肿。主治目赤肿痛,目珠夜痛,头痛眩晕,瘰疬,瘿瘤,乳痈,乳癖,乳房胀痛。

用法用量 内服,6～15 g,大剂量可用至 30 g,水煎服;熬膏或入丸、散。外用适量,煎水洗或捣敷。

用药经验 侗医:①治疗狗咬伤。鲜品适量嚼烂敷患处。②治疗赤白带下,崩漏不止。取夏枯草开花季采摘全草,阴干,研为细粉吞服,每次服 6 g;饭前用米汤送服,每日服 3 次。③治疗产后血晕,心气欲绝。夏枯草鲜品 100 g,洗净捶烂,取汁服用。④治疗胎前产后血气不安,漏血。夏枯草 30 g,研末,每次服 6 g,米汤调下,每日服 3 次。

苗医:①治疗颈淋巴结核。夏枯草、鱼腥草、麦冬、一把伞、八角枫、茜草,水煎内服。②治疗虚弱头晕。夏枯草 50 g,水煎内服。

血盆草 *Salvia cavaleriei* var. *simplicifolia* Stib.

异名 叶下红、雪见草、反背红、朱砂草、红青菜。

形态特征 多年生草本,叶全部基出,稀在茎最下部着生,通常为单叶,心状卵圆形或心状三角形,稀三出叶,侧生小叶小,叶片长 3.5～10.5 cm,宽约为长之 1/2,先端锐尖或钝,具圆齿,无毛或被疏柔毛,叶柄比叶片长,无毛或被开展疏柔毛;花序被极细贴生疏柔毛,无腺毛;花紫色或紫红色。

生境与分布 生于海拔 460～2 700 m 的山坡、林下或沟边。分布于天柱、锦屏、剑河、麻江等地。

药材名 血盘草(全草)。

采收加工 全年均可采收,洗净,鲜用或晒干。

功能主治 凉血止血,活血消肿,清热利湿。主治吐血,咳血,鼻血,崩漏,刀伤出血,赤痢,带下,跌打伤痛,疮痈疖肿。

用法用量 内服,15～30 g,水煎服。外用适量,研末撒伤口或加水捣敷。

用药经验 侗医治疗出血,水肿,消炎等。内服,10～15 g。外用适量。

▲ 血盆草植株　　　　　　　　　　　▲ 血盆草腊叶标本

韩信草 *Scutellaria indica* L.

异名 大力草、顺经草、笑花草。

形态特征 多年生草本;根茎短,向下生出多数簇生的纤维状根,向上生出 1 至多数茎。茎高 12～28 cm,四棱形,通常带暗紫色,被微柔毛,不分枝或多分枝。叶草质至近坚纸质,心状卵圆形或圆状卵圆形至椭圆形,边缘密生整齐圆齿,两面被微柔毛或糙伏毛。花对生,在茎或分枝顶上排列成长 4～12 cm 的

▲ 韩信草植株

▲ 韩信草腊叶标本

总状花序。花冠蓝紫色,外疏被微柔毛,内面仅唇片被短柔毛。成熟小坚果栗色或暗褐色,卵形,具瘤,腹面近基部具一果脐。花果期2~6月。

生境与分布　生于海拔1500 m以下的山地或丘陵地、疏林下、路旁空地及草地上。分布于天柱、锦屏、台江、麻江、都匀等地。

药材名　韩信草(全草)。

采收加工　春、夏季采收,洗净,鲜用或晒干。

功能主治　清热解毒,活血止痛,止血消肿。主治痈肿疔毒,肺痈,肠痈,瘰疬,毒蛇咬伤,咽痛,筋骨疼痛,吐血,咯血,便血,跌打损伤,皮肤瘙痒等。

用法用量　内服,10~15 g,水煎服;或捣汁,鲜品30~60 g;或浸酒。外用适量,捣敷;或煎汤洗。

用药经验　侗医:治疗小儿高热抽搐。大力草(侗药名"韩信草")50 g,灯心草21 g,以灯心草为引,水煎服韩信草。

苗医:治疗跌打,咳嗽,蛇伤,疮疖肿痛,外伤出血。内服,10~15 g。外用,捣烂兑酒敷。

茄科

白花曼陀罗　*Datura metel* L.

异名　喇叭花、闹羊花、枫茄子。

形态特征　一年生直立草木而呈半灌木状,高0.5~1.5 m,全体近无毛;茎基部稍木质化。叶卵形或广卵形,顶端渐尖,基部不对称圆形、截形或楔形,边缘有不规则的短齿或浅裂或者全缘而波状。花单生于枝杈间或叶腋,花梗长约 1 cm。花萼筒状,裂片狭三角形或披针形;花冠长漏斗状。蒴果近球状或扁球状,疏生粗短刺,不规则 4 瓣裂。种子淡褐色。花果期 3~12 月。

生境与分布 生于荒地、旱地、林缘及草地。分布于天柱等地。

药材名 洋金花(花、果、叶)。

采收加工 秋季采收,晒干或烘干。

功能主治 止咳平喘,解痉定痛。主治哮喘咳嗽,脘腹冷痛,风湿痹痛,小儿慢惊风,癫痫。

用法用量 内服,0.3~3.0 g,水煎服,宜入丸、散用。外用适量,煎水洗;或研末调敷。

用药经验 侗医:治疗哮喘,风湿痛,疮疡疼痛。内服,煎汤 3~5 g。外用,适量煎水洗或研末调敷。

▲ 白花曼陀罗植株　　　　　　　　　▲ 白花曼陀罗腊叶标本

苗医:治疗牙周炎。取本品籽 3 g,用菜油煎至起烟,用竹筒一端对准锅内油烟,一端对准疼痛的病牙,令患者吸入油烟,具有止痛作用。

使用注意 本品有毒,内服宜慎。体弱者禁用。

白英 *Solanum lyratum* Thunb.

异名 排风藤、北风藤、白毛藤、白草、毛千里光。

形态特征 草质藤本,长 0.5~1.0 m,茎及小枝均密被具节长柔毛。叶互生,多数为琴形,基部常 3~5 深裂,裂片全缘,通常卵形,先端渐尖,两面均被白色发亮的长柔毛,中脉明显。聚伞花序顶生或腋外生,疏花;花冠蓝紫色或白色。浆果球状,成熟时红黑色,直径约 8 mm;种子近盘状,扁平,直径约 1.5 mm。花期夏秋,果期秋末。

生境与分布 生于海拔 600~2 800 m 的山谷草地或路旁、田边。分布于凯里、天柱、锦屏、剑河、台江等地。

白英植株 ▲ 　　　　　　　　　　　　▲ 白英腊叶标本

药材名　白英(全草)。

采收加工　夏秋采收。洗净,晒干或鲜用。

功能主治　清热解毒,利湿消肿。主治感冒发热,乳痈,恶疮,湿热黄疸,腹水,白带,肾炎水肿。外用治疗痈疖肿毒。

用法用量　内服,25～50 g。外用适量,鲜全草捣烂敷患处。

用药经验　侗医:治疗疟疾,淋证,风湿痛,疔疮等。内服,10～15 g。外用,适量。

苗医:全草治疗风湿疼痛,膝关节疼痛,丹毒,湿疹,疔疮,无名肿毒。内服,10～30 g。外用,鲜品适量,捣烂外搽患处。

龙葵 *Solanum nigrum* L.

异名　假灯龙草、野茄秧、乌归菜、野海椒、龙眼草。

形态特征　一年生草本,高 25～100 cm。茎直立,有棱角或不明显,近无毛或稀被细毛。叶互生;叶柄长 1～2 cm;叶片卵形,先端短尖,基部楔形或宽楔形并下延至叶柄,通常长 2.5～10.0 cm,宽 1.5～5.5 cm,全缘或具不规则波状粗锯齿,光滑或两面均被稀疏短柔毛。蝎尾状聚伞花序腋外生,由 3～10 朵花组成；花梗长，5深裂，裂片卵圆形，长约2mm。浆果球形，有光泽，直径约8mm，成熟时黑色；种子多数扁圆形。花、果期9～10月。

▲ 龙葵植株　　　　　　　　　　　　　▲ 龙葵腊叶标本

生境与分布　生于田边、路旁或荒地。分布于凯里、天柱、锦屏、剑河、台江、麻江、都匀等地。

药材名　龙葵（全草）。

采收加工　夏、秋季采收，鲜用或晒干。

功能主治　清热解毒，活血消肿。主治疔疮，痈肿，丹毒，跌打扭伤，慢性气管炎，肾炎水肿。

用法用量　内服，15～30g，水煎服。外用适量，捣敷或煎水洗。

用药经验　侗医：治疗咽喉肿痛，皮肤瘙痒等。内服，10～20g。外用，适量。
苗医：治疗腮腺炎，痈痒，恶疮。外用，鲜品适量。

黄果茄　*Solanum xanthocarpum* Schrad. et Wendl.

异名　野海茄、刺茄、野茄果。

形态特征　直立或匍匐草本，高50～70cm，植物体各部均被7～9分枝的星状绒毛，并密生细长的针状皮刺。叶卵状长圆形，先端钝或尖，基部近心形或不相等，边缘通常5～9裂或羽状深裂，裂片边缘波状,两面均被星状短绒毛,尖锐的针状皮刺则着生在两面的中脉及侧脉上,侧脉5~9条,约与裂片数相等。聚伞花序腋外生,通常3~5花,花蓝紫色,直径约2cm。浆果球形,初时绿色并具深绿色的条纹,成熟后则变为淡黄色;种子近肾形,扁平。花期冬到夏季,果熟期夏季。

生境与分布 生于海拔125~880m的村边、路旁、荒地及干旱河谷沙滩上。分布于天柱等地。

药材名 黄果茄(根、果实及种子)。

采收加工 根:夏、秋采收;果实:秋、冬采,洗净,晒干或鲜用。

功能主治 祛风湿,散瘀止痛。主治风湿痹痛,牙痛,睾丸肿痛,痈疖。

用法用量 内服:煎汤,9~15g。外用适量,涂擦或研末敷。

用药经验 侗医治疗阴囊肿痛,内服,10~15g。加雷公槁、芭茅草、桃树等外用治疗小儿惊风、夜啼。

▲ 黄果茄植株

▲ 黄果茄腊叶标本

玄参科

川泡桐 *Paulownia fargesii* Franch.

异名 泡桐、空桐树。

形态特征 乔木,高达20m,树冠宽圆锥形,主干明显;小枝紫褐色至褐灰色,有圆形凸出皮孔。叶片卵圆形至卵状心脏形,长达20cm以上,全缘或浅波状,顶端长渐尖成锐尖头,上面疏生短毛,下面毛具柄和短分枝。花序为宽大圆锥形,长约1m,小聚伞花序无总梗或几无梗,有花3~5朵。蒴果椭圆形或卵状椭圆形,果皮较薄,有明显的横行细皱纹;种子长圆形,连翅长 5～6 mm。花期 4～5 月,果期 8～9 月。

生境与分布 生于海拔 1200～3000 m 的林中及坡地。分布于天柱等地。

药材名 川泡桐(根皮)。

采收加工 全年均可采收,鲜用或晒干。

功能主治 化痰止咳,平喘。主治慢性气管炎。

用法用量 内服,15～30 g,水煎服;外用,捣烂外敷。

用药经验 侗医:①治疗跌打损伤,瘀血肿痛。外用,捣烂外敷。川泡桐花及叶捣烂外敷可治疗疮癣肿毒。②治疗狂犬病。泡桐树根、白杨树根、铁扫帚根、紫竹根各 10 g。上药水煎服,每日 1 剂,每日服 3 次。

▲ 川泡桐植株

▲ 川泡桐腊叶标本

宽叶腹水草 *Veronicastrum latifolium*(Hemsl.)T. Yamaz.

异名 腹水草、小钓鱼竿、腹水草。

形态特征 茎细长,弓曲,顶端着地生根,长达 1 m余,圆柱形,仅上部有时有狭棱,通常被黄色倒生短曲毛,少完全无毛。叶具短柄,叶片圆形至卵圆形,长略超过宽,基部圆形、平截形或宽楔形,顶端短渐尖,通常两面疏被短硬毛,边缘具三角状锯齿。花序腋生,少兼顶生于侧枝上;花冠淡紫色或白色。蒴果卵状,绿色,长 2～3 mm。种子卵球状,具浅网纹。花期 8～9 月,果期 10 月。

生境与分布 生于林中或灌丛中,有时倒挂于岩石山。分布于天柱、锦屏等地。

药材名 钓鱼竿(全草)。

▲ 宽叶腹水草植株

▲ 宽叶腹水草腊叶标本

采收加工 夏季采收,鲜用或晒干。

功能主治 清热解毒,利水消肿,散瘀止痛。主治肺热咳嗽,肝炎,水肿。外用治疗跌打损伤,毒蛇咬伤,烧烫伤。

用法用量 内服,5～15 g,水煎服。外用捣敷。

用药经验 侗医:治疗肝硬化腹水,毒蛇咬伤。内服,10～15 g。外用,鲜品适量,捣烂外敷。

苗医:治疗跌打损伤,腹水,小便不利。内服,10～20 g。

爵床科

板蓝 *Strobilanthes cusia*（Nees）O. Kuntze

异名 马蓝。

形态特征 草本,多年生一次性结实,茎直立或基部外倾。稍木质化,高约1 m,通常成对分枝,幼嫩部

255

分和花序均被锈色、鳞片状毛,叶柔软,纸质,椭圆形或卵形,顶端短渐尖,基部楔形,边缘有稍粗的锯齿,两面无毛。穗状花序直立,长 10～30 cm。蒴果长 2.0～2.2 cm,无毛;种子卵形,长 3.5 mm。花期 11 月。

生境与分布 生于潮湿地方。分布于凯里、天柱、剑河、麻江、都匀等地。

药材名 板蓝(根、叶)。

采收加工 秋季采收,洗净。晒干或鲜用。

功能主治 清热解毒,凉血消肿。主治中暑,腮腺炎,肿毒,蛇咬伤,菌痢,急性肠炎,咽喉炎,口腔炎,扁桃体炎,肝炎,丹毒。

用法用量 内服,10～15 g。外用,适量。

用药经验 侗医:治疗急性肝炎。取本品 30 g,夏枯草 20 g,煎水内服,一日 1 剂。

▲ 板蓝植株

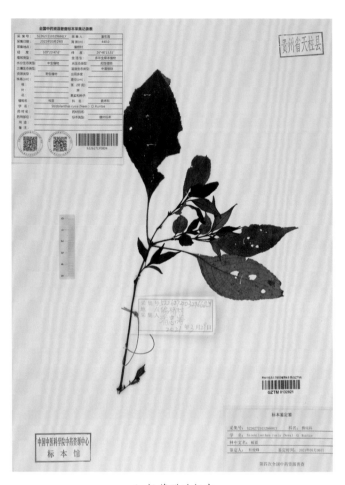

▲ 板蓝腊叶标本

苗医:根、叶治疗热毒引起的脓肿,腮腺炎。内服,10～15 g。外用,适量。

苦苣苔科

吊石苣苔 *Lysionotus pauciflorus* Maxim.

异名 石豇豆、岩豇豆、岩茶、岩泽兰、千锤打、产后茶。

形态特征 小灌木。茎长 7～30 cm,分枝或不分枝,无毛或上部疏被短毛。叶 3 枚轮生,有时对生或斗枚轮生;叶片革质,形状变化大,线形、线状倒披针形、狭长圆形或倒卵状长圆形,顶端急尖或钝,基部钝、宽楔形或近圆形,两面无毛。花序有 1～5 花。花冠白色带淡紫色条纹或淡紫色。花盘杯状,有尖齿。

蒴果线形,长5.5～9.0cm,宽2～3cm,无毛。种子纺锤形,长不及1mm,先端具长毛。花期7～10月,果期9～11月。

生境与分布　生于海拔300～2000m的丘陵、山地林中或阴处石岩上或树上。分布于天柱、锦屏、剑河、麻江、都匀等地。

药材名　石吊兰(全草)。

采收加工　8～9月采收,鲜用或晒干。

功能主治　祛风除湿,化痰止咳,祛瘀通经。主治风湿痹痛,咳喘痰多,月经不调,痛经,跌打损伤。

用法用量　内服,9～15g,水煎服;或浸酒服。外用适量,捣敷;或煎水外洗。

用药经验　侗医:治疗老年慢性支气管炎。每次10g煎水内服,一日3次,连服半月为一疗程。

▲ 吊石苣苔植株　　　　　　　　▲ 吊石苣苔腊叶标本

苗医:治疗虚汗,支气管炎,劳伤吐血、疼痛。内服,10～30g;或泡酒服。

车前科

车前　*Plantago asiatica* L.

异名　蛤蟆菜、猪耳朵、车轮草、猪耳草、牛耳朵草、车轱辘菜、蛤蟆草。

形态特征　二年生或多年生草本。须根多数。根茎短,稍粗。叶基生,呈莲座状,平卧、斜展或直立;叶片薄纸质或纸质,宽卵形至宽椭圆形,先端钝圆至急尖,边缘波状、全缘或中部以下有牙齿或裂齿,基部宽楔形或近圆形,两面疏生短柔毛。穗状花序细圆柱状,紧密或稀疏。蒴果纺锤状卵形、卵球形或圆锥状

植物药资源

257

卵形。种子 5～12，卵状椭圆形或椭圆形，黑褐色至黑色。花期 4～8 月，果期 6～9 月。

生境与分布 生于海拔 3 200 m 以下的草地、沟边、河岸湿地、田边、路旁或村边空旷处。分布于凯里、天柱、锦屏、剑河、麻江、都匀等地。

药材名 车前草（全草）。

采收加工 夏季采挖，除去泥沙，晒干。

功能主治 清热利尿，祛痰，凉血，解毒。主治水肿尿少，热淋涩痛，暑湿泻痢，痰热咳嗽，吐血衄血，痈肿疮毒。

用法用量 内服，15～30 g，鲜品 30～60 g，水煎服；或捣汁服。外用适量，煎水洗、捣烂敷或绞汁涂。

▲ 车前植株

▲ 车前腊叶标本

用药经验 侗医：①治疗小便不通，尿血，黄疸等。内服，20～30 g。②治疗肝硬化腹水。车前草 62 g，苍术、木瓜、益母草各 31 g，水煎服，每日服 3 次，每日 1 剂。③治疗咳嗽。车前草根、淡竹叶各 18 g，棉花根 15 g，水煎服，每日服 3 次。

苗医：①全草治疗尿路感染，尿潴留，膀胱结石。内服，10～15 g。②治疗水肿。车前草，水煎取汁当茶饮。③治疗闭经。车前草、桃仁、云实根、水三七、茜草、大血藤，水煎内服。

忍冬科

忍冬 *Lonicera japonica* Thunb.

异名 金银藤、金花、金藤花、双花、双苞花、二花。

形态特征 半常绿藤本;幼枝橘红褐色,密被黄褐色糙毛、腺毛和短柔毛,下部常无毛。叶纸质,卵形至矩圆状卵形,顶端尖或渐尖,基部圆或近心形,有糙缘毛,上面深绿色,下面淡绿色。总花梗通常单生于小枝上部叶腋,与叶柄等长或稍较短;花冠白色,有时基部向阳面呈微红,后变黄色。果实圆形,熟时蓝黑色,有光泽;种子卵圆形或椭圆形,褐色。花期4~6月,果期10~11月。

生境与分布 生于海拔800 m的山坡灌丛、路旁及村庄篱笆边。分布于凯里、天柱、锦屏、剑河、台江、麻江、都匀等地。

药材名 金银花(花蕾或带初开的花)。

采收加工 夏季采收花,择晴天早晨露水刚干时摘取花蕾,置于芦席、石棚或场上推开晾晒或通风阴干,以1~2日内晒干为好。

功能主治 清热解毒,疏散风热。主治痈肿疔疮,喉痹,丹毒,热毒血痢,风热感冒,温病发热。

用法用量 内服,10~20 g,水煎服;或入丸散。外用适量,捣敷。

▲ 忍冬植株　　　　　　　　　　▲ 忍冬腊叶标本

用药经验 侗医:①治疗感冒,腮腺炎。内服,10~20 g。②治疗风热毒引起的湿疹,身起红斑,瘙痒难忍。忍冬花、野菊花、苦参、马兰根、黄连各10 g,水煎服,每日1剂,每日服3次。

苗医:治疗高热不退,炭疽,咽喉疼痛。内服,5~30 g。

使用注意 脾胃虚寒及气虚疮疡脓清者忌用。

细毡毛忍冬 *Lonicera similis* Hemsl.

异名 野金银花、细苞忍冬。

形态特征 落叶藤本;幼枝、叶柄和总花梗均被淡黄褐色、开展的长糙毛和短柔毛,并疏生腺毛,或全然无毛;老枝棕色。叶纸质,卵形、卵状矩圆形至卵状披针形或披针形。双花单生于叶腋或少数集生枝端成总状花序;花冠先白色后变淡黄色。果实蓝黑色,卵圆形,长7~9 mm;种子褐色,稍扁,卵圆形或矩圆

▲ 细毡毛忍冬植株

▲ 细毡毛忍冬腊叶标本

形,长约5 mm,有浅的横沟纹,两面中部各有1棱。花期5~7月,果期9~10月。

生境与分布 生于海拔550~1600 m的山谷溪旁或向阳山坡灌丛或林中。分布于天柱、锦屏等地。

药材名 山银花(花)。

采收加工 5~6月采收,采后立即晾干或烘干。

功能主治 清热解毒。主治温病发热,热毒血痢,痈肿疔疮,喉痹及多种感染性疾病。

用法用量 内服,10~20 g,水煎服。

用药经验 侗医治疗疮疖,喉痛,感冒发热。15~50 g,水煎服。

接骨草 *Sambucus chinensis* Lindl.

异名 小接骨丹、蒴藋、陆英。

形态特征 高大草本或半灌木,高1~2 m;茎有棱条,髓部白色。羽状复叶的托叶叶状或有时退化成蓝色的腺体;小叶2~3对,互生或对生,狭卵形,先端长渐尖,基部钝圆,两侧不等,边缘具细锯齿。复伞形花序顶生,大而疏散,总花梗基部托以叶状总苞片,分枝3~5出,纤细,被黄色疏柔毛;杯形不孕性花不脱落,可孕性花小。果实红色,近圆形;核2~3粒,卵形,表面有小疣状突起。花期4~5月,果期8~9月。

生境与分布 生于海拔300~2600 m的山坡、林下、沟边和草丛中,亦有栽种。分布于凯里、天柱、锦屏、剑河、台江、麻江等地。

▲ 接骨草植株

▲ 接骨草腊叶标本

药材名 接骨草(全草)。

采收加工 全年可采,鲜用或切段晒干。

功能主治 祛风利湿,活血止血。主治风湿痹痛,痛风,大骨节病,急慢性肾炎,风疹,跌打损伤,骨折肿痛,外伤出血。

用法用量 内服,15～30 g,水煎服;或入丸、散。外用适量,捣敷或煎汤熏洗;或研末撒。

用药经验 侗医:治疗跌伤,扭伤,肾炎水肿。内服,10～15 g。

苗医:全草或根治疗跌打损伤。外用,适量。

南方荚蒾 *Viburnum fordiae* Hance

异名 酸汤泡、满山红、火柴树。

形态特征 灌木或小乔木,高可达 5 m;幼枝、芽、叶柄、花序、萼和花冠外面均被由暗黄色或黄褐色簇状毛组成的绒毛;枝灰褐色或黑褐色。叶纸质至厚纸质,宽卵形或菱状卵形,长 4～9 cm。复伞形式聚伞花序顶生或生于具 1 对叶的侧生小枝之顶,直径 3～8 cm,第一级辐射枝通常 5 条,花生于第三至第四级辐射枝上。果实红色,卵圆形,长 6～7 mm。花期 4～5 月,果期 10～11 月。

▲ 南方荚蒾植株

▲ 南方荚蒾腊叶标本

生境与分布　生于海拔数十米至 1 300 m 山谷溪涧旁疏林、山坡灌丛中或平原旷野。分布于凯里、天柱、台江、麻江等地。

药材名　南方荚蒾(根、茎、叶)。

采收加工　根全年均可采,洗净,切段或切片晒干。茎叶夏、秋季采收,鲜用或切段晒干。

功能主治　疏风解表,活血散瘀,清热解毒。主治感冒,发热,月经不调,风湿痹痛,跌打损伤,淋巴结炎,疮疖,湿疹。

用法用量　治疗感冒,发热,月经不调。根 15～25 g,水煎服。治疗肥大性脊椎炎,风湿痹痛,跌打骨折。根浸酒外搽。治疗湿疹。根、茎 50～100 g,水煎外洗。

用药经验　侗医:治疗肾虚腰痛,止泻。内服,10～15 g。
苗医:全株治疗湿疹,月经不调。内服,10～15 g。

川续断科

川续断　*Dipsacus asper* Wall. ex Henry

异名　野大菜、接骨草、川断。

形态特征　多年生草本,高 60～200 cm。根 1 至数条,圆柱状,黄褐色,稍肉质,侧根细长疏和。茎直立,具 6～8 棱,棱上有刺毛。基生叶稀疏丛生,琴状羽裂;茎中下部叶为羽状深裂;茎生叶在茎中下部的羽状深裂,中央裂片特长,披针形;上部叶披针形,不裂或基部 3 裂。花序头状球形,直径 2～3 cm;总花梗

贵州清水江流域药用资源图志

长可达 55 cm;花冠淡黄白色,花冠管窄漏斗状。瘦果长倒卵柱状,长约 4 mm,仅先端露于小总苞之外。花期 8～9 月,果期 9～10 月。

生境与分布　生于土壤肥沃、潮湿的山坡、草地。分布于凯里、天柱、锦屏、剑河、台江、麻江、都匀等地。

药材名　续断(根)。

采收加工　秋季采挖,除去根头及须根,用微火烘至半干,堆置"发汗"至内部变绿色时,再烘干。

功能主治　补肝肾,强筋骨,续折伤,止崩漏。主治腰膝酸软,风湿痹痛,崩漏,胎漏,跌仆损伤。酒续断多主治风湿痹痛,跌仆损伤。盐续断多主治腰膝酸软。

用法用量　内服,6～15 g,水煎服;或入丸、散。外用,鲜品适量,捣敷。

▲ 川续断植株　　　　　　　　　　▲ 川续断腊叶标本

用药经验　侗医:治疗骨折。内服,煎汤,10～20 g。外用适量。

苗医:治疗胎动不安,体虚腰痛,扭伤等。内服,10～30 g。外用,鲜品捣烂,加适量白酒,包患处。

桔梗科

金钱豹　*Campanumoea javanica* Bl.

异名　野党参、浮萍参。

形态特征　多年生草质缠绕藤本,具乳汁,具胡萝卜状根。茎无毛,多分枝。叶对生,具长柄,叶片心形或心状卵形,边缘有浅锯齿,长 3～11 cm,宽 2～9 cm,无毛或有时背面疏生长毛。花单朵,生叶腋,各部

植物药资源

263

无毛,花萼与子房分离,5裂至近基部,裂片卵状披针形或披针形,长1.0～1.8 cm;花冠上位,白色或黄绿色。浆果黑紫色,紫红色,球状。种子不规则,常为短柱状,表面有网状纹饰。

生境与分布　生于海拔2 400 m以下的灌丛中及疏林中。分布于天柱、锦屏、台江、都匀等地。

药材名　土党参(根)。

采收加工　以秋、冬采集为好,采后不要立即水洗,以免折断,待根内缩水变软后再洗净蒸熟,晒干。

功能主治　健脾益气,补肺止咳,下乳。主治虚劳内伤,气虚乏力,心悸,多汗,脾虚泄泻,白带,乳汁稀少,小儿疳积,遗尿,肺虚咳嗽。

用法用量　内服,15～30 g,干品9～15 g,水煎服。外用,鲜品适量,捣烂敷。

▲ 金钱豹植林　　　　　　　　　　　▲ 金钱豹腊叶标本

用药经验　侗医:治疗体虚。内服,15～100 g。

苗医:根、叶治疗慢性气管炎,子宫脱垂,产妇乳少,缺乳,病后虚弱,月经不调,皮肤感染溃疡。内服,15～30 g。外用,鲜品适量,捣烂外敷。

铜锤玉带草 *Pratia nummularia*（Lam.）A. Br. et Aschers.

异名　翳子草、铜锤草、地浮萍、小铜锤、地钮子、地扣子、玉带草、观音竹。

形态特征　多年生草本,有白色乳汁。茎平卧,长12～55 cm,被开展的柔毛。叶互生,叶片圆卵形、心形或卵形,先端钝圆或急尖,基部斜心形,边缘有牙齿,两面疏生短柔毛。花单生叶腋;花冠紫红色、淡紫色、绿色或黄白色。果为浆果,紫红色,椭圆状球形,长1.0～1.3 cm。种子多数,近圆球状,稍压扁,表面有小疣突。在热带地区整年可开花结果。

生境与分布　生于田边、路旁以及丘陵、低山草坡或疏林中的潮湿地。分布于天柱、锦屏、剑河、台江、都匀等地。

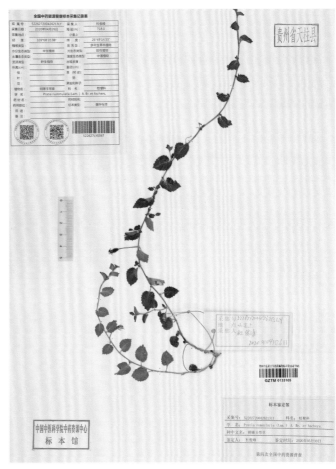

▲ 铜锤玉带草植株　　　　　　　　　　　▲ 铜锤玉带草腊叶标本

药材名　铜锤玉带草(全草)。

采收加工　夏季采收,洗净,鲜用或晒干。

功能主治　祛风除湿,活血解毒。主治风湿疼痛,跌打损伤,月经不调,目赤肿痛,乳痈,无名肿毒。

用法用量　内服,9～15 g,水煎服;研末吞服,每次 0.9～1.2 g;或浸酒。外用适量,捣敷。

用药经验　侗医:①治疗月经不调,无名肿毒,目痛。内服,5～10 g。②治疗风湿性关节炎,骨折,喘咳肿痛,膀胱炎,胃痛。铜锤玉带草 15 g,水煎服或泡酒服。

苗医:治疗风湿疼痛,肺痈吐浓痰,目翳、带状疱疹。内服,10～20 g。外用适量。

菊科

短瓣蓍　*Achillea ptarmicoides* Maxim.

异名　飞天蜈蚣、一枝蒿。

形态特征 多年生草本,具短的根状茎。茎直立,高70～100 cm,疏生白色柔毛及黄色的腺点,通常不分枝。叶无柄,条形至条状披针形,篦齿状羽状深裂或近全裂。头状花序矩圆形,生于被短柔毛的细梗上,多数头状花序集成伞房状;总苞片3层,覆瓦状排列。边花6～8朵,长2.8 mm;舌片淡黄白色,极小,广椭圆形,多少卷曲。管状花白色,顶端5齿,管部压扁,具腺点。瘦果矩圆形或宽倒披针形,具宽的淡白色边肋,无毛。花果期7～9月。

▲ 短瓣蓍植株　　　　　　　　　　　　▲ 短瓣蓍腊叶标本

生境与分布 生于河谷草甸、山坡路旁、灌丛间。分布于天柱等地。

药材名 短瓣蓍(全草)。

采收加工 夏秋采收,洗净,鲜用或晒干。

功能主治 解毒消肿,止血,止痛。主治风湿关节痛,牙痛,经闭腹痛,胃痛,吐泻,泄泻,毒蛇咬伤,痈疖肿毒,跌打损伤。

用法用量 内服,6～10 g,水煎服。外用:鲜品适量捣敷。

用药经验 侗医:①治疗胃痛。全草50 g煎水内服,或用其鲜品用口嚼烂吞服,一日3次。②治疗蜈蚣咬伤。鲜品适量,捣烂外敷患处,每日换药一次。

藿香蓟 *Ageratum conyzoides* L.

异名 猫屎草、咸虾花、白毛苦。

形态特征 一年生草本,高 50～100 cm。茎粗壮,基部径 4 mm。全部茎枝淡红色,或上部绿色,被白色尘状短柔毛或上部被稠密开展的长绒毛。叶对生,常有腋生的不发育的叶芽。中部茎叶卵形或椭圆形或长圆形;自中部叶向上向下及腋生小枝上的叶渐小或小,卵形或长圆形。全部叶基部钝或宽楔形,基出三脉或不明显五出脉,顶端急尖,边缘圆锯齿。头状花序 4～18 个,在茎顶排成通常紧密的伞房状花序。瘦果黑褐色,5 棱,有白色稀疏细柔毛。花果期全年。

生境与分布 生于山谷、山坡林下、林缘、河边、山坡草地、田边或荒地上。分布于凯里、天柱、锦屏、剑河、台江、麻江等地。

药材名 胜红蓟(全草)。

采收加工 夏秋季采收,除去泥土,鲜用或晒干。

功能主治 祛风清热,止痛,止血,排石。主治乳蛾,咽喉痛,泄泻,胃痛,崩漏,肾结石,湿疹,鹅口疮,痈疮肿毒,下肢溃疡,中耳炎,外伤出血。

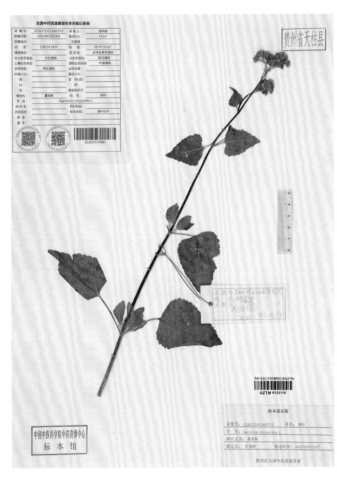

▲ 藿香蓟植株　　　　　　▲ 藿香蓟腊叶标本

用法用量 内服,25 g,水煎服。外用适量,鲜草捣烂或干品研末撒敷患处,或绞汁滴耳,或煎水洗。

用药经验 侗医治疗流感,疔疮,感冒发热,尿路结石。内服,10～15 g。

杏香兔儿风 *Ainsliaea fragrans* Champ.

异名 扑地虎、兔耳风、兔耳金边草、天青地白、肺形草。

形态特征 多年生草本。根状茎短或伸长,圆柱形,根茎被褐色绒毛,具簇生细长须根。叶聚生于茎的基部,莲座状或呈假轮生,叶片厚纸质,卵形、狭卵形或卵状长圆形,上面绿色,下面淡绿色。头状花序通常有小花3朵,于花葶之顶排成间断的总状花序。花全部两性,白色,开放时具杏仁香气。瘦果棒状圆柱形或近纺锤形,栗褐色,被8条显著的纵棱,被较密的长柔毛。花期11~12月。

生境与分布 生于海拔30~850 m的山坡灌木林下或路旁、沟边草丛中。分布于天柱、锦屏、剑河、台江、都匀等地。

药材名 金边兔耳草(全草)。

采收加工 春、夏季采收,拣去杂质,抢水洗净,鲜用或切段晒干。

功能主治 清热补虚,凉血止血,利湿解毒。主治虚劳骨蒸,肺痨咳血,妇女崩漏,湿热黄疸,水肿,痈疽肿毒,瘰疬结核,跌打损伤。

用法用量 内服,10~15 g,水煎服(包煎);或研粉。外用适量,捣敷;或绞汁滴耳。

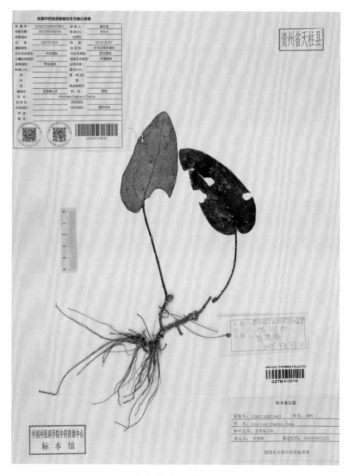

▲ 杏香兔儿风植株

▲ 杏香兔儿风腊叶标本

用药经验 侗医:①治疗妇女月经不调。内服,10~15 g。②治疗昏迷,药粉适量,吹鼻。
苗医:治疗外感头痛,瘰疬,背痛。内服,10~20 g。外用适量,捣烂外敷。

黄花蒿 *Artemisia annua* L.

异名 黄蒿、苦蒿、马尿蒿、鸡虱草。

形态特征 一年生草本;植株有浓烈的挥发性香气。根单生,垂直,狭纺锤形;茎单生,高 1～2 cm,有纵棱,幼时绿色,后变褐色或红褐色,多分枝。叶纸质,绿色;茎下部叶宽卵形或三角状卵形,绿色,三(至四)回栉齿状羽状深裂。头状花序球形,多数;花深黄色,雌花 10～18 朵;两性花 10～30 朵,结实或中央少数花不结实。瘦果小,椭圆状卵形,略扁。花果期 8～11 月。

生境与分布 生于旷野、山坡、路边、河岸等处。分布于天柱等地。

药材名 青蒿(地上部分)。

采收加工 秋季花盛开时采割,除去老茎,阴干。

功能主治 清热解暑,除蒸,截疟。主治暑邪发热,阴虚发热,夜热早凉,骨蒸劳热,疟疾寒热,湿热黄疸。

用法用量 内服:煎汤,6～15 g,治疗疟疾可用 20～40 g,不宜久煎;鲜品用量加倍,水浸绞汁饮;或入丸、散。外用适量,研末调敷;或鲜品捣敷;或煎水洗。

▲ 黄花蒿植株

▲ 黄花蒿腊叶标本

用药经验 侗医:①治疗鼻衄。鲜品适量,揉烂塞鼻,直至血止。②治疗牙龈肿痛,口腔灼热。青蒿50 g,煎水漱口。③治疗疔疮破溃出血、毒蜂蜇伤肿痛。取青蒿(鲜品)适量,嚼烂外敷患者。④治疗疟疾,寒热往来。取青蒿 60 g,加水 200 ml 捶烂,取汁服用。⑤治疗鼻出血。取青蒿(鲜品)60 g,加水 100 ml 捶烂,取汁服用,同时用青蒿叶揉至柔软后塞鼻孔。

苗医:全草治疗暑热、暑湿、湿温、发热不退、疮疥。内服,5～15 g。外用适量,煎水洗或调茶油涂搽患处。

艾 *Artemisia argyi* Lévl. et Vant.

异名 艾蒿、艾叶、黄草、家艾、甜艾。

形态特征 多年生草本或略成半灌木状,植株有浓烈香气。主根明显,略粗长,直径达 1.5 cm,侧根多;茎、枝均被灰色蛛丝状柔毛。叶厚纸质,上面被灰白色短柔毛,有白色腺点与小凹点,背面密被灰白色

▲ 艾植株

蛛丝状密绒毛。头状花序椭圆形,每数枚至10余枚在分枝上排成小型的穗状花序或复穗状花序,并在茎上通常再组成狭窄、尖塔形的圆锥花序。瘦果长卵形或长圆形。花果期7～10月。

生境与分布 生于低海拔至中海拔地区的荒地、路旁河边及山坡等地。分布于天柱、锦屏、剑河等地。

药材名 艾叶(叶)。

采收加工 春、夏二季,花未开、叶茂盛时采摘,晒干或阴干。

▲ 艾腊叶标本

功能主治 散寒止痛,温经止血。主治少腹冷痛,经寒不调,宫冷不孕,吐血,衄血,崩漏经多,妊娠下血。外用治疗皮肤瘙痒。醋艾炭温经止血。主治虚寒性出血。

用法用量 内服,3～10 g,水煎服;或入丸、散;或捣汁。外用适量,捣绒作炷或制成艾条熏灸;捣敷;或煎水熏洗;或炒热温熨。

用药经验 侗医:①治疗便秘。干叶15 g,浸泡90 ml开水中半小时,待沉淀后取上面清液一次服,习惯性便秘宜长期泡艾叶当茶饮。②治疗诸痢久下。艾叶、陈皮各100 g,研为末,用酒煮后晾干,米糊为丸,梧桐子大,每日服20～30丸,盐汤送服。

苗医:治疗关节酸痛,腹中冷痛,皮肤瘙痒。内服,3～10 g。外用,鲜品适量,捣烂外敷。

三基脉紫菀 *Aster trinervius* D. Don

异名 野柴胡、白升麻、白马兰。

形态特征 多年生草本,根状茎粗壮,常木质。茎直立,高60～200 cm,粗壮,有棱及细沟,上部被细毛,或全部被密粗毛。全部叶厚质或近革质,有时薄质,上面被糙毛,下面浅色,有三基出脉及2～4对侧脉,网脉显明。头状花序排列成伞房或圆锥伞房状。舌状花十余个,舌片常白色,有时浅黄色;管状花黄色。瘦果倒卵圆形,灰褐色,被疏粗毛,有时有腺点。花果期 7~12 月。

▲ 三基脉紫菀植株　　　　　　　　　　　　▲ 三基脉紫菀腊叶标本

生境与分布　生于海拔 100~3 350 m 的林下、林缘、灌丛及路边湿地。分布于天柱等地。

药材名　山白菊(根或全草)。

采收加工　夏、秋季采收,洗净,鲜用或扎把晾干。

功能主治　清热解毒,祛痰镇咳,凉血止血。主治感冒发热,扁桃体炎,支气管炎,肝炎,痢疾,热淋,血热吐血,衄血,痈肿疔毒,蛇虫咬伤。

用法用量　内服,15~60 g,水煎服。外用适量,鲜品捣敷。

用药经验　侗医:治疗肺炎,跌打挫伤,无名肿毒等。内服,水煎服,5~15 g。

苗医:根、全草治疗肺炎,肝炎,翻筋,挫伤等。内服,5~15 g。

鬼针草　*Bidens pilosa* L.

异名　粘人草、鬼钗草、婆婆针。

形态特征　一年生草本,茎直立,高 30~100 cm,基部直径可达 6 mm。茎下部叶较小,3 裂或不分裂,中部叶三出,小叶 3 枚,两侧小叶椭圆形或卵状椭圆形。头状花序直径 8~9 mm。无舌状花,盘花筒状,

▲ 鬼针草植株

冠檐5齿裂。瘦果黑色,条形,具棱,上部具稀疏瘤状突起及刚毛,顶端芒刺3～4枚,具倒刺毛。花期春季。

生境与分布 生于村旁、路边及荒地中。分布于凯里、天柱、锦屏、剑河、台江等地。

药材名 鬼针草(全草)。

采收加工 夏、秋季采收,切段晒干。

功能主治 清热解毒,散瘀活血。主治上呼吸道感染,咽喉肿痛,急性阑尾炎,急性黄疸型肝炎,胃肠炎,风湿关节疼痛;外用治疗疮疖,毒蛇咬伤,跌打肿痛。

用法用量 内服,25～50 g(鲜者50～100 g),水煎服,或捣汁。外用:捣敷或煎水熏洗。

用药经验 侗医:治疗胃肠炎,消化不良,高血压等。一次取鲜品30 g,水煎服,一日3次,连服6日。

苗医:全草治疗肠炎,小儿消化不良。内服,5～15 g。

▲ 鬼针草腊叶标本

艾纳香 *Blumea balsamifera*(L.)DC.

异名 大风艾、大黄草、大骨风、大毛药。

形态特征 多年生草本或亚灌木。茎粗壮,直立,高1～3 m,基部径约1.8 cm,或更粗,茎皮灰褐色,有纵条棱。下部叶宽椭圆形或长圆状披针形,上部叶长圆状披针形或卵状披针形。头状花序多数,径5～8 mm,排列成开展具叶的大圆锥花序。花黄色,雌花多数,花冠细管状。瘦果圆柱形,长约1 mm,具5条棱,被密柔毛。冠毛红褐色,糙毛状,长4～6 mm。花期几乎全年。

生境与分布 生于海拔600～1 000 m的林缘、林下、河床谷地或草地上。分布于凯里、天柱、锦屏、麻江等地。

药材名 艾纳香(全草)。

采收加工 12月采收,洗净,鲜用或晒干。

△ 艾纳香植株　　　　　　　　　　　△ 艾纳香腊叶标本

　　功能主治　祛风除湿,温中止泻,活血解毒。主治风寒感冒,头风头痛,风湿痹痛,寒湿泻痢,寸白虫病,毒蛇咬伤,跌打伤痛,癣疮。

　　用法用量　内服,10~15 g,鲜品加倍,水煎服。外用适量,煎水洗;或捣敷。

　　用药经验　侗医:治疗肺结核咯血。取鲜品20 g洗净切碎,杀雄鸡一只去内脏,将药填塞鸡腹蒸熟,喝汤吃鸡。分2~3次服,连服5日为一疗程。

　　苗医:治疗咽喉肿痛,目赤肿痛。1~3 g,入丸、散。

天名精　*Carpesium abrotanoides* L.

　　异名　野叶烟、鸡踝子草、野烟、山烟、野叶子烟、癞格宝草。

　　形态特征　多年生草本,高50~100 cm。茎直立,上部多分枝,密生短柔毛,下部近无毛。叶互生;下部叶片宽椭圆形或长圆形,先端尖或钝,基部狭成具翅的叶柄,边缘有不规则的锯齿或全缘,上面有贴生短毛,下面有短柔毛和腺点,上部叶片渐小,长圆形,无柄。头状花序多数,沿茎枝腋生;花黄色,外围的雌花花冠丝状,3~5齿先端有短喙,有腺点,无冠毛。花期6~8月,果期9~10月。

　　生境与分布　生于山坡、路旁或草坪上。分布于凯里、天柱、锦屏、剑河、台江、麻江、都匀等地。

植物药资源

273

▲ 天名精植株

▲ 天名精腊叶标本

药材名 天名精（全草）。

采收加工 7～8月采收，洗净，鲜用或晒干。

功能主治 清热，化痰，解毒，杀虫，破瘀，止血。主治乳蛾，喉痹，急慢惊风，牙痛，疔疮肿毒，皮肤痒疹，毒蛇咬伤，虫积，血瘕，吐血，衄血，创伤出血。

用法用量 内服，9～15 g，水煎服；或研末，3～6 g；或捣汁；或入丸、散。外用适量，捣敷；或煎水熏洗及含漱。

用药经验 侗医、苗医治疗咽喉疼痛，肠炎，痢疾，尿路感染，小儿高热惊风等。内服，3～10 g（治疗高热惊风，捣烂后用阴阳水喷和涂擦印堂）。

使用注意 本品有小毒，孕妇慎服。

茼蒿 *Chrysanthemum coronarium* L.

异名 蒿菜、蓬蒿、菊花菜。

形态特征 光滑无毛或几光滑无毛。茎高达70 cm，不分枝或自中上部分枝。中下部茎叶长椭圆形或长椭圆状倒卵形，二回羽状分裂。一回为深裂或几全裂，侧裂片4～10对。二回为浅裂、半裂或深裂，裂片卵形或线形。头状花序单生茎顶或少数生茎枝顶端，但并不形成明显的伞房花序，花梗长15～20 cm。舌状花瘦果有3条突起的狭翅肋。管状花瘦果有1～2条椭圆形突起的肋。花果期6～8月。

生境与分布 各地均有栽培。分布于天柱、锦屏、台

▲ 茼蒿植株

▲ 茼蒿腊叶标本

江等地。

药材名　茼蒿(全草)。

采收加工　冬、春及夏初均可采收。鲜用。

功能主治　和脾胃,消痰饮,安心神。主治脾胃不和,二便不通,咳嗽痰多,烦热不安。

用法用量　内服,鲜品 60～90 g,水煎服。

用药经验　侗医治疗胃脘痛,消化不良,小便不利,大便不爽等。内服,10～15 g。

野菊 *Chrysanthemum indicum* L.

异名　野菊花、野黄菊、鬼仔菊。

形态特征　多年生草本,高 25～100 cm,有地下长或短匍匐茎。中部茎叶卵形、长卵形或椭圆状卵形,羽状半裂或浅裂,边缘有浅锯齿。基部截形或稍心形或宽楔形,叶柄长 1～2 cm。两面同色或几同色,淡绿色。头状花序多数在茎枝顶端排成疏松的伞房圆锥花序或少数在茎顶排成伞房花序。全部苞片边缘白色或褐色宽膜质,顶端钝或圆。舌状花黄色。瘦果长 1.5～1.8 mm。花期 6～11 月。

生境与分布　生于山坡草地、灌丛、河边水湿地、滨海盐渍地、田边及路旁。分布于凯里、天柱、锦屏、

▲ 野菊植株

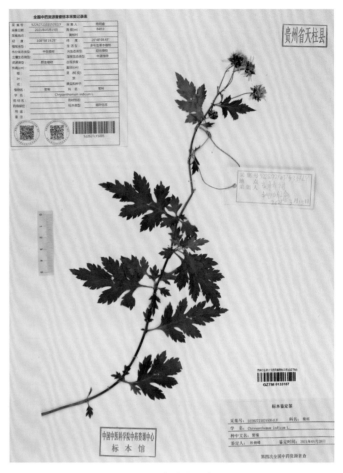

▲ 野菊腊叶标本

剑河、台江、麻江、都匀等地。

药材名 野菊花（干燥头状花序）。

采收加工 秋、冬二季花初开放时采摘，晒干，或蒸后晒干。

功能主治 清热解毒，疏风平肝。主治疔疮，痈疽，丹毒，湿疹，皮炎，风热感冒，咽喉肿痛，高血压。

用法用量 内服，10～15 g，鲜品可用至30～60 g，水煎服。外用适量，捣敷；煎水漱口或淋洗。

用药经验 侗医：①治疗胃肠炎。内服，煎汤，10～20 g（鲜者50～100 g）。②治疗感冒头痛，流感，（眼）结膜炎，菌痢，疮疔，毒蛇咬伤。野菊花18 g，水煎服。③治疗小儿口疮。天青地白、野菊花各18 g，水煎洗敷。

苗医：①全草治疗骨髓炎。内服，10～30 g。外用，捣烂外敷。②治疗火眼。野菊花，水煎洗眼。③治疗外伤，扭伤。野菊花捣烂敷患处。④治疗着凉发烧。野菊花、阎王刺、大青叶、海金沙，水煎内服。

蓟 *Cirsium japonicum* Fisch. ex DC.

异名 雷公菜、刺萝卜、马刺刺、牛口刺。

形态特征 多年生草本，块根纺锤状或萝卜状，直径达7 mm。茎直立，分枝或不分枝，全部茎枝有条棱，被稠密或稀疏的多细胞长节毛。基生叶较大，全形卵形、长倒卵形、椭圆形或长椭圆形，羽状深裂或几全裂。全部茎叶两面同色，绿色，两面沿脉有稀疏的多细胞长或短节毛或几无毛。头状花序直立。全部苞片外面有微糙毛并沿中肋有黏腺。瘦果压扁，偏斜楔状倒披针状，顶端斜截形。小花红色或紫色，檐部长1.2 cm，不等5浅裂，细管部长9 mm。花果期4～11月。

生境与分布 生于海拔400～2 100 m的山坡林中、林缘、灌丛中、草地、荒地、田间、路旁或溪旁。分布于凯里、天柱、剑河、台江、麻江等地。

▲ 蓟植株

药材名 大蓟(地上部分或根)。

采收加工 夏、秋二季花开时采割地上部分，或秋末挖根，除去杂质，晒干。

功能主治 凉血止血，祛瘀消肿。主治衄血，吐血，尿血，便血，崩漏下血，外伤出血，痈肿疮毒。

用法用量 内服，5～10 g；鲜品可用 30～60 g，水煎服。外用适量，捣敷。止血宜炒炭用。

用药经验 侗医：①治疗痈疖，疗疮。内服，鲜根(叶)50～150 g。外用适量。②治疗久痢。大蓟 41 g，白酒适量。服用时，用药冲水、酒服，每日服 2 次，连用 3～5 日即效。

苗医：①治疗病后体弱。大蓟、天门冬，炖猪脚或鸡，服汤与肉。②治疗无名肿毒。大蓟、野葡萄根、牛蒡子，捣烂炒热敷患处。

使用注意 本品脾胃出血，脾胃虚寒者禁服。

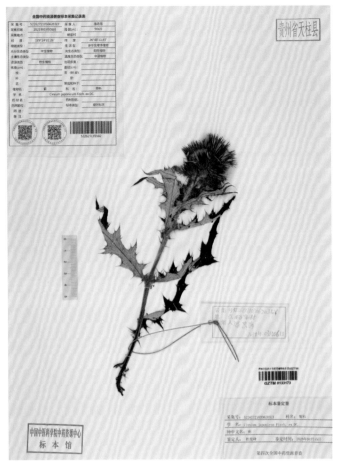

▲ 蓟腊叶标本

剑叶金鸡菊 *Coreopsis lanceolata* L.

异名 大金鸡菊、剑叶波斯菊、除虫菊。

形态特征 多年生草本，高 30～70 cm，有纺锤状根。茎直立，无毛或基部被软毛，上部有分枝。叶较少数，在茎基部成对簇生，叶片匙形或线状倒披针形，长 3.5～7 cm，宽 1.3～1.7 cm；茎上部叶少数，全缘或三深裂，裂片长圆形或线状披针形；上部叶无柄，线形或线状披针形。头状花序在茎端单生，径 4～5 cm。舌状花黄色，舌片倒卵形或楔形；管状花狭钟形，瘦果圆形或椭圆形，边缘有宽翅，顶端有 2 短鳞片。花期 5～9 月。

▲ 剑叶金鸡菊植株

▲ 剑叶金鸡菊腊叶标本

生境与分布 多为栽培。分布于天柱等地。

药材名 线叶金鸡菊(全草)。

采收加工 夏秋季采收,鲜用或切段晒干。

功能主治 清热解毒,化瘀消肿。主治咳嗽,无名肿毒,外伤出血。

用法用量 外用适量,捣烂敷患处。

用药经验 侗医治疗头晕头痛,疔疮。内服,10～15 g。

野茼蒿 *Crassocephalum crepidioides*(Benth.)S. Moore

异名 假茼蒿、野红米、冬风菜。

形态特征 直立草本,高 20～120 cm,茎有纵条棱,无毛叶膜质,椭圆形或长圆状椭圆形,顶端渐尖,基部楔形,边缘有不规则锯齿或重锯齿,两面无或近无毛。头状花序数个在茎端排成伞房状,直径约 3 cm,总苞钟状,长 1.0～1.2 cm,花冠红褐色或橙红色,檐部 5 齿裂。瘦果狭圆柱形,赤红色,有肋,被毛;冠毛极多数,白色,绢毛状,易脱落。花期 7～12 月。

▲ 野茼蒿植株

生境与分布　生于海拔 300～1 800 m 的荒地、路旁、林下和水沟边。分布于凯里、天柱、锦屏、台江、麻江、都匀等地。

药材名　野木耳菜(全草)。

采收加工　夏季采收,鲜用或晒干。

功能主治　清热解毒,调和脾胃。主治感冒发热,痢疾,肠炎,口腔炎,乳腺炎,消化不良。

用法用量　内服,30～60 g,水煎服;或绞汁。外用适量,捣敷。

用药经验　侗医、苗医治疗水肿,中毒,小便不利。内服,10～15 g。

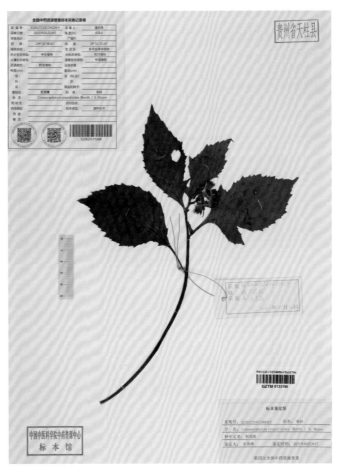

▲ 野茼蒿腊叶标本

一点红　*Emilia sonchifolia*（L.）DC.

异名　红背叶、土黄连、野芥兰、叶下红、喇叭红草、紫背犁头草。

形态特征　一年生草本。茎直立或斜升,高 25～40 cm,灰绿色,无毛或被疏短毛。叶质较厚,下部叶密集,大头羽状分裂,上面深绿色,下面常变紫色;中部叶较小,卵状披针形;上部叶线形。头状花序 2～5,在枝端排列成疏伞房状。小花粉红色或紫色,管部细长,檐部渐扩大,具 5 深裂。瘦果圆柱形,长 3～4 mm,具 5 棱,肋间被微毛;冠毛丰富,白色,细软。花果期 7～10 月。

生境与分布　生于海拔 800～2 100 m 的山坡荒地、田埂、路旁。分布于天柱、锦屏、剑河、都匀等地。

药材名　羊蹄草(全草)。

采收加工　全年均可采,洗净,鲜用或晒干。

功能主治　清热解毒,散瘀消肿。主治上呼吸道感染,口腔溃疡,肺炎,乳腺炎,肠炎,菌痢,尿路感染,疮疖痈肿,湿疹,跌打损伤。

用法用量　内服,9～18 g,鲜品 15～30 g,水煎服,或捣汁含咽。外用适量,煎水洗;或捣敷。

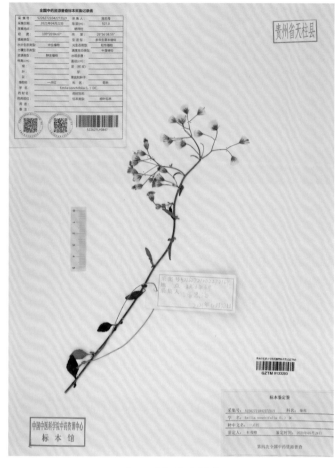

▲ 一点红植株　　　　　　　　　　　　　　　　　▲ 一点红腊叶标本

用药经验　侗医：治疗痢疾，腹泻及疔疮。内服，鲜品 30～50 g，水煎服。外用适量。

苗医：全草治疗乳痈，中耳炎，蛇头疔，急性扁桃体炎，慢性胃肠炎。内服，10～15 g。外用适量。

一年蓬 *Erigeron annuus*（L.）Pers.

异名　马兰、野蒿、白马兰。

形态特征　一年或两年生草本，茎粗壮，高 30～100 cm，直立，上部有分枝；基部叶花期枯萎，长圆形或宽卵型，少有近圆形，下部叶与基部叶同形，但叶柄较短，中部和上部叶较小，长圆状披针形或披针形，最上部叶线形；头状花序数个或多个，排列成疏圆锥花序。花期 6～9 月。

生境与分布　生于路边旷野或山坡荒地。分布于凯里、天柱、锦屏、台江、麻江、都匀等地。

药材名　一年蓬（全草）。

▲ 一年蓬植株

▲ 一年蓬腊叶标本

采收加工 夏、秋季采收，洗净，鲜用或晒干。

功能主治 消食止泻，清热解毒，截疟。主治消化不良，胃肠炎，齿龈炎，传染性肝炎，瘰疬，尿血，疟疾。

用法用量 内服，30～60 g，水煎服。外用适量，捣敷。

用药经验 侗医：治疗肺气肿，咳喘等。内服，10～15 g。

苗医：全草及根治疗消化不良，肠炎腹泻，淋巴结炎等。内服，10～15 g。

鼠麴草 *Gnaphalium affine* D. Don

异名 清明菜、田艾、棉花菜、清明蒿、一面青、清明菜。

形态特征 一年生草本。茎直立或基部发出的枝下部斜升，高10～40 cm或更高，基部径约3 mm，上部不分枝，有沟纹，被白色厚棉毛。叶无柄，匙状倒披针形或倒卵状匙形互生。头状花序较多或较少数，在枝顶密集成伞房花序，花黄色至淡黄色。雌花多数，花冠顶端扩大，3齿裂。瘦果倒卵形或倒卵状圆柱形，有乳头状突起。花期1～4月，果期8～11月。

生境与分布 生于低海拔干地或湿润草地上，尤以稻田最常见。分布于凯里、天柱、锦屏、麻江、都

▲ 鼠鞠草植株

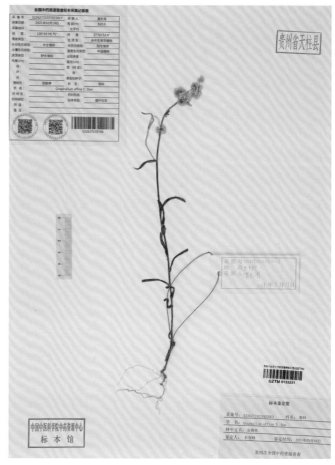

▲ 鼠鞠草腊叶标本

匀等地。

药材名　鼠曲草（全草）。

采收加工　春季开花时采收，去尽杂质，晒干，贮藏干燥处。鲜品随采随用。

功能主治　止咳平喘，降血压，祛风湿。主治感冒咳嗽，支气管炎，哮喘，高血压，蚕豆病，风湿腰腿痛；外用治疗跌打损伤，毒蛇咬伤。

用法用量　内服，6～15 g，水煎服；或研末；或浸酒。外用适量，煎水洗；或捣敷。

用药经验　侗医：①治疗咳嗽痰多，气喘，感冒风寒，痛疡等。内服，煎汤，6～15 g，研末或浸酒。外用，煎水洗或捣烂外敷。②治疗全身黄疸，小便黄少。鼠曲草 10 g，过路黄、丝瓜花各 18 g，水煎服，每日服 3 次。

苗医：治疗跌打损伤。内服，5～15 g。外用适量，捣烂敷。

菊三七　*Gynura japonica*（L. f.）Juel

异名　土三七、血当归、血三七、紫三七。

形态特征　多年生直立草本，宿根肉质肥大。茎带肉质，高 1 m 以上。基生叶多数，丛生；上面深绿色，下面紫绿色，两面脉上有短毛；茎生叶互生，羽状分裂，裂片卵形至披针形，边缘浅裂或具疏锯齿，叶片两边均平滑无毛；总苞绿色，钟状，苞片线状披针形，边缘膜质，半透明，10～12 枚排成一列。瘦果线形，细小，表面有棱，褐色，冠毛多数，白色。花期 9～10 月。

生境与分布　生于海拔 1 200～3 000 m 的山谷、山坡草地、林下或林缘。分布于天柱、锦屏、剑河等地。

药材名　菊三七（根）。

采收加工　秋后地上部分枯萎时挖取，除尽残存的茎、叶及泥土，晒干或鲜用。

功能主治　破血散瘀，止血，消肿。主治跌打损伤，创伤出血，产后血气痛等。

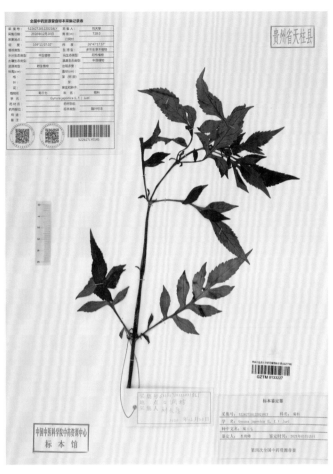

▲ 菊三七植株

▲ 菊三七腊叶标本

用法用量 内服:煎汤,10～15 g;研末,2.5～5.0 g。外用:捣敷。

用药经验 侗医:治疗毒蛇虫伤,无名肿毒,咳血吐血等。外用,鲜品适量,捣烂外敷。

苗医:治疗吐血,咯血,衄血,便血,肠风下血。内服,10～15 g。

马兰 *Kalimeris indica*（L.）Sch.-Bip.

异名 泥鳅菜、鱼鳅串、田边菊。

形态特征 多年生草本,高 30～70 cm。根茎有匍枝。茎直立,上部有短毛,上部或从下部起有分枝。叶互生;叶片倒披针形或倒卵状长圆形,先端钝或尖,边缘从中部以上具有小尖头的钝或尖齿,两面或上面具疏微毛或近无毛,薄质。头状花序单生于枝端并排列成疏伞房状。瘦果倒卵状长圆形,极扁,褐色,边缘浅色而有厚肋,上部被腺毛及短柔毛。花期 5～9 月,果期 8～10 月。

生境与分布 生于路边、田野、山坡上。分布于凯

▲ 马兰植株

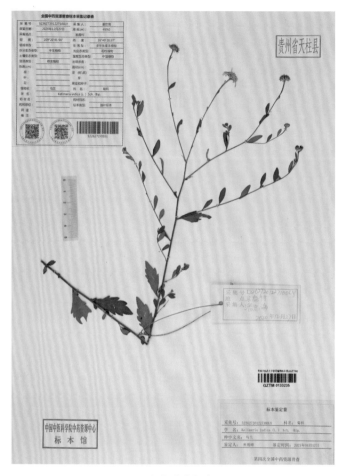

▲ 马兰腊叶标本

里、天柱、锦屏、剑河、台江、麻江、都匀等地。

药材名 马兰(全草或根)。

采收加工 夏、秋采收,洗净,鲜用或晒干。

功能主治 凉血止血,清热利湿,解毒消肿。主治吐血,衄血,血痢,崩漏,创伤出血,黄疸,水肿,淋浊,感冒,咽痛喉痹,痔疮,痈肿,丹毒,小儿疳积。

用法用量 内服,10～30 g,水煎服,鲜品 30～60 g;或捣汁。外用适量,捣敷,或煎水熏洗。

用药经验 侗医:①治疗眼外伤。鲜叶适量捣烂外敷患处;根 25～30 g 煎水内服,一日 3 次。②治疗突然腹痛无规律性,时痛时止,有时每日 1～3 次,有时每日 1 次,有时几日 1 次,可延长 1 年至数年。马兰(鲜品)30 g,捣烂,冲凉开水服;同时用双拇指用力按腰两侧大筋,连按 3 次。

苗医:治疗小儿食积,感冒发热,感冒,腮腺炎。内服,10～15 g。外用,适量。

千里光 *Senecio scandens* Buch.-Ham.

异名 九里光、九龙光、千里明、七里光。

形态特征 多年生攀援草本,根状茎木质,粗,径达 1.5 cm。茎伸长,弯曲,长 2～5 m,多分枝,被柔毛或无毛,老时变木质,皮淡褐色。叶具柄,叶片卵状披针形至长三角形,顶端渐尖,基部宽楔形或截形,通常具浅或深齿,两面被短柔毛至无毛。头状花序有舌状花,在茎枝端排列成顶生复聚伞圆锥花序。舌状花8～10,舌片黄色,长圆形,具3细齿,具4脉。瘦果圆柱形,长3 mm,被柔毛;冠毛白色,长7.5 mm,花期10月到翌年3月,果期2～5月。

生境与分布 生于海拔50～3 200 m的森林、灌丛中,攀援于灌木、岩石上或溪边。分布于凯里、天柱、锦屏、剑河、台江、麻江、都匀等地。

药材名 千里光(全草)。

采收加工 9～10月收割全草,晒干或鲜用。

功能主治 清热解毒,凉血消肿,清肝明目。主治风火赤眼,疮疖肿毒,皮肤湿疹及痢疾腹痛等症。

用法用量 内服,15～30 g,水煎服。外用适量,煎水洗;或熬膏搽;或鲜草捣敷;或捣烂取汁点眼。

▲ 千里光植株

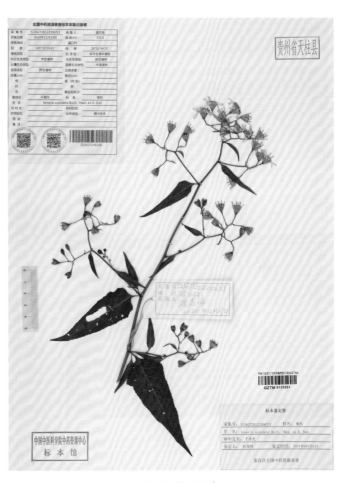

▲ 千里光腊叶标本

用药经验 侗医:①治疗伤寒,菌痢,肺炎,扁桃体炎,肠炎等。内服,15～30 g;外用,适量。②治疗恶疮肿痛难消。千里光、柳叶(或柳皮)各100 g,水煎,加少许食盐后用药水洗患处。

苗医:①全草痈肿疮疡,皮肤瘙痒等。内服,10～30 g。外用适量,煎水洗。②治疗眼红肿辣痛,流泪。千里光洗净捣烂取汁过滤,取澄清液滴眼;并用千里光、野菊花,水煎内服。③治疗雷公症,高烧,昏迷。千里光、金银花、青蒿、紫花地丁,水煎内服。

豨莶 *Siegesbeckia orientalis* L.

异名 肥猪草。

形态特征 一年生草本,高30～100 cm。茎直立,上部分枝复二歧状,全部分枝被灰白色短柔毛。叶对生;中部叶三角状卵圆形或卵状披针形,边缘有不规则的浅裂或粗齿,上面绿色,下面淡绿,具腺点,两面被毛；上部叶渐小，卵状长圆形，边缘浅波状或全缘，近无柄。头状花序多数，集成顶生的圆锥花序；花黄色。瘦果倒卵圆形，有4棱，先端有灰褐色状突起。花期4～9月，果期6～11月。

生境与分布　生于海拔110～2700m的山野、荒草地、灌丛、林缘及林下，也常见于耕地中。分布于凯里、天柱、剑河、台江、麻江等地。

药材名　豨莶草（干燥地上部分）。

采收加工　夏、秋二季花开前和花期均可采割，除去杂质，晒干。

功能主治　祛风湿，利关节，解毒。主治风湿痹痛，筋骨无力，腰膝酸软，四肢麻痹，半身不遂，风疹湿疮。

用法用量　内服，9～12g，水煎服。外用适量。

▲ 豨莶植株　　　　　　　　　▲ 豨莶腊叶标本

用药经验　侗医：治疗急性肝炎，高血压，疔疮，外伤出血等。内服，10～15g。外用适量。
苗医：地上部分治疗风湿性关节炎，肩臂酸痛，腰膝无力等。内服，10～30g。

蒲儿根　*Sinosenecio oldhamianus*（Maxim.）B. Nord.

异名　黄花菜、黄菊莲。

形态特征　多年生或二年生茎叶草本。根状茎木质，粗，具多数纤维状根。茎单生，直立，不分枝，被白色蛛丝状毛及疏长柔毛。下部茎叶具柄，叶片卵状圆形或近圆形，顶端尖或渐尖，基部心形，边缘具浅至深重齿或重锯齿；最上部叶卵形或卵状披针形。头状花序多数排列成顶生复伞房状花序。舌状花约13，无毛，舌片黄色，长圆形，顶端钝，具3细齿，4条脉；管状花多数，花冠黄色。瘦果圆柱形，舌状花瘦果无毛，在管状花被短柔毛；冠毛在舌状花缺，管状花冠毛白色，长3.0～3.5mm。花期1～12月。

▲ 蒲儿根植株

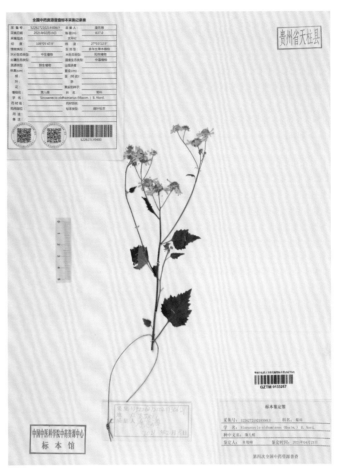

▲ 蒲儿根腊叶标本

生境与分布 生于海拔 360～2 100 m 的林缘、溪边、潮湿岩石边及草坡、田边。分布于天柱、锦屏、台江、麻江等地。

药材名 肥猪苗（全草）。

采收加工 夏季采收，洗净，鲜用或晒干。

功能主治 清热解毒，利湿，活血。主治疮痈肿毒，泌尿系统感染，湿疹，跌打损伤。

用法用量 内服，9～15 g，全草大剂量可用 60～90 g，水煎服。外用适量，鲜品捣敷。

用药经验 侗医用花治疗肺虚久咳，小儿消化不良，外用治疗疔疮。内服，10～15 g。

碱地蒲公英 *Taraxacum borealisinense* Kitam.

异名 奶汁草、婆婆丁、双英卜地。

形态特征 多年生草本。根颈部有褐色残存叶基。叶倒卵状披针形或狭披针形，边缘叶羽状浅裂或全缘，具波状齿，内层叶倒向羽状深裂，每侧裂片 3～7 片，狭披针形或线状披针形，全缘或具小齿，两面无毛，叶柄和下面叶脉常紫色。花葶 1 至数个，高 5～20 cm，长于叶，顶端被蛛丝状毛或近无毛；头状花序直径 20～25 mm；舌状花黄色，稀白色，边缘花舌片背面有紫色条纹。瘦果倒卵状披针形，淡褐色，上部有刺状突起，下部有稀疏的钝小瘤。花果期 6～8 月。

生境与分布 生于海拔 300～2 900 m 稍潮湿的盐碱地或原野、砾石中。分布于天柱等地。

药材名 蒲公英（带根全草）。

▲ 碱地蒲公英植株

▲ 碱地蒲公英腊叶标本

采收加工 春、夏开花前或刚开花时连根挖取。除净泥土，晒干。

功能主治 清热解毒，消肿散结，利湿通淋。主治痈肿疔疮，乳痈，肺痈，肠痈，瘰疬，湿热黄疸，热淋涩痛。

用法用量 内服，10～30 g，大剂量60 g，水煎服；或捣汁；或入散剂。外用适量，捣敷。

用药经验 侗医：治疗乳腺炎。鲜品100 g（干品50 g）水煎服，日服3次；鲜品适量捣烂加白酒少许调匀，敷患处，每日换药1～2次。

苗医：治疗疥疮。本品与千里光各15 g，水煎去渣取汁，将汁熬成糊状，搽患处。

百合科

粉条儿菜 *Aletris spicata*（Thunb.）Franch.

异名 肺筋草、金线吊白米、肺痨草、蛆芽草、银针草。

形态特征　多年生草本。植株具多数须根,根毛局部膨大。叶簇生,纸质,条形,有时下弯,长 10～25 cm,宽 3～4 mm,先端渐尖。花葶高 40～70 cm,有棱,密生柔毛;总状花序长 6～30 cm,疏生多花;花被黄绿色,上端粉红色,外面有柔毛。蒴果倒卵形或矩圆状倒卵形,密生柔毛。花期 4～5 月,果期 6～7 月。

▲ 粉条儿菜植株　　　　　　　　　　　▲ 粉条儿菜腊叶标本

生境与分布　生于海拔 350～2 500 m 的山坡上、路边、灌丛边或草地上。分布于凯里、天柱、麻江、都匀等地。

药材名　小肺筋草(根及全草)。

采收加工　5～6 月采收,洗净,鲜用或晒干。

功能主治　清热,润肺止咳,活血调经,杀虫。主治咳嗽,咯血,百日咳,喘息,肺痈,乳痈,腮腺炎,经闭,缺乳,小儿疳积,蛔虫病,风火牙痛。

用法用量　内服,10～30 g;鲜品可用 60～120 g,水煎服。外用适量,捣敷。

用药经验　苗医:全草治疗久年咳嗽,驱蛔虫,跌打损伤。内服,10～30 g。

小根蒜　*Allium macrostemon* Bunge

异名　马葱、野葱、野蒜、菜芝、荞子、䔞子、祥谷菜。

形态特征　鳞茎近球状,粗0.7～2.0cm,基部常具小鳞茎;鳞茎外皮带黑色,纸质或膜质,不破裂。叶3～5枚,半圆柱状,中空,上面具沟槽。花葶圆柱状,高30～70cm;伞形花序半球状至球状,具多而密集的花;花淡紫色或淡红色;子房近球状,腹缝线基部具有帘的凹陷蜜穴;花柱伸出花被外。花果期5～7月。

生境与分布　生于海拔1500m以下的山坡、丘陵、山谷或草地上。分布于天柱、锦屏等地。

药材名　薤白(鳞茎)。

采收加工　夏、秋二季采挖,洗净,除去须根,蒸透或置沸水中烫透,晒干。

功能主治　通阳散结,行气导滞。主治胸痹疼痛,痰饮咳喘,泄痢后重。

用法用量　内服,5～10g,鲜品30～60g,水煎服;或入丸、散,亦可煮粥食。外用适量,捣敷;或捣汁涂。

▲ 小根蒜植株

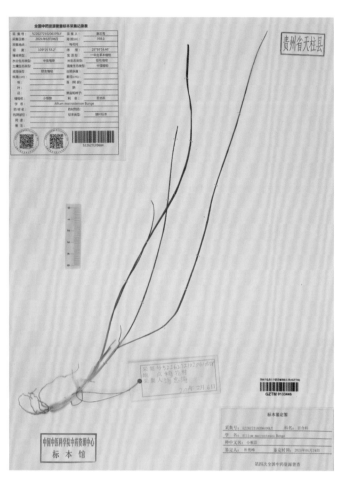

▲ 小根蒜腊叶标本

用药经验　侗医、苗医治疗胸闷胸痛等。内服,10～15g。

侗医治疗胸腹部痛,背部肩胛下痛。薤白(侗药名"菱头葱")、栝楼壳、忍冬各11g,降香、甘草各8g,水煎服,每日服3次,连用3～5日即效。

天冬　*Asparagus cochinchinensis*（Lour.）Merr.

异名　天门冬、三白棒。

形态特征　攀援植物。根在中部或近末端成纺锤状膨大。茎平滑,常弯曲或扭曲,长可达1～2m,分枝具棱或狭翅。叶状枝通常每3枚成簇,扁平或由于中脉龙骨状而略呈锐三棱形,稍镰刀状,长0.5～8.0cm,宽1～2mm。花通常每2朵腋生,淡绿色。浆果熟时红色,有1颗种子。花期5～6月,果期8～10月。

▲ 天冬植株

▲ 天冬腊叶标本

生境与分布　生于山野,亦栽培于庭园。分布于凯里、天柱、锦屏、麻江、都匀镇等地。

药材名　天冬(块根)。

采收加工　秋、冬二季采挖,洗净,除去茎基和须根,置沸水中煮或蒸至透心,趁热除去外皮,洗净,干燥。

功能主治　养阴润燥,清肺生津。主治肺燥干咳,顿咳痰黏,咽干口渴,肠燥便秘。

用法用量　内服,6～12 g,水煎服。

用药经验　侗医:治疗发热,咳嗽,咳血,咽喉肿痛,便秘等。内服,10～15 g。

苗医:治疗跌打损伤,咽喉肿痛,肺痨咳嗽。内服,5～15 g。

蜘蛛抱蛋　*Aspidistra elatior* Bl.

异名　赶山鞭、竹叶伸筋、九龙盘、单枝白叶。

形态特征　根状茎近圆柱形,直径 5～10 mm,具节和鳞片。叶单生,矩圆状披针形、披针形至近椭圆形,先端渐尖,基部楔形,边缘多少皱波状,两面绿色,有时稍具黄白色斑点或条纹。总花梗长 0.5～2.0 cm;苞片 3～4 枚,其中 2 枚位于花的基部,宽卵形,淡绿色;雄蕊 6～8 枚,生于花被筒近基部,低于柱头;雌蕊高约 8 mm,子房几不膨大;花柱无关节;柱头盾状膨大,圆形,紫红色,上面具 3～4 深裂,裂缝两边多少向上凸出,裂片先端微凹,边缘常向上反卷。

生境与分布　生于茂密阴湿、土壤肥沃疏松的常绿阔叶林下或石灰岩山谷洼地和山坡中下部山槽阴湿处。分布于天柱等地。

药材名　蜘蛛抱蛋(根茎)。

采收加工　全年均可采,除去须根及叶,洗净,鲜用或切片晒干。

功能主治　活血止痛,清肺止咳,利尿通淋。主治跌打损伤,风湿痹痛,腰痛,经闭腹痛,肺热咳嗽,小

▲ 蜘蛛抱蛋植株　　　　　　　　　　　　▲ 蜘蛛抱蛋腊叶标本

便不利。

　　用法用量　内服,9～15 g,鲜品 30～60 g,水煎服;或作酒剂。外用适量,捣敷。

　　用药经验　侗医:治疗胃痛,肠炎,牙痛,风湿疼痛,经期腹痛,慢性气管炎,毒蛇咬伤等。内服,9～15 g。

　　苗医:治疗骨折。内服,10～15 g。

竹根七　*Disporopsis fuscopicta* Hance

　　异名　石竹子。

　　形态特征　多年生草本,高 25～50 cm。根茎连珠状,粗 1.0～1.5 cm。叶互生,具柄;叶纸质,卵形、椭圆形或矩圆状披针形,先端渐尖,基部钝、宽楔形或稍心形,具柄,两面无毛。花 1～2 朵生于叶腋,白色,内带紫色,稍俯垂;花梗长 7～14 mm。浆果近球形,直径 7～14 mm,具 2～8 颗种子。花期 4～5 月,果期 11 月。

　　生境与分布　生于海拔 500～2 400 m 的林下或山谷中。分布于天柱、剑河、都匀等地。

　　药材名　竹根七(根茎)。

竹根七植株　　　　　　　　　　　　　竹根七腊叶标本

采收加工　秋、冬季采收,洗净,蒸后,晒干。

功能主治　养阴清肺,活血祛瘀。主治虚肺燥咳,咳嗽咽干,产后虚劳,跌打损伤,骨折。

用法用量　内服,9~15g,水煎服。外用适量,捣敷。

用药经验　侗医:治疗咽干口渴。内服,10~15g。

苗医:治疗虚咳多汗,风湿疼痛等。内服,15~30g。

距花万寿竹　*Disporum calcaratum* D. Don

异名　玉竹、倒竹散、宝铎草。

形态特征　根状茎曲折,横出;根质地较硬,粗2~3mm。茎高30~70cm或可达1m,具棱,上部有分枝。叶纸质或厚纸质,卵形、椭圆形或矩圆形,先端骤尖或渐尖,基部圆形或近心形,边缘和下面脉上稍粗糙。伞形花序有花10多朵,着生在与中上部叶对生的短枝顶端;花紫色;花被片倒披针形,先端尖,基部有直出或向外斜出的长距。浆果近球形,直径约1.1cm。种子褐色,直径3~5mm。花期6~7月,果期8~11月。

▲ 距花万寿竹植株

▲ 距花万寿竹腊叶标本

生境与分布 生于海拔 1 200～2 400 m 的山沟林下草丛中。分布于天柱等地。

药材名 狗尾巴参(根状茎)。

采收加工 秋季采挖,洗净,切片,晒干。

功能主治 养阴益气,润肺生津。主治阴虚潮热,盗汗,肺热咳嗽。

用法用量 内服,9～15 g,水煎服。

用药经验 侗医:治疗咳喘,嗳气等。内服,15～30 g。

苗医:治疗痰中下血,虚损咳喘,肠风下血。内服,15～30 g。

玉簪 *Hosta plantaginea*（Lam.）Aschers.

异名 白玉簪、玉簪花、玉泡花、白鹤草。

形态特征 根状茎粗厚,粗 1.5～3.0 cm。叶卵状心形、卵形或卵圆形,先端近渐尖,基部心形,具 6～10 对侧脉;叶柄长 20～40 cm。花葶高 40～80 cm,具几朵至十几朵花;花的外苞片卵形或披针形,内苞片很小;花单生或 2～3 朵簇生,白色,芳香。蒴果圆柱状,有三棱,长约 6 cm,直径约 1 cm。花果期 8～10 月。

生境与分布 生于海拔 2 200 m 以下的林下、草坡或岩石边。分布于凯里、天柱、都匀等地。

药材名 玉簪(叶或全草)。

采收加工 夏、秋季采收,洗净,鲜用或晾干。

功能主治 清热解毒,散结消肿。主治乳痈,痈肿疮疡,瘰疬,毒蛇咬伤。

用法用量 内服,鲜品 15～30 g,水煎服;或捣汁和酒。外用适量,捣敷;或捣汁涂。

用药经验 侗医:①治疗淋巴肿大,小儿腮腺炎。取适量鲜品打绒,包于患处。②治疗牙破损,无法再修补,须拔出病牙。玉簪花根 3 g,白砒 1 g,碗砂 2 g。上药研细粉,用少许粉末点痛牙,自落。

▲ 玉簪植株

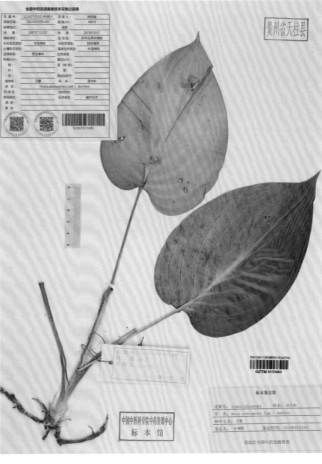

▲ 玉簪腊叶标本

野百合 *Lilium brownii* F.E. Br. ex Miellez

异名 野百瓣、白百合、蒜脑薯。

形态特征 鳞茎球形,直径2.0～4.5 cm;鳞片披针形,无节,白色。茎高0.7～2.0 m,有的有紫色条纹,有的下部有小乳头状突起。叶散生,通常自下向上渐小,披针形、窄披针形至条形,先端渐尖,基部渐狭,具5～7脉,全缘,两面无毛。花单生或几朵排成近伞形;花喇叭形,有香气,乳白色,外面稍带紫色,无斑点。蒴果矩圆形,有棱,具多数种子。花期5～6月,果期9～10月。

生境与分布 生于海拔100～2150 m的山坡、灌木林下、路边、溪旁或石缝中。分布于天柱、锦屏、剑河、都匀等地。

药材名 百合(肉质鳞叶)。

采收加工 秋、冬采挖,除去地上部分,洗净泥土,剥取鳞片,用沸水捞过或微蒸后,焙干或晒干。

功能主治 养阴润肺,清心安神。主治阴虚久咳,痰中带血,虚烦惊悸,失眠多梦,精神恍惚。

用法用量 内服,6～12 g,水煎服;或入丸、散;亦可蒸食、煮粥。外用适量,捣敷。

用药经验 侗医:①治疗小儿疳积,疖肿,毒蛇咬伤。内服,15～30 g。外用适量。②治疗浑身酸痛,

▲ 野百合植株   ▲ 野百合腊叶标本

肠风下血。橄榄、百合各 50 g。先把橄榄烧成(存)性,百合用酒炒成赤色,共同研成细粉,用米汤送服,每次 4 g,每日服 3 次。

苗医:治疗肺结核,疮毒,咽喉痛。内服,10～30 g。外用,鲜品适量,捣烂外敷。

山麦冬 *Liriope spicata*（Thunb.）Lour.

异名 麦门冬、麦冬、土麦冬。

形态特征 植株有时丛生;根稍粗,直径 1～2 mm,有时分枝多,近末端处常膨大成矩圆形、椭圆形或纺锤形的肉质小块根;根状茎短,木质,具地下走茎。叶长 25～60 cm,宽 4～8 mm,上面深绿色,背面粉绿色,具 5 条脉,中脉比较明显,边缘具细锯齿。总状花序长 6～20 cm,具多数花;花通常 2～5 朵,簇生于苞片腋内。种子近球形,直径约 5 mm。花期 5～7 月,果期 8～10 月。

生境与分布 生于海拔 50～1400 m 的山坡、山谷林

▲ 山麦冬植株

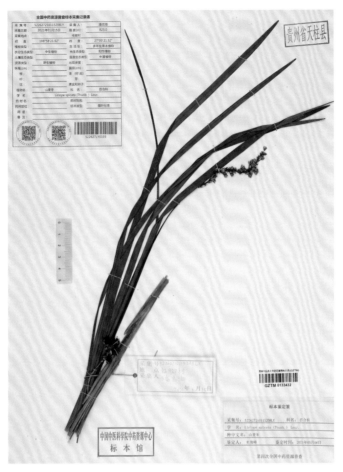

山麦冬腊叶标本

下、路旁或湿地。分布于凯里、天柱、剑河、台江、麻江、都匀等地。

药材名 山麦冬(块根)。

采收加工 夏初采挖,洗净,反复暴晒、堆置,至近干,除去须根,干燥。

功能主治 养阴生津,润肺清心。主治肺燥干咳,虚劳咳嗽,津伤口渴,心烦失眠,肠燥便秘。

用法用量 内服,9～15 g,水煎服。

用药经验 侗医:治疗乳汁不足。内服,5～15 g,水煎。

苗医:治疗肺热咳嗽,水肿等。内服,5～15 g。

麦冬 *Ophiopogon japonicus*(L.f.)Ker-Gawl.

异名 小麦冬、沿阶草、阶前草。

形态特征 多年生草本,高 12～40 cm,须根中部或先端常膨大形成肉质小块根。叶丛生;叶片窄长线形,基部有多数纤维状的老叶残基,叶长 15～40 cm,宽 1.5～4.0 mm,先端急尖或渐尖,基部绿白色并稍扩大。花葶较叶为短,长 7～15 cm,总状花序穗状,顶生,长 3～8 cm,小苞片膜质,每苞片腋生 1～3 朵花;花小,淡紫色,略下垂,花被片 6,不展开,披针形,长约 5 mm。浆果球形,直径 5～7 mm,早期绿色,成

植物药资源

297

▲ 麦冬植株

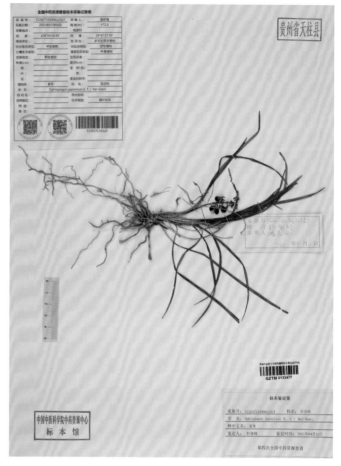

▲ 麦冬腊叶标本

熟后暗蓝色。花期5~8月,果期7~9月。

生境与分布 生于海拔2000 m以下的山坡阴湿处、林下或溪旁。分布于凯里、天柱、锦屏、剑河、台江、都匀等地。

药材名 麦冬(块根)。

采收加工 夏季采挖,洗净,反复暴晒、堆置,至七八成干,除去须根,干燥。

功能主治 养阴生津,润肺清心。主治肺燥干咳,阴虚痨嗽,喉痹咽痛,津伤口渴,内热消渴,心烦失眠,肠燥便秘。

用法用量 内服,6~15 g,水煎服;或入丸、散、膏。外用适量,研末调敷;煎汤涂;或鲜品捣汁搽。

用药经验 侗医:①治疗肺结核,久咳,发烧等。内服,10~20 g。②治疗食物不下,下喉即吐。麦冬、熟地、吴茱萸各10 g。水煎服,连服10剂,又服六味地黄汤。

苗医:①块根治疗咳嗽,无名肿毒。内服,10~15 g。②治疗寒热往来咳嗽。麦冬、桔梗、半夏、杏仁,水煎内服。③治疗无名肿毒。麦冬、百合、白及、银花、紫花地丁、蒲公英,水煎内服。

七叶一枝花 *Paris polyphylla* var. *Chinensis*(Franch.)Hara

异名 独角莲、华重楼、七叶楼。

形态特征 多年生直立草本,高35~100 cm,无毛;根茎粗厚,外面棕褐色,密生多数环节和须根。茎单一,紫红色。叶轮生茎顶,4~9枚,长椭圆形或椭圆状披针形,先端短尖或渐尖,主脉3条基出。花单生顶端,花梗青紫色或紫红色;外轮被片绿色,叶状;内轮被片黄色或黄绿色,线形。蒴果紫色,3~6瓣裂开。种子多数,具鲜红色多浆汁的外种皮。花期4~7月,果期8~11月。

生境与分布 生于海拔1800~3200 m的林下。分布于天柱、锦屏、台江、都匀等地。

药材名 重楼(根茎)。

▲ 七叶一枝花植株　　　　　　　　　　　▲ 七叶一枝花腊叶标本

采收加工　全年可采。挖取根茎,洗净,削去须根,晒干或烘干。

功能主治　清热解毒,消肿止痛,凉肝定惊。主治疔疮痈肿,咽喉肿痛,蛇虫咬伤,跌仆伤痛,惊风抽搐。

用法用量　内服,7.5～15.0 g,水煎服;外用适量,磨水或研末调醋敷患处。

用药经验　侗医:治疗咳嗽哮喘,毒蛇咬伤。内服,5～15 g。苗医:根茎治疗无名肿毒,寸耳癀,毒虫、蛇咬伤。内服,5～15 g。外用,适量。

使用注意　本品有小毒。体虚,无实火热毒,阴证外疡及孕妇均忌服。

多花黄精　*Polygonatum cyrtonema* Hua

异名　老虎姜、野仙姜、鸡头参、山姜。

形态特征　根状茎肥厚,通常连珠状或结节成块,少有近圆柱形,直径1～2 cm。茎高50～100 cm,通常具10～15枚叶。叶互生,椭圆形、卵状披针形至矩圆状披针形,先端尖至渐尖。花序具1～14花,伞形;花被黄绿色。浆果黑色,直径约1 cm,具3～9颗种子。花期5～6月,果期8～10月。

生境与分布　生于海拔500～2 100 m的林下、灌丛或山坡阴处。分布于凯里、天柱、锦屏、台江、麻江、

▲ 多花黄精植株

▲ 多花黄精腊叶标本

都匀等地。

药材名 黄精(根茎)。

采收加工 春、秋二季采挖,除去须根,洗净,置沸水中略烫或蒸至透心,干燥。

功能主治 补气养阴,健脾,润肺,益肾。主治脾胃虚弱,体倦乏力,口干食少,肺虚燥咳,精血不足,内热消渴。

用法用量 内服,10~15 g,鲜品 30~60 g,水煎服;或入丸、散熬膏。外用适量,煎汤洗;熬膏涂;或浸酒搽。

用药经验 侗医:治疗体虚,病后体虚食少,筋骨软弱,风湿疼痛等。内服,鲜品 30~50 g。外用适量。

苗医:①治疗咳嗽。黄精、十大功劳、天门冬、玉竹,水煎内服。②治疗肺结核。黄精、白及、虎耳草,水煎内服。③治疗病后视力减退。黄精、猪肝,加适量猪油,蒸后内服,连服 1 周。

吉祥草 *Reineckia carnea*（Andr.）Kunth

异名 观音草、竹叶草、九节莲、小九龙盘、竹节伤。

形态特征 多年生草本。茎匍匐于地上,似根茎,绿色,多节,节上生须根。叶簇生于茎顶或茎节,每簇3~8 枚;叶片条形至披针形,先端渐尖,向下渐狭成柄。花葶长 5~15 cm;穗状花序长 2.0~6.5 cm,上部花有时仅具雄蕊;苞片卵状三角形,膜质,淡褐色或带紫色。浆果球形,熟时鲜红色。花、果期 7~11 月。

生境与分布 生于阴湿山坡、山谷或密林下或栽培。分布于天柱、锦屏、剑河、台江、麻江、都匀等地。

▲ 吉祥草植株

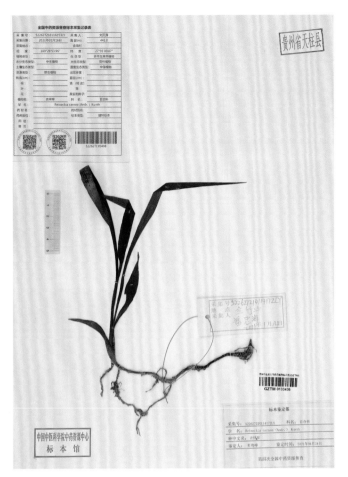

▲ 吉祥草腊叶标本

药材名 吉祥草(全草)。

采收加工 全年可采,洗净,鲜用或切段晒干。

功能主治 清肺止咳,凉血止血,解毒利咽。主治肺热咳嗽,咯血,吐血,衄血,便血,咽喉肿痛,目赤翳障,痈肿疮疖。

用法用量 内服,6~12 g,鲜品 30~60 g,水煎服。外用适量,捣敷。

用药经验 侗医:治疗痔疮出血。50 g,煎水内服,一日 1 次。

苗医:治疗风湿,咳嗽,跌打损伤。内服,10~50 g。外用适量,捣烂酒炒外敷。

拔葜 *Smilax china* L.

异名 金刚兜、金刚根、马甲。

形态特征 攀援灌木;根状茎粗厚,坚硬,为不规则的块状,粗 2~3 cm。茎长 1~3 m,疏生刺。叶薄革质或坚纸质,干后通常红褐色或近古铜色,圆形、卵形或其他形状,下面通常淡绿色。伞形花序生于叶尚幼嫩的小枝上,具十几朵或更多花,呈球形;花绿黄色。浆果熟时红色,有粉霜。花期 2~5 月,果期 9~11 月。

▲ 菝葜植株

▲ 菝葜腊叶标本

生境与分布 生于海拔2000 m以下的林下、灌丛中、路旁、河谷或山坡上。分布于凯里、天柱、锦屏、剑河、台江、麻江、都匀等地。

药材名 菝葜(根茎)。

采收加工 秋末至次年春采挖,除去须根,洗净,晒干或趁鲜切片,干燥。

功能主治 利湿去浊,祛风除痹,解毒散瘀。主治小便淋浊,带下量多,风湿痹痛,疔疮痈肿。

用法用量 50～100 g。外用,叶适量,研末调油外敷。

用药经验 侗医:治疗疗疮,疖痈等。内服,15～20 g。

苗医:治疗风湿,关节风湿痛,筋骨麻木。内服,10～20 g。

光叶菝葜 *Smilax glabra* Roxb.

异名 冷饭团、细叶金刚兜、久老薯、土苓、山遗粮。

形态特征 攀援灌木,根茎块根状,有明显缩节,着生多数须根。茎光滑。单叶互生;革质,披针形至椭圆状披针形,先端渐尖,基部圆形,全缘,下面常被白粉,基出脉3～5条。花单性,雌雄异株;伞形花序腋生,花序梗极短;花小,白色,直径约4 mm。浆果球形,熟时紫黑色。花期7～8月,果期9～10月。

生境与分布 生于海拔1800 m以下的林中、灌丛下、河岸或山谷中,也见于林缘与疏林中。分布于凯里、天柱、锦屏、剑河、台江、麻江、都匀等地。

药材名 土茯苓(根茎)。

采收加工 夏、秋二季采挖,除去须根,洗净,干燥;或趁鲜切成薄片,干燥。

▲ 光叶菝葜植株

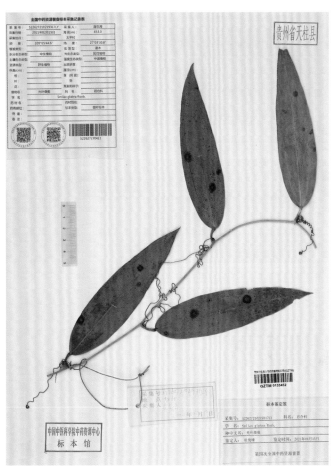

▲ 光叶菝葜腊叶标本

功能主治 除湿,解毒,通利关节。主治湿热淋浊,带下,痈肿,瘰疬,疥癣,梅毒及汞中毒所致的肢体拘挛,筋骨疼痛。

用法用量 内服,10～60g,水煎服。外用适量,研末调敷。

用药经验 侗医:①治疗风湿性疼痛,关节酸痛,尿路感染,疮疡等。内服,煮水炖汤,10～30g。②治疗风寒,冷湿毒气,犯上冲心胸。土茯苓(侗药名"白金刚藤""仙遗粮")、松节、棕榈根各12g,合欢皮10g,灯心草5g,野蔷薇子15g,水煎服,每日1剂,每剂服3次。

苗医:根茎治疗风湿性疼痛,小便不利。内服,10～30g。

薯蓣科

日本薯蓣 *Dioscorea japonica* Thunb.

异名 野山药、尖苕、山蝴蝶、千斤拔、野白菇、风车子、土淮山。

形态特征 缠绕草质藤本。块茎长圆柱形,外皮棕黄色,干时皱缩,断面白色。茎绿色,有时带淡紫红色。单叶,在茎下部的互生,中部以上的对生;叶片纸质,变异大,通常为三角状披针形,长椭圆状狭三角形至长卵形,顶端长渐尖至锐尖,基部心形或戟形,全缘,两面无毛。雌雄异株。蒴果三棱状扁圆形或三棱状圆形;种子着生于每室中轴中部,四周有膜质翅。花期5～10月,果期7～11月。

生境与分布 生于海拔800～1200m的山坡、山谷、沟边、路旁的灌丛中、杂木林下或林缘。分布于

▲ 日本薯蓣植株

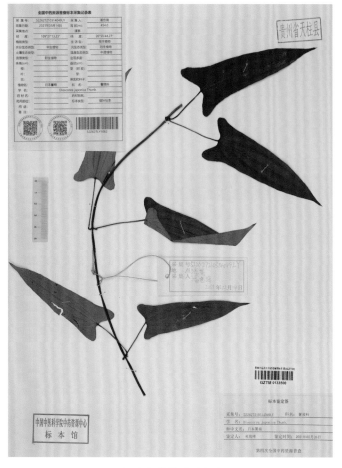

▲ 日本薯蓣腊叶标本

凯里、天柱、锦屏、台江、麻江等地。

药材名 日本薯蓣(块茎)。

采收加工 夏秋季采收,洗净,晒干。

功能主治 健脾补肺,益胃补肾,固肾益精,强筋骨。主治脾胃亏损,气虚衰弱,消化不良,慢性腹泻,遗精,遗尿等。

用法用量 内服,9~18 g,水煎服。

用药经验 侗医:治疗脾肾虚弱。水煎服,10~30 g。

苗医:果实治疗耳鸣。内服,10~15 g。

鸢尾科

雄黄兰 *Crocosmia crocosmiflora* (Nichols.) N. E. Br.

异名 搜山虎、黄蒜、扭子药、黄大蒜。

形态特征 多年生草本,高 50~120 cm。球茎扁圆球状,为棕褐色网状的膜质包被。叶多基生;剑形,先端渐尖,基部鞘状,嵌叠状排成 2 列。花茎长 30~40 cm,上部具 2~4 分枝,多花组成疏散的穗状圆锥花序;每花基部有 2 膜质苞片。花橙黄色,两侧对称,花被裂片 6,2 轮排列,花被管略弯曲,长 6~8 mm。蒴果,三棱状球形,种子椭圆形。花期 7~8 月,果期 8~10 月。

生境与分布 常逸为半野生。分布于天柱、锦屏、麻江

▲ 雄黄兰植株

全国中药资源普查标本采集记录表

贵州省天柱县

中国中医科学院中药资源中心
标本馆

标本鉴定签

▲ 雄黄兰腊叶标本

等地。

药材名　雄黄兰(球茎)。

采收加工　地上部分枯萎后,或早春萌芽前挖取球茎,洗净泥土,晒干或鲜用。

功能主治　解毒消肿,止痛。主治蛊毒,脘痛,筋骨痛,痄腮,疮疡,跌打伤肿,外伤出血。

用法用量　内服,3~6 g,水煎服;或入丸、散,或浸酒。外用适量,研末或捣敷。

用药经验　侗医治疗九子疡,疔疮。内服,10~15 g;外用,鲜品适量,捣烂外敷。

蝴蝶花 *Iris japonica* Thunb.

异名　豆四叶、铁扁担、豆豉叶。

形态特征　多年生草本。根状茎细,横生。茎分枝,高 25~75 cm,枝成双,每分叉处生 1 苞片。叶剑形,嵌迭状,宽 0.6~2.2 cm。花 3~5 朵一簇,白色,有少数紫褐色或红紫色斑点,外转花被具白色斑块,近正方形,平展无髯毛,长 1.8 cm,内轮花被倒披针形,较短;雄蕊 3;花柱 3 深裂,柱头瓣状。蒴果狭长圆形,长达 3.7 cm。种子暗褐色。花期 3~4 月,果期 7~8 月。

▲ 蝴蝶花植株

▲ 蝴蝶花腊叶标本

　　生境与分布　生于山坡较阴蔽而湿润的草地、疏林下或林缘草地。分布于凯里、天柱、锦屏、台江、麻江、都匀等地。

　　药材名　扁竹根（全草及根状茎）。

　　采收加工　全年可采，洗净，晒干。

　　功能主治　消肿止痛，清热解毒。主治肝炎、肝肿大，肝区痛，胃痛，咽喉肿痛，便血。

　　用法用量　内服，25～50 g，水煎服。

　　用药经验　侗医：①治疗肝炎，肝肿大，肝痛，喉痛，胃病等。内服，15～30 g。②治疗因刀伤、刺伤、割伤引起伤口出血。鲜品适量，捣烂，敷于刀伤处。

灯心草科

灯心草　*Juncus effuses* L.

　　异名　水灯草、水灯心、曲屎草、老虎须。

　　形态特征　多年生草本，高 27～91 cm，有时更高；根状茎粗壮横走，具黄褐色稍粗的须根。茎丛生、直立，圆柱形，淡绿色，具纵条纹。叶呈鞘状或鳞片状，基部红褐至黑褐色。聚伞花序假侧生，含多花，排列紧密或疏散；花淡绿色。蒴果长圆形或卵形，黄褐色。种子卵状长圆形，长 0.5～0.6 mm，黄褐色。花期 4～7 月，果期 6～9 月。

　　生境与分布　生于海拔 1650～3400 m 的河边、池旁、水沟、稻田旁、草地及沼泽湿处。分布于凯里、天柱、锦屏、剑河、台江、麻江、都匀。

▲ 灯心草植株

药材名 灯心草(茎髓)。

采收加工 夏末至秋季割取茎,晒干,取出茎髓,理直,扎成小把。

功能主治 清心火,利小便。主治心烦失眠,尿少涩痛,口舌生疮。

用法用量 内服,5~8 g(鲜草单用,25~50 g),水煎服;或入丸、散。外用,煅存性研末撒或吹喉。

用药经验 侗医:①治疗水肿,小便不利,创伤等。亦用于滋补。内服,3~10 g;外用适量。②治疗小儿发烧不退。井水1碗,桐油、灯心草各适量。口含井水,吸吮小儿肚脐3~9口,再用灯心草蘸桐油点燃,点灸百会穴、太阳穴、虎口穴各1次。

苗医:全草治疗高热不退,风寒经。内服,10~15 g。

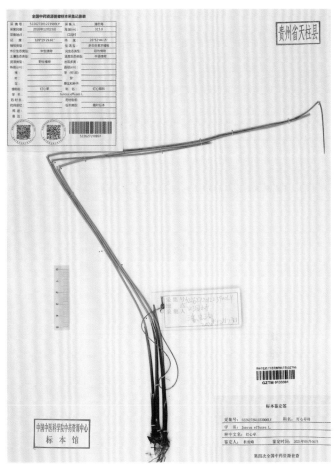

▲ 灯心草腊叶标本

禾本科

薏苡 *Coix lacrymajobi* var. *mayuen*(Roman.)Stapf

异名 算珠子、薏仁、珠珠米。

形态特征 一年生粗壮草本,须根黄白色,海绵质,直径约3 mm。秆直立丛生,高1~2 m,具10多节,节多分枝。叶片扁平宽大,开展,基部圆形或近心形,中脉粗厚,边缘粗糙,通常无毛。总状花序腋生成束,直立或下垂,具长梗。雌小穗位于花序之下部,外面包以骨质念珠状之总苞,总苞卵圆形。颖果小,含淀粉少,常不饱满。雄小穗2~3对,着生于总状花序上部。花果期6~12月。

▲ 薏苡植株

▲ 薏苡腊叶标本

生境与分布　生于海拔 200～2 000 m 的湿润的屋旁、池塘、河沟、山谷、溪涧或易受涝的农田等地方,野生或栽培。分布于凯里、天柱、锦屏、剑河、麻江、都匀等地。

药材名　薏苡仁(种仁)。

采收加工　秋季果实成熟时采割植株,晒干,打下果实,再晒干,除去外壳、黄褐色种皮及杂质,收集种仁。

功能主治　健脾渗湿,除痹止泻,清热排脓。主治水肿,脚气,小便不利,湿痹拘挛,脾虚泄泻,肺痈,肠痈;扁平疣。

用法用量　内服,10～30 g,水煎服;或入丸、散,浸酒,煮粥,作羹。

用药经验　侗医:①治疗关节屈伸不利,小儿食积等。内服,10～20 g。②治疗鼻腔内生疮肿痛。薏苡仁、冬瓜皮各 30 g,水煎,代茶水频服。

苗医:①根治疗黄疸或各种浮肿病,风湿,小儿食积。内服,10～30 g。②治疗肝硬化腹水。薏苡仁、糯米、白蜂蜜。水煎煮成糊状,每日 1 剂,连服 3 个月。

白茅 *Imperata cylindrica* var. *major* (Nees) C. E. Hubb.

异名　茅草根、坚草根、甜草根、丝毛草根、寒草根、白花茅根。

形态特征　多年生,具粗壮的长根状茎。秆直立,高 30～80 cm,具 1～3 节,节无毛。叶鞘聚集于秆基,甚长于其节间,质地较厚;秆生叶片长 1～3 cm,窄线形,通常内卷,顶端渐尖呈刺状。圆锥花序稠密,长 20 cm,宽达 3 cm,小穗长 4.5～6.0 mm,基盘具长 12～16 mm 的丝状柔毛。颖果椭圆形,长约 1 mm,胚长为颖果之半。花果期 4～6 月。

生境与分布　生于路旁向阳干草地或山坡上。分布于凯里、天柱、锦屏、剑河、台江、麻江、都匀等地。

药材名　白茅根(根茎)。

▲ 白茅植株

▲ 白茅腊叶标本

采收加工 春、秋二季采挖，洗净，晒干，除去须根和膜质叶鞘，捆成小把。

功能主治 凉血止血，清热利尿。主治血热吐血，衄血，尿血，热病烦渴，湿热黄疸，水肿尿少，热淋涩痛。

用法用量 内服，10～30 g，鲜品 30～60 g，水煎服；或捣汁。外用适量，鲜品捣汁涂。

用药经验 侗医：①治疗肺炎，咳喘，胃痛。内服，15～30 g。②治疗鼻出血不止。白茅根 15 g，黄精、阶前草根、淡竹根各 12 g，棕榈皮 10 g。上药水煎服，日服 3 次。

箬竹 *Indocalamus tessellatus*（Munro）Keng f.

异名 坝背、辽叶。

形态特征 竿高 0.75～2 m，直径 4.0～7.5 mm；节间长约 25 cm，圆筒形，在分枝一侧的基部微扁，一般为绿色；竿环较箨环略隆起，节下方有红棕色贴竿的毛环。箨鞘长于节间，上部宽松抱竿，无毛，下部紧密抱竿，密被紫褐色伏贴疣基刺毛，具纵肋。小枝具 2～4 叶；叶鞘紧密抱竿，有纵肋，背面无毛或被微毛；无叶耳；叶舌高 1～4 mm，截形；叶片在成长植株上稍下弯，宽披针形或长圆状披针形，先端长尖，基部楔形，下表面灰绿色，密被贴伏的短柔毛或无毛。圆锥花序（未成熟者）长 10～14 cm，花序主轴和分枝均密被棕色短柔毛；小穗绿色带紫，长

▲ 箬竹植株

2.3～2.5 cm,几呈圆柱形,含5或6朵小花。笋期4～5月,花期6～7月。

▲ 箬竹腊叶标本

生境与分布 生于海拔300～1400 m的山坡路旁。分布于天柱等地。

药材名 箬叶(叶)。

采收加工 全年均可采,晒干。

功能主治 清热止血,解毒消肿。主治吐血,衄血,便血,崩漏,小便不利,喉痹,痈肿。

用法用量 内服,9～15 g,水煎服;或炒存性入散剂。外用适量,炒炭存性,研末吹喉。

用药经验 侗医治疗喉咙痛,淋证。内服,10～15 g。

使用注意 箬叶大凉,脾胃虚寒之人及素有胃寒病者勿食为妥。

淡竹叶 *Lophatherum gracile* Brongn.

异名 竹叶、山鸡米、竹叶麦冬、金竹叶。

形态特征 多年生,具木质根头。须根中部膨大呈纺锤形小块根。秆直立,疏丛生,高40～80 cm,具5～6节。叶片披针形,具横脉,基部收窄成柄状。圆锥花序长12～25 cm;小穗线状披针形,具极短柄;颖顶端钝,具5脉,边缘膜质,第一颖长3.0～4.5 mm,第二颖长4.5～5.0 mm;不育外稃向上渐狭小,互相密

淡竹叶植株

集包卷,顶端具长约 1.5 mm 的短芒。颖果长椭圆形。花果期 6～10 月。

生境与分布 生于山坡、林地或林缘、道旁荫蔽处。分布于凯里、天柱、锦屏、剑河、台江、麻江、都匀等地。

药材名 淡竹叶(茎叶)。

采收加工 夏季未抽花穗前采割,晒干。

功能主治 清热除烦,利尿。主治热病烦渴,小便赤涩淋痛,口舌生疮。

用法用量 内服,9～15 g,水煎服。

用药经验 侗医:①治疗心烦,淋浊,牙龈肿痛及口腔溃疡等。内服,煎汤,10～15 g。②治疗咳嗽有痰吐不出。淡竹叶、土荆芥、凤

淡竹叶腊叶标本

尾草各 10 g,水煎服,每日服 3 次。③治疗扁桃体炎,口、舌咽喉痛。淡竹叶 12 g,蕨粑根 30 g,土荆芥、大红消各 10 g,灯心草(烧成灰)5 g。前三味药水煎服,每日服 3 次;后 2 味药研细粉,吹入咽喉中。

苗医:①治疗小儿发烧。淡竹叶、黄荆条、楤木、牛蒡子,水煎内服。②治疗腰痛水肿、小便少。淡竹叶、萹蓄、薏苡仁、车前草,水煎内服。

狗尾草 *Setaria viridis*（L.）Beauv.

异名 狗尾巴、狗尾半支、谷莠子、洗草、犬尾草、犬尾曲。

形态特征 一年生。根为须状,高大植株具支持根。秆直立或基部膝曲。叶鞘松弛,无毛或疏具柔毛或疣毛,边缘具较长的密绵毛状纤毛;叶舌极短,缘有长 1～2 mm 的纤毛;叶片扁平,长三角状狭披针形或线状披针形。圆锥花序紧密呈圆柱状或基部稍疏离,直立或稍弯垂;小穗 2～5 个簇生于主轴上或更多的小穗着生在短小枝上,椭圆形,长 2.0～2.5 mm,铅绿色。颖果灰白色。花果期 5～10 月。

狗尾草植株

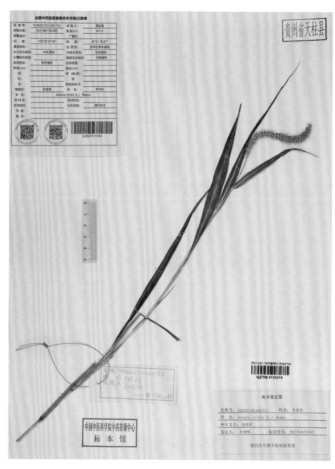

▲ 狗尾草腊叶标本

生境与分布　生于海拔4000 m以下的荒野、道旁。分布于凯里、天柱、锦屏、剑河、麻江等地。

药材名　狗尾草(全草)。

采收加工　夏、秋季采收,晒干或鲜用。

功能主治　清热利湿,祛风明目,解毒,杀虫。主治风热感冒,黄疸,小儿疳积,痢疾,小便涩痛,目赤涩痛,目赤肿痛,痈肿,寻常疣,疮癣。

用法用量　内服,6～12 g,鲜品可用30～60 g,水煎服。外用适量,煎水洗或捣敷。

用药经验　侗医:治疗牙痛,淋巴结节,肺结核。内服,10～15 g。

苗医:治疗腹泻。内服,10～15 g。

棕榈科

棕竹　*Rhapis excelsa*（Thunb.）Henry ex Rehd.

异名　棕树、观音竹、虎散竹。

形态特征　丛生灌木,高 2~3 m,茎圆柱形,有节,上部被叶鞘,但分解成稍松散的马尾状淡黑色粗糙而硬的网状纤维。叶掌状深裂,裂片 4~10 片,不均等,具 2~5 条肋脉,宽线形或线状椭圆形,先端宽,截状而具多对稍深裂的小裂片,边缘及肋脉上具稍锐利的锯齿。花序长约 30 cm,总花序梗及分枝花序基部各有 1 枚佛焰苞包着,密被褐色弯卷绒毛;2~3 个分枝花序,其上有 1~2 次分枝小花穗,花枝近无毛,花螺旋状着生于小花枝上。果实球状倒卵形,直径 8~10 mm。种子球形,胚位于种脊对面近基部。花期 6~7 月。

　　生境与分布　生于山坡、沟旁荫蔽潮湿的灌木丛中。分布于凯里、天柱等地。

　　药材名　棕竹(根、叶)。

　　采收加工　全年均可采收,切碎,晒干。

　　功能主治　收敛止血。主治鼻衄,咯血,吐血,产后出血过多。

　　用法用量　内服,煅炭研末冲服,3~6 g。

　　用药经验　侗医用根治疗妇女绝育,果实治疗尿路结石,棕叶治疗鼻衄,咳血,产后崩漏。内服,10~15 g。

▲ 棕竹植株

▲ 棕竹腊叶标本

天南星科

石菖蒲　*Acorus tatarinowii* Schott

　　异名　九节菖蒲、水菖蒲、剑草、剑叶菖蒲、水蜈蚣、香草。

　　形态特征　多年生草本。根茎横卧,芳香,粗 2~5 mm,外部淡褐色,根肉质,具多数须根。叶无柄,叶片薄;叶片暗绿色,线形,基部对折,中部以上平展。花序柄腋生,长 4~15 cm,三棱形。叶状佛焰苞长

▲ 石菖蒲植株

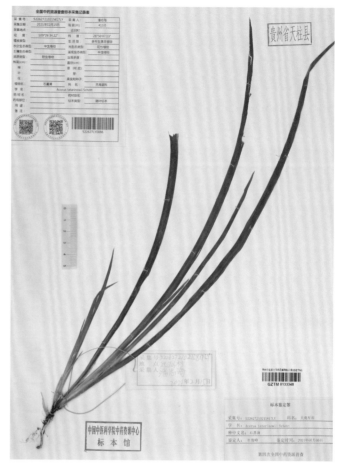

▲ 石菖蒲腊叶标本

13～25 cm,为肉穗花序长的 2～5 倍或更长。花白色。成熟果序长 7～8 cm,直径可达 1 cm。幼果绿色,成熟时黄绿色或黄白色。花果期 2～6 月。

生境与分布　生于海拔 20～2 600 m 的密林下湿地或溪涧旁石上。分布于天柱等地。

药材名　石菖蒲(根茎)。

采收加工　秋、冬二季采挖,除去须根及泥沙,晒干。

功能主治　化湿开胃,开窍豁痰,醒神益智。主治脘痞不饥,噤口下痢,神昏癫痫,健忘耳聋。

用法用量　内服,3～6 g,鲜品加倍,水煎服;或入丸、散。外用适量,煎水洗;或研末调敷。

用药经验　侗医:①治疗食欲不振。4～8 g,水煎服。②治疗胸腹胀闷。石菖蒲根 8 g,香附子(炒) 8 g,青木香根 8 g,水煎服,每日 1 剂。③治疗中风,痰涎涌塞,不省人事。石菖蒲、杜衡各 9 g,柳枝皮 26 g,浮萍 10 g,桑根 15 g。水煎服,每日 1 剂,每日服 3 次。

苗医:根茎治疗昏厥。内服,5～10 g。

花魔芋　*Amorphophallus konjac* K. Koch

异名　魔芋、花杆莲、黑芋头。

形态特征　多年生草本,高 0.5～2.0 m,地下块茎扁球形,巨大。叶柄粗壮,圆柱形,淡绿色,具紫色斑;掌状复叶,小叶又作羽状全裂,轴部具不规则的翅;小裂片披针形,长 4～8 cm,先端尖,基部楔形,叶脉网状。佛焰苞大,广卵形,下部筒状,暗紫色,具绿纹,长约 30 cm。花单性,先叶出现;肉穗花序圆柱形,淡黄白色,通常伸出佛焰苞外,下部为多数细小的红紫色雌花,上部为多数细小的褐色雄花,并有大形暗紫色附属物,膨大呈棒状,高出苞外;子房球形,花柱较短。浆果球形或扁球形,成熟时呈黄赤色。花期夏季。

贵州清水江流域药用资源图志

△ 花魔芋植株

△ 花魔芋腊叶标本

生境与分布 生于疏林下、林缘和溪谷两旁湿润地,或栽培于房前屋后、田边地角。分布于天柱、都匀等地。

药材名 蒟蒻(块茎)。

采收加工 秋末采收,洗净,晒干。

功能主治 化痰散积,行瘀消肿。主治痰嗽,积滞,疟疾,经闭,跌打损伤,痈肿,疔疮,丹毒,烫火伤。

用法用量 内服,熬汤,15~25 g(须久煎2 h,取汁服)。外用,醋磨涂或煮熟捣敷。

用药经验 侗医治疗疟疾发热。米饭包1~3 g吞服。

使用注意 本品有毒,不宜生服。内服不宜过量。误食生品及炮制品,过量服用易产生中毒症状:舌、咽喉灼热,痒痛,肿大。

棒头南星 *Arisaema clavatum* Buchet

异名 野魔芋、蛇包谷。

形态特征 块茎近球形或卵球形,直径2~4 cm。鳞叶3,膜质,下部筒状,上部披针形,钝或骤尖。叶2;叶片鸟足状分裂,裂片7~15,纸质,长圆形至披针形,骤狭后尾状渐尖。佛焰苞长7.5~16.0 cm,绿色,管部带紫色,檐部内面有5条苍白色条纹。肉穗花序单性,雄花序圆柱形,向上稍狭;雌花序椭圆状或圆锥状。雄花紫色,具短柄或近无柄,花药2~3;子房淡绿色,倒卵圆形,花柱长约1 mm,柱头半球状,胚珠3~4,珠柄稍长。花期2~4月,果期4~6月。

生境与分布 生于海拔650~1400 m的林下或湿润

△ 棒头南星植株

▲ 棒头南星腊叶标本

地。分布于天柱、都匀等地。

药材名 棒头南星(块茎)。

采收加工 夏秋季采挖,去掉泥土,洗净,鲜用或晒干。

功能主治 燥湿化痰,祛风止痉,散结消肿。主治顽痰咳嗽,风疾眩晕,中风痰壅,口眼歪斜,半身不遂,癫痫,惊风,破伤风。外用治疗痈肿,蛇虫咬伤。

用法用量 内服,6～9 g,水煎服。外用,鲜品适量捣敷。

用药经验 侗医治疗疗疮,毒蛇咬伤等。外敷,适量。

一把伞南星 *Arisaema erubescens*（Wall.）Schott.

异名 野魔芋、天南星、蛇六谷。

形态特征 块茎扁球形,直径可达 6 cm。叶 1,叶柄长 40～80 cm,中部以下具鞘,鞘部粉绿色,上部绿色,有时具褐色斑块;叶片放射状分裂;裂片通常 7～20 片,披针形,长 6～24 cm,先端具线形长尾。佛焰苞绿色,背面有清晰的白色条纹,或淡紫色至深紫色而无条纹。雄花具短柄,雄蕊 2～4。雌花子房卵圆形,柱头无柄。果序柄下弯或直立,浆果红色,种子 1～2,球形,淡褐色。花期 5～7 月,果期 9 月。

▲ 一把伞南星植株

▲ 一把伞南星腊叶标本

生境与分布　生于海拔3200 m以下的林下、灌丛、草坡、荒地。分布于凯里、天柱、台江、都匀等地。

药材名　天南星（块茎）。

采收加工　秋、冬二季茎叶枯萎时采挖，除去须根及外皮，干燥。

功能主治　祛风止痉，化痰散结。主治中风痰壅，口眼歪斜，半身不遂，手足麻痹，风痰眩晕，癫痫，惊风，咳嗽痰多，痈肿，瘰疬，跌打损伤，蛇咬伤。

用法用量　内服，3～9 g，水煎服，一般制后用；或入丸散。外用，生品适量，研末以醋或酒调敷。

用药经验　块茎治疗无名肿毒，毒蛇咬伤，风湿疼痛，膝关节疼痛等。外用适量。

使用注意　孕妇慎用；本品有毒，内服用炮制品，生品内服极易引起中毒。

天南星　*Arisaema erubescens*（Wall.）Schott.

异名　独角莲、野魔芋、蛇六谷、山苞米、三棒子、药狗丹。

形态特征　块茎扁球形，直径2～4 cm，顶部扁平，周围生根，常有若干侧生芽眼。鳞芽4～5，膜质。叶常单1，叶柄圆柱形，粉绿色，长30～50 cm；叶片鸟足状分裂，裂片13～19，倒披针形、长圆形、线状长圆形，基部楔形，先端骤狭渐尖，全缘，暗绿色，背面淡绿色。花序柄长30～55 cm，从叶柄鞘筒内抽出。浆果黄红色、红色，圆柱形。种子黄色，具红色斑点。花期4～5月，果期7～9月。

生境与分布　生于海拔2700 m以下的林下、灌丛或草地。分布于凯里、天柱、锦屏、剑河等地。

药材名　天南星（块茎）。

▲ 天南星植株

▲ 天南星腊叶标本

采收加工 秋、冬二季茎叶枯萎时采挖,除去须根及外皮,干燥。

功能主治 燥湿化痰,祛风止痉,散结消肿。主治顽痰咳嗽,风痰眩晕,中风痰壅,口眼歪斜,半身不遂,癫痫,惊风,破伤风。生用外治痈肿,蛇虫咬伤。

用法用量 内服,3~9 g,水煎服,一般制后用,或入丸散。外用:生品适量,研末以醋或酒调敷。

用药经验 侗医:治疗喉痹、蛇虫咬伤等。内服,煎汤,4~7.5 g,或入丸、散。外用,研末撒或调敷。
苗医:治疗关节疼痛。内服,5~10 g。

使用注意 孕妇慎用;本品有毒,内服用炮制品,生品内服极易引起中毒。

半夏 *Pinellia ternata*（Thunb.）Breit.

异名 野半夏、三不跳、蝎子草、麻芋果、珠半夏、裂刀菜。

形态特征 多年生小草本,高 15~30 cm。块茎圆球形,直径 1~2 cm,具须根。叶 2~5 枚,有时 1 枚。幼苗叶片卵状心形至戟形,为全缘单叶;老株叶片 3 全裂,裂片绿色,背淡,长圆状椭圆形或披针形。花序柄长 25~35 cm,长于叶柄。佛焰苞绿色或绿白色。肉穗花序:雌花序长 2 cm,雄花序长 5~7 mm,其中间隔 3 mm;附属器绿色变青紫色。浆果卵圆形,黄绿色。花期 5~7 月,果期 8 月。

半夏植株　　　　　　　　　　　　　　半夏腊叶标本

生境与分布　　野生于山坡、溪边阴湿的草丛中或林下。分布于凯里、天柱、锦屏、剑河、台江、麻江、都匀等地。

药材名　　半夏(块茎)。

采收加工　　夏、秋二季采挖,洗净,除去外皮和须根,晒干。

功能主治　　燥湿化痰,降逆止呕,消痞散结。主治湿痰寒痰,咳喘痰多,痰饮眩悸,风痰眩晕,痰厥头痛,呕吐反胃,胸脘痞闷,梅核气。外用治疗痈肿痰核。

用法用量　　内服一般炮制后使用,3～9g。外用适量,磨汁涂或研末以酒调敷患处。

用药经验　　侗医:治疗呕吐,反胃,咳喘痰多。内服,5～15g。外用适量。

苗医:①治疗咳嗽痰多,跌打青肿,头疮。内服,5～10g。外用适量,捣烂外敷。②治疗蛇虫咬伤。鲜品捣烂,外敷蛇咬伤周围。

使用注意　　不宜与川乌、制川乌、草乌、制草乌、附子同用;本品有毒,内服用炮制品,生品内服极易引起中毒。

莎草科

砖子苗 *Mariscus sumatrensis*（Retz.）T. Koyama

异名 三角草、三棱草。

形态特征 一年生草本。根茎短,高 15～50 cm。叶与秆近等长,宽 3～6 mm,叶鞘红棕色。叶状苞片 5～8,长于花序,斜展。长侧枝聚伞花简单,有 6～12 个辐射枝;小穗平展或稍下垂,常有 1 花,少有 2 花;鳞片膜质,长圆形,边缘常内卷,淡黄绿色,背面有数脉仅 3 条明显。小坚果三棱状狭长圆形,长约 2 mm,黄褐色,表面有细点。花、果期 4～10 月。

生境与分布 生于山坡阳处、路旁草地、溪边及林下。分布于凯里、天柱、台江等地。

药材名 大香附子(全草或根)。

采收加工 夏、秋季采收,洗净,切段,晒干。

功能主治 祛风止痒,解郁调经。主治皮肤瘙痒,月经不调,崩漏。

用法用量 内服,25～50 g,水煎服。

用药经验 侗医治疗伤风感冒,咳嗽痰多。内服,10～15 g。

▲ 砖子苗植株

▲ 砖子苗腊叶标本

芭蕉科

芭蕉 *Musa basjoo* Sieb. et Zucc.

异名 板蕉、大叶芭蕉、芭蕉头、甘蕉。

形态特征 多年生丛生草本,高 2.5～4.0 m。叶柄粗壮,长达 30 cm;叶片长圆形,长 2～3 m,宽 25～30 cm,先端钝,基部圆形或不对称,叶面鲜绿色,有光泽。花序顶生,下垂;苞片红褐色或紫色;雄花生于花序上部,雌花生于花序下部;雌花在每一苞片内 10～16 朵,2 列;合生花被片长 4.0～4.5 cm。浆果三棱状,长圆形,长 5～7 cm,具 3～5 棱,近无柄,肉质,内具多数种子。种子黑色,具疣突及不规则棱角,宽 6～8 mm。花期 8～9 月。

生境与分布 多地栽培于庭园及农舍附近。分布于天柱、锦屏、剑河等地。

药材名 芭蕉(根茎)。

采收加工 全年均可采挖,晒干或鲜用。

功能主治 清热解毒,止渴,利尿。主治热病,烦闷消渴,痈肿疔毒,丹毒,崩漏,淋浊,水肿,脚气。

用法用量 内服,15～30 g,鲜品 30～60 g,水煎服;或捣汁。外用适量,捣敷;或捣汁涂;或煎水含漱。

用药经验 侗医:治疗黄疸。内服,15～30 g。

苗医:根、花、茎汁治疗心脏病,中耳炎,骨折,哮喘。内服,10～30 g。

▲ 芭蕉植株

▲ 芭蕉腊叶标本

山姜 *Alpinia japonica*（Thunb.）Miq.

异名 坐杆、箭杆风、九姜连、九龙盘。

形态特征 多年生草本,高35～70 cm。根茎横生,分枝。叶片通常2～5片;叶片披针形或狭长椭圆形,长25～40 cm,宽4～7 cm,两端渐尖,先端具小尖头,两面,特别是叶下面被短柔毛。总状花序顶生,花序轴密生绒毛。花通常2朵聚生,在2朵花之间常有退化的小花残迹可见。果球形或椭圆形,直径1.0～1.5 cm,被短柔毛。种子多角形,有樟脑味。花期4～8月,果期7～12月。

生境与分布 生于林下荫湿处。分布于凯里、天柱、锦屏、麻江、都匀等地。

药材名 山姜(根茎)。

采收加工 3～4月采挖,洗净,晒干。

功能主治 温中,散寒,祛风,活血。主治脘腹冷痛,肺寒咳嗽,风湿痹痛,跌打损伤,月经不调,劳伤吐血。

用法用量 内服,3～6 g,水煎服;或浸酒。外用适量,捣敷;或捣烂调酒搽;或煎水洗。

用药经验 侗医:①治疗胃寒痛。内服,15～30 g,煎汤。②治疗产后心、腹、头痛。山姜、木通、大血藤、血巴木、血经草各9 g,水煎服,以酒为引,每日服3次。

▲ 山姜植株　　　　　　　▲ 山姜腊叶标本

苗医:根茎治疗腹痛泄泻,胃痛,食滞腹胀等。内服,15～30 g。

美人蕉科

美人蕉 *Canna indica* L.

异名　小芭蕉、凤尾花、破血红。

形态特征　植株全部绿色,高可达 1.5 m。叶片卵状长圆形,长 10～30 cm,宽达 10 cm。总状花序疏花;略超出于叶片之上;花红色,单生;苞片卵形,绿色,长约 1.2 cm;萼片 3,披针形,长约 1 cm,绿色而有时染红;唇瓣披针形,长 3 cm,弯曲;发育雄蕊长 2.5 cm,花药室长 6 mm;花柱扁平,长 3 cm,一半和发育雄蕊的花丝连合。蒴果绿色,长卵形,有软刺,长 1.2～1.8 cm。花果期 3～12 月。

生境与分布　多为栽培。分布于天柱、台江等地。

药材名　美人蕉(根茎、花)。

采收加工　四季可采,鲜用或晒干。

功能主治　清热利湿,安神降压。主治黄疸型急性传染性肝炎,神经官能症,高血压,崩漏,白带。外用治疗跌打损伤,疮疡肿毒。

用法用量　内服,30～60 g,鲜根 60～120 g,水煎服。外用,鲜根适量,捣烂敷患处。

用药经验　侗医:①治疗肝炎,胃痛。内服,10～15 g。②治疗咽喉肿痛。美人蕉根 15 g,水仙花 6 g。上药水煎服,每日服 3 次。

▲ 美人蕉植株

▲ 美人蕉腊叶标本

兰科

白及 *Bletilla striata*（Thunb.）Rchb. f.

异名 白芨、冰球子、白乌儿头、羊角七。

形态特征 植株高 18～60 cm。假鳞茎扁球形，上面具荸荠似的环带，富黏性。茎粗壮，劲直。叶 4～6 枚，狭长圆形或披针形，先端渐尖，基部收狭成鞘并抱茎。花序具 3～10 朵花；花紫红色或粉红色；花瓣较萼片稍宽；唇盘上面具 5 条纵褶片，从基部伸至中裂片近顶部；蕊柱长 18～20 mm，柱状，具狭翅，稍弓曲。花期 4～5 月。

生境与分布 生于海拔 100～3 200 m 的常绿阔叶林下、栎树林或针叶林下、路边草丛或岩石缝中。分布于凯里、天柱、剑河、都匀等地。

药材名 白及（块茎）。

采收加工 8～11 月采挖，除去残茎、须根，洗净泥土，经蒸煮至内面无白心，撞去粗皮，再晒干或烘干。

功能主治 收敛止血，消肿生肌。主治咳血，吐血，外伤出血，疮疡肿毒，皮肤皲裂，烧烫伤。

用法用量 水煎服，3～10 g；研末，每次 1.5～3 g。外用适量，研末撒或调涂。

▲ 白及腊叶标本

▲ 白及植株

用药经验 侗医：①治疗咳血，衄血，痈疖，溃疡疼痛，烫、灼伤等。内服，5～15 g。外用适量。②治疗鼻出血症。用白及磨水涂搽山根（鼻梁）处，鼻血即止。③治疗跌打骨（损）伤引起的肿痛出血。取白及磨酒涂搽患处。④治疗刀伤碰伤出血症。取白及粉外敷伤口，或用生白及嚼烂敷伤口。⑤治疗小儿鹅口疮、舌疮症。用白及磨乳汁贴脚板心。

苗医:鳞茎治疗肺结核,止血,退骨蒸,止咳。块根治疗肺结核。内服,5～15g。

使用注意 一般不宜与乌头(川乌、草乌)配伍。

密花石豆兰 *Bulbophyllum odoratissimum* (J.E. Smith) Lindl.

异名 一匹草、小果上叶、石串莲。

形态特征 根状茎粗2～4 mm,分枝,被筒状膜质鞘。根成束,分枝,出自生有假鳞茎的节上。假鳞茎近圆柱形,直立,顶生1枚叶,幼时在基部被3～4枚鞘。叶革质,长圆形,先端钝并且稍凹入,基部收窄,近无柄。花葶淡黄绿色,从假鳞茎基部发出,1～2个,直立;总状花序缩短呈伞状,常点垂,密生10余朵花;花稍有香气,初时萼片和花瓣白色,以后萼片和花瓣的中部以上转变为橘黄色;花瓣质地较薄,白色,近卵形或椭圆形,先端稍钝,具1条脉。蒴果卵形,长约1 cm。花期4～8月。

生境与分布 生于海拔200～2 300 m的混交林中树干上或山谷岩石上。分布于天柱、剑河等地。

药材名 果上叶(全草)。

采收加工 全年均可采,洗净,鲜用或蒸后晒干。

功能主治 润肺化痰,通络止痛。主治肺结核咯血,慢性气管炎,慢性咽炎,疝气疼痛,月经不调,风湿痹痛,跌打损伤。

用法用量 内服,6～12 g,水煎服。外用适量,捣敷。

用药经验 侗医治疗哮喘,肺痨咳嗽。内服,10～15 g。

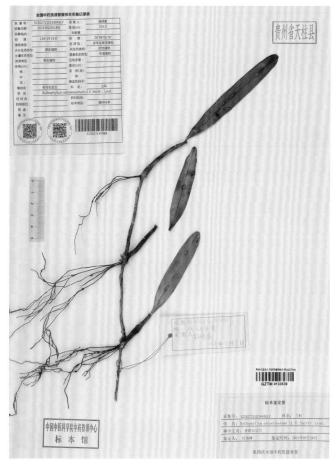

▲ 密花石豆兰植株

▲ 密花石豆兰腊叶标本

虾脊兰 *Calanthe discolor* Lindl.

异名　山道菇、肉连环、连环草。

形态特征　多年生草本，根状茎不甚明显。假鳞茎粗短，近圆锥形，粗约 1 cm，具 3~4 枚鞘和 3 枚叶。叶在花期全部未展开，倒卵状长圆形至椭圆状长圆形，长达 25 cm，宽 4~9 cm，先端急尖或锐尖，基部收狭为长 4~9 cm 的柄，背面密被短毛。花葶从假茎上端的叶间抽出，长 18~30 cm，密被短毛，总状花序长 6~8 cm，疏生约 10 朵花；萼片和花瓣褐紫色；花瓣近长圆形或倒披针形；花粉团棒状，长约 1.8 mm。花期 4~5 月。

生境与分布　生于海拔 780~1 500 m 的常绿阔叶林下。分布于天柱、锦屏、麻江等地。

药材名　九子连环草（全草或根茎）。

采收加工　春、夏季开花后采收，洗净，鲜用或晒干。

功能主治　清热解毒，活血止痛。主治瘰疬病，痈肿，咽喉肿痛，痔疮，风湿痹痛，跌打损伤。

用法用量　内服，9~15 g，水煎服；或研末。外用适量，捣敷或研末调敷。

用药经验　侗医治疗结核，扁桃体炎等。内服，15~30 g。

▲ 虾脊兰植株

▲ 虾脊兰腊叶标本

金兰 *Cephalanthera falcata* (Thunb. ex A. Murray) Lindl.

异名　金兰花、桠雀兰、头蕊兰。

形态特征　地生草本，高 20~50 cm。茎直立，下部具 3~5 枚长 1~5 cm 的鞘。叶 4~7 枚；叶片椭圆形、椭圆状披针形或卵状披针形，先端渐尖或钝，基部收狭并抱茎。总状花序通常有 5～10 朵花；花黄色，直立，稍微张开；萼片菱状椭圆形，具 5 脉；花瓣与萼片相似。蒴果狭椭圆状。花期 4～5 月，果期 8～9 月。

▲ 金兰植株

▲ 金兰腊叶标本

生境与分布　生于海拔 700～1 600 m 的林下、灌丛中、草地上或沟谷旁。分布于凯里、天柱、锦屏、剑河、都匀等地。

药材名　金兰(全草)。

采收加工　夏、秋季采收，洗净，晒干或鲜用。

功能主治　清热泻火，解毒。主治咽喉肿痛，牙痛，毒蛇咬伤。

用法用量　内服，9～15 g；鲜品加倍，水煎服。外用适量，捣敷。

用药经验　侗医主治牙痛，毒蛇咬伤。内服，10～15 g。外用，鲜品适量，捣烂外敷。

杜鹃兰　*Cremastra appendiculata*（D. Don）Makino

异名　大白及、毛慈菇、茅慈菇、冰球子、泥宾子。

形态特征　假鳞茎卵球形或近球形，长 1.5～3.0 cm，直径 1～3 cm，密接，有关节，外被撕裂成纤维状的残存鞘。叶通常 1 枚，生假鳞茎顶端，狭椭圆形、近椭圆形或倒披针状狭椭圆形，先端渐尖，基部收狭，近楔形。总状花序具5～22朵花;花常偏花序一侧,有香气,狭钟形,淡紫褐色;花瓣倒披针形或狭披针形,向基部收狭成狭线形。蒴果近椭圆形,下垂。花期5～6月,果期9～12月。

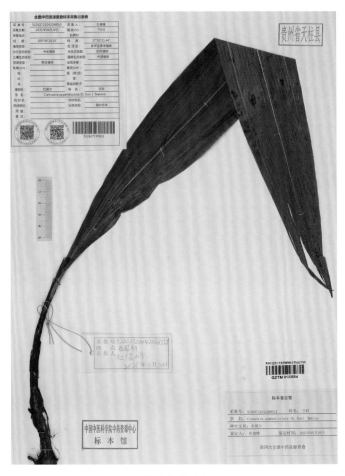

▲ 杜鹃兰植株　　　　　　　　　　▲ 杜鹃兰腊叶标本

生境与分布　　生于海拔500～2900 m的林下湿地或沟边湿地上。分布于天柱、锦屏等地。

药材名　　山慈菇(假鳞茎)。

采收加工　　夏、秋二季采挖,除去地上部分及泥沙,分开大小置沸水锅中蒸煮至透心,干燥。

功能主治　　清热解毒,化痰散结。主治痈肿疔毒,瘰疬痰核,淋巴结结核,蛇虫咬伤。

用法用量　　内服,3～6 g,水煎服;或磨汁;或入丸、散。外用适量,磨汁涂;或研末调敷。

用药经验　　侗医:①治疗咽喉炎、蛇、虫咬伤等。内服,10～15 g。②治疗十二指肠溃疡,慢性胃炎,胃下垂,肠绞痛。山茨(慈)菇(侗药名"破岩尖")9 g,水煎服或研末吞服,每日3 g。

苗医:治疗皮肤皲裂,食道癌。内服,3～6 g。外用,适量,捣烂敷患处。

使用注意　　本品有小毒,正虚体弱者慎服。

金钗石斛　*Dendrobium nobile* Lindl.

异名　　小黄草、金钗花、千年润、黄草、吊兰花。

形态特征 茎直立,肉质状肥厚,稍扁的圆柱形,长 10～60 cm,粗达 1.3 cm,不分枝,具多节。叶革质,长圆形,先端钝并且不等侧 2 裂,基部具抱茎的鞘。总状花序从具叶或落了叶的老茎中部以上部分发出,具 1～4 朵花;花大,白色带淡紫色先端。蕊柱绿色,具绿色的蕊柱足;药帽紫红色,圆锥形,密布细乳突,前端边缘具不整齐的尖齿。花期 4～5 月。

生境与分布 生于海拔 480～1 700 m 的山地林中树干上或山谷岩石上。分布于天柱等地。

药材名 石斛(茎)。

采收加工 全年均可采收,鲜用者除去根和泥沙;干用者采收后,除去杂质,用开水略烫或烘软,再边搓边烘晒,至叶鞘搓净,干燥。

功能主治 益胃生津,滋阴清热。主治热病津伤,口干烦渴,胃阴不足,食少干呕,病后虚热不退,阴虚火旺,骨蒸劳热,目暗不明,筋骨痿软。

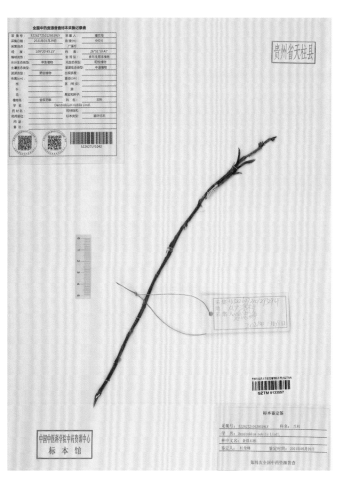

▲ 金钗石斛植株　　　　　　　　　　　　　▲ 金钗石斛腊叶标本

用法用量 内服,6～15 g,鲜品加倍,水煎服;或入丸、散;或熬膏。鲜石斛清热生津力强,热津伤者宜之;干石斛主治胃虚夹热伤阴者为宜。

用药经验 侗医:治疗感冒咳嗽。石斛(侗药名"小黄草")、土大黄、铁马鞭、紫苏各 10 g,铁锈 150 g,黄泥土 500 g。前四味药水煎,用黄泥土包铁锈放炭火上烧红,冲药水内服,每日服 3 次。

苗医:治疗胃热灼痛。内服,5～15 g。

见血青 *Liparis nervosa* (Thunb. ex A. Murray) Lindl.

异名 野玉簪、显脉羊耳蒜。

形态特征 地生草本。茎(或假鳞茎)圆柱状,肥厚,肉质,有数节,长 2～10 cm,直径 5～10 mm,通常包藏于叶鞘之内,上部有时裸露。叶 2～5 枚,卵形至卵状椭圆形,膜质或草质,先端近渐尖,全缘,基部收狭并下延成鞘状柄,无关节。总状花序通常具数朵至 10 余朵花,罕有花更多;花紫色;花瓣丝状,亦具 3

▲ 见血青植株

脉。蒴果倒卵状长圆形或狭椭圆形；果梗长4～7 mm。花期2～7月，果期10月。

生境与分布　生于海拔1 000～2 100 m的林下、溪谷旁、草丛阴处或岩石覆土上。分布于天柱、都匀等地。

药材名　见血青（全草）。

采收加工　全年可采，鲜用或切段晒干。

功能主治　清热解毒，凉血止血。主治肺热咯血，吐血，肺热咳嗽，风湿痹痛，小儿惊风，附骨疽。外用治疗创伤出血，疮疖肿毒，跌打损伤，皮炎，毒蛇咬伤。

用法用量　内服，9～15 g，鲜品30～60 g，水煎服；或研末，每次9 g。外用适量，鲜品捣敷；或研末调敷。

用药经验　侗医治疗胃痛，肺结核等。内服，10～15 g。

▲ 见血青腊叶标本

贵州清水江流域药用资源图志

动物药资源

少棘巨蜈蚣 *Scolopendra subspinipes mutilans* L. Koch

异名 蜈蚣虫。

形态特征 呈扁平长条形,长 9～15 cm,宽 0.5～1.0 cm。由头部和躯干部组成,全体共 22 个环节。头部暗红色或红褐色,略有光泽,有头板覆盖,头板近圆形,前端稍突出,两侧贴有颚肢一对,前端两侧有触角一对。躯干部第一背板与头板同色,其余 20 个背板为棕绿色或墨绿色,具光泽,自第四背板至第二十背板上常有两条纵沟线;腹部淡黄色或棕黄色,皱缩;自第二节起,每节两侧有步足一对;步足黄色或红褐色,偶有黄白色,呈弯钩形,最末一对步足尾状,故又称尾足,易脱落。质脆,断面有裂隙。气微腥,有特殊刺鼻的臭气,味辛、微咸。

▲ 蜈蚣　　　　　　　　　　　　　　　　▲ 蜈蚣

生境与分布 多生在丘陵地带和多沙土地区,白天多潜伏在砖石缝隙、墙脚边和成堆的树叶、杂草、腐木阴暗角落里,夜间出来活动,寻食青虫、蜘蛛、蟑螂等。各地均有分布。

药材名 蜈蚣(干燥全体)。

采收加工 春、夏二季捕捉,用竹片插入头尾,绷直,干燥。

功能主治 息风镇痉,通络止痛,攻毒散结。主治肝风内动,痉挛抽搐,小儿惊风,中风口㖞,半身不遂,破伤风,风湿顽痹,偏正头痛,疮疡,蛇虫咬伤。

用法用量 内服,3～5 g,水煎服。外用适量。

用药经验 侗医:①治疗阳痿早泄,用 1～2 条。②治疗腹内蛇症,误食菜成蛇症,腹内常饥,进食即吐。赤足蜈蚣(炙)1 条,研末,兑酒服。

苗医:外用,用瓦焙干,调茶油治疗带状疱疹。

索 引

药用植物中文名称索引
（按汉语拼音顺序排序）

贵州清水江流域药用资源图志

贵州清水江流域药用资源图志

索引

339

贵州清水江流域药用资源图志

索引

药用植物拉丁学名索引

贵州清水江流域药用资源图志

贵州清水江流域药用资源图志

索引

参考文献

［1］李小兰,彭馨,陈宗礼,等.我国侗族医学研究现状分析[J].中医药导报,2019,25(13):29－33.

［2］郭伟伟,袁涛忠,龙冬艳,等.侗族药用植物[J].中国民族医药杂志,2016,22(10):48－51.

［3］陈雨栀,宋佳美,唐星,等.湘桂黔边区侗族传统医药与诊疗技术探索[J].中医临床研究,2021,13(13):42－45.

［4］胡宗仁,何清湖.侗医学研究与发展的思考[J].中医药导报,2021,27(11):91－94.

［5］龙运光,袁涛忠.黔东南自治州侗药物种多样性研究[J].中国民族医药杂志,2006,(1):21－24.

［6］冉懋雄.贵州苗药研究评价与中药现代化[J].中药材,2010,33(2):163－167.

［7］刘绍欢,骆沁羽,梁语嫣,等.贵州苗药产业发展现状与思考[J].中药材,2023,46(4):801－805.

［8］张厚良.贵州苗药研究开发与对策[J].亚太传统医药,2007,(10):5－8.

［9］翁泽红.贵州民族医药文化的挖掘、保护与开发状况及思考[J].贵州民族大学学报(哲学社会科学版),2018,(5):1－34.

［10］刘如霞,郑燕,杨应勇,等.基于"四大筋脉"理论浅析贵州苗医骨科用药及组方规律[J].贵州中医药大学学报,2023,45(4):45－51.

［11］蒋朝晖,常楚瑞,陶玲,等.贵州苗药资源开发利用与研究现状[J].中华中医药杂志,2019,34(10):4731－4734.

［12］陈茜.从《苗药质征歌》看苗族传统医药文化的特点[J].怀化学院学报,2023,42(4):36－42.

［13］鲁道旺,杜江.苗药药性理论与属经理论的研究[J].铜仁学院学报,2008,10(6):137－139.

［14］冉懋雄.略论苗药学基础[J].中药研究与信息,2004,(1):26－30.

［15］陈静,王值元,王江,等.黔东南苗药民间文化故事及民间验方撷菁[J].光明中医,2023,38(11):2169－2173.

［16］胡志平,陆廷祥,王传明,等.苗族常用植物药及经验方[J].中国民族医药杂志,2018,24(6):50－52.

［17］国家药典委员会.中华人民共和国药典[M].北京:中国医药科技出版社,2020.

［18］南京中医药大学.中药大辞典[M].2版.上海:上海科学技术出版社,2006.

［19］国家中医药管理局《中华本草》编委会.中华本草[M].上海:上海科学技术出版社,1999.

［20］《全国中草药汇编》编写组.全国中草药汇编[M].北京:人民卫生出版社,1975.

［21］何顺志,徐文芬.贵州中草药资源研究[M].贵阳:贵州科技出版社,2007.

［22］陆谦海.贵州植物志[M].贵阳:贵州科技出版社,2004.

［23］中国科学院中国植物志编辑委员会.中国植物志[M].北京:科学出版社,1999.

［24］龙运光.草木春秋考释[M].贵阳:贵州科技出版社,2015.

［25］龙运光.中国侗族医药学基础[M].贵阳:贵州科技出版社,2020.

［26］陆科闵.苗族药物集[M].贵阳:贵州人民出版社,1988.